全国电力行业"十四五"规划教材
职业教育电力技术类专业系列

中国电力教育协会职业院校
电力技术类专业精品教材

电力系统继电保护及自动装置

王秋红　舒玉平　唐顺志　编

张沛云　主审

中国电力出版社
CHINA ELECTRIC POWER PRESS

内 容 提 要

本书共十章，主要内容有电力系统继电保护基础知识、微机保护、电网相间短路的保护、电网的接地保护、变压器保护、发电机保护、母线的继电保护、电动机和并联电容器组保护、电力系统自动装置、电气二次系统基础知识。

本书可作为高职高专供用电技术专业、电力系统自动化技术专业、火电厂集控运行专业的必修课教材，也可以作为输电、电测专业的选修课教材，还可作为供电企业技术人员的工作参考书。

图书在版编目（CIP）数据

电力系统继电保护及自动装置/王秋红，舒玉平，唐顺志编 .—北京：中国电力出版社，2023.4
（2026.1重印）
　ISBN 978 - 7 - 5198 - 7024 - 9

　Ⅰ.①电… 　Ⅱ.①王… ②舒… ③唐… 　Ⅲ.①电力系统－继电保护－教材 ②电力系统－继电自动装置－教材 　Ⅳ.①TM77

中国版本图书馆 CIP 数据核字（2022）第 161321 号

出版发行：中国电力出版社
地　　址：北京市东城区北京站西街 19 号（邮政编码 100005）
网　　址：http://www.cepp.sgcc.com.cn
责任编辑：张　旻（010 - 63412536）
责任校对：黄　蓓　常燕昆
装帧设计：赵姗姗
责任印制：吴　迪

印　　刷：北京雁林吉兆印刷有限公司
版　　次：2023 年 4 月第一版
印　　次：2026 年 1 月北京第六次印刷
开　　本：787 毫米×1092 毫米　16 开本
印　　张：13.5
字　　数：331 千字
定　　价：42.00 元

前　言

　　"电力系统继电保护及自动装置"是重庆电力高等专科学校供用电技术专业、电力系统自动化技术专业、火电厂集控运行专业的一门专业主干课程。随着现代电网技术的发展，电力系统继电保护及自动装置发生了根本性变化。为了使高职高专学生毕业后成为能从事电力系统或工矿企业中电力设备继电保护及自动装置的运行、维护、安装调试的高端技能型专业人才，编者广泛进行了电力行业本岗位知识和技能结构的调研，以职业能力培养为重点，围绕着专业岗位的要求，以专业岗位任务为载体，结合教育部对高职高专学生的培养理念，以项目为导向、任务为驱动，按照"突出能力目标，以学生为主体，知识理论实践一体化"的原则整体设计教材。本书力求支撑理论、实践并重，"教、学、做"相结合的教学模式，突出以职业能力培养为主线的高职教育特色，是探索高职高专教育特点的新型教材。

　　本书在编写中将常规的继电保护和自动装置基本原理与现代的微机保护新技术有机结合在一起。在内容的安排上逐步引入电力系统继电保护基础知识，着重介绍微机保护的构成、算法、线路、变压器、母线、电容器等主设备保护的原理，还介绍了电力系统自动装置。为便于理解，把书中重难点及相关图形做成数字化资源形式（如动画或微课视频），扫描书中二维码即可观看学习。

　　本书由重庆电力高等专科学校王秋红、舒玉平、唐顺志编写，其中舒玉平编写第1、4、5、7章，唐顺志编写第2、6、9、10章，王秋红编写第3、8章并统稿。全书由山东电力高等专科学校张沛云教授主审。

　　限于作者的理论水平和实践经验，书中如有疏漏和不妥之处，恳请读者批评指正。

编　者
2023 年 3 月

本书使用的符号说明

一、设备、元件、名词电气符号

KA——电流继电器

KT——时间继电器

YR——断路器跳闸线圈

KCO——出口继电器

PA——电流表

UV——电压变换器

UX——电抗变压器

MPX——模拟多路转换开关

QF——断路器

KOM——出口中间继电器

KD——差动继电器

KVS——直流电源监视继电器

KV——电压继电器

KM——中间继电器

KS——信号继电器

TA——电流互感器

PV——电压表

UA——电流变换器

ALF——模拟低通滤波器

k、k1——故障点

P1、P2——配置的保护

KVN——负序电压继电器

KAZ——零序电流继电器

二、电流类电气符号

$I_{k.min}$——最小短路电流

I_{re}——返回电流

$I_{ub.max}$——最大不平衡电流

I_k——短路电流

I_A、I_B、I_C——三相电流

I_a、I_b、I_c——电流互感器二次侧三相电流

I_d——差动电流

I_{brk}——制动电流

I_{act}——动作电流

I_m——测量电流

I_{unb}——平衡电流

$I_{L.max}$——线路最大负荷电流

$\dot{I}_{a\triangle}$、$\dot{I}_{b\triangle}$、$\dot{I}_{c\triangle}$——三角形侧三相电流

I_1、I_2、I_0——正序、负序、零序电流

I_{NT}——变压器各侧额定电流

I_{d2}——二次谐波幅值

三、电压类电气符号

U_{act}——动作电压

U_{re}——返回电压

U_k——短路电压

A1、B1、C1——电压互感器一次侧电压

A2、B2、C2——电压互感器二次侧电压

U_A、U_B、U_C——三相电压

U_1、U_2、U_0——正序、负序、零序电压

E_ϕ——相电动势

$U_{n.max}$——中性点工频耐受电压

$U_{k.max}$——最大短路电压

U_N——一次额定线电压

$\dot{U}_m$——测量电压

$\dot{U}_{mn}$——开口三角形处零序电压

U_0——电压互感器每相零序电压

$U_{min.op}$——最小动作电压

E_A、E_B、E_C——三相电动势

U_{NT}——变压器各侧额定电压

U_N——发电机额定电压

四、阻抗、功率类电气符号

$\dot{K}_{\mathrm{I}}$——电抗变换器转移阻抗

X——电抗

Z_{s}——系统电源等效阻抗

$Z_{\mathrm{S.\,min}}$——最小系统阻抗

Z_{m}——测量阻抗

Z_{L}——负荷阻抗

Z_{act}——启动阻抗

φ_{sen}——最灵敏角

ΔZ——附加阻抗

P_{N}——发电机额定功率

X_1——正序电抗

F_{0+}、F_{0-}——零序正反方向元件

K_{sen}——灵敏系数

$K_{\mathrm{rel}}^{\mathrm{II}}$——电流Ⅱ段可靠系数

$K_{\mathrm{rel}}^{\mathrm{III}}$——电流Ⅲ段可靠系数

φ_{sen}——最灵敏角

n_{TA}——电流互感器变比

K_{aper}——非周期分量影响系数

K_{c}——接线系数

K_{bra}——分支系数

K_{brk}——制动比率系数

K_{met}——配合系数

R——电阻

$Z = R + \mathrm{j}X$——阻抗

Z_1——线路单位长度阻抗

$Z_{\mathrm{s.\,max}}$——最大系统阻抗

Z_{k}——短路阻抗

Z_{set}——整定阻抗

φ_1——线路阻抗角

R_{g}——过渡电阻

X_0——零序电抗

P_0——零序功率

$K_{\mathrm{rel}}^{\mathrm{I}}$——电流Ⅰ段可靠系数

K_{Ms}——自启动系数

K_{I}——电流变换器变比

K_{U}——电压变换器变比

n_{TV}——电压互感器变比

K_{ss}——电流互感器的同型系数

Δt——时限级差

K_{er}——TA 误差

K_2——二次谐波制动系数

五、自动装置中电气符号

KSY——同步检查继电器

DEH——原动机的调速器

ASA——自动准同期装置

AEA——自动灭磁装置

GE——直流励磁机

TR——励磁变压器

α ——控制角

R_{n}——非线性电阻

KAC——加速继电器

AER——励磁调节装置

AEI——继电强行励磁装置

GLE——励磁绕组

R——可调电阻

UF——硅整流桥

K_{Q}——强励倍数

目　　录

课后习题答案

第1章 电力系统继电保护基础知识

第1章数字化资源

1.1 电力系统继电保护概述

1.1.1 电力系统继电保护的作用

（1）故障。电力系统在运行中，可能发生各种故障和不正常运行状态，最常见同时也是最危险的故障是发生各种形式的短路，如相间短路、接地短路等。在发生短路时可能产生以下的后果：

1）通过故障点的很大的短路电流和所燃起的电弧，使故障元件损坏；

2）短路电流通过非故障元件，由于发热和电动力的作用，引起它们的损坏或缩短它们的使用寿命；

3）电力系统中部分地区的电压大大降低，破坏用户工作的稳定性或影响工厂产品质量；

4）破坏电力系统并列运行的稳定性，引起系统振荡，甚至使整个系统瓦解。

由此看出，电力系统中发生故障时，若不采取有效措施，势必带来重大损失。因此，电力系统中发生故障时，继电保护装置必须及时地切除故障，使非故障部分尽快恢复运行。

（2）不正常运行。当电力系统中电气元件的正常工作遭到破坏，但没有发生故障，这种情况属于不正常运行状态。如，因负荷超过电气设备的额定值而引起的电流上升，系统中出现功率缺额而引起的频率降低，发电机突然甩负荷而产生过电压，以及电力系统发生振荡等，都属于不正常运行状态。当出现不正常运行时，继电保护要及时处理以免引起设备故障甚至事故。

（3）继电保护的作用。故障和不正常运行状态，都可能在电力系统中引起事故。所谓事故，就是指系统或其中一部分的正常工作遭到破坏，并造成对用户少送电或电能质量变坏到不能容许的地步，甚至造成电气设备的损坏和人身伤亡。

因此，在电力系统中，发生故障或发生不正常运行状态时，继电保护装置应满足以下要求：

1）自动、迅速、有选择性地将故障元件从电力系统中切除，使故障元件免于继续遭到破坏，保证其他无故障部分迅速恢复正常运行。

2）反应电气元件的不正常运行状态，并根据运行维护的条件（例如有无经常值班人员），而动作于发出信号、减负荷或跳闸。此时一般不要求保护迅速动作，而是根据对电力系统及其元件的危害程度规定一定的延时，以免不必要的动作和由于干扰而引起的误动作。

目前，微机保护在电力系统中得到普遍采用，它由计算机程序取代常规继电器的功能，很好地解决了常规继电保护装置难以解决的诸多难题，极大地提高了电力系统的安全运行，保证了供电的可靠性。

"继电保护"一词通常泛指继电保护技术和继电保护装置。

1.1.2 继电保护的基本原理

一般情况下，当电力系统发生短路故障时，总是伴随有电流的增大、电压的降低、线路始端测量阻抗的减小，以及电压与电流之间相位角的变化。利用正常运行与故障时这些电气参数的区别，来实现继电保护的任务。

因此，继电保护的基本原理便是利用正常运行与区内外短路故障电气参数变化的特征构成保护的判据，根据不同的判据构成不同原理的继电保护。例如：①反应于电流增大而动作的过电流保护；②反应于母线电压降低而动作的低电压保护；③反应于短路点到保护安装地点之间的距离（或测量阻抗的减小）而动作的距离保护（或低阻抗保护）等。

除上述反应于各种电气量的保护以外，还有根据电气设备的特点实现反应非电量的保护。例如，当变压器油箱内部的绕组短路时，反应于油被分解所产生的气体而构成的瓦斯保护；反应于电动机绕组的温度升高而构成的过负荷或过热保护等。

以上保护原理利用电气量或非电气量的变化特征（差别），来区别正常运行与故障、区内与区外故障，这种差别越明显，保护效果越好，可由相对应的继电保护装置来实现。

1.1.3　继电保护装置的组成

通常继电保护装置由测量部分、逻辑部分和执行部分组成，其原理结构如图 1-1 所示。

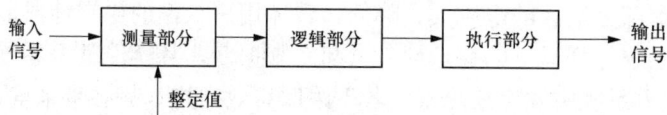

图 1-1　继电保护装置原理结构

（1）测量部分。测量部分是测量被保护对象输入的有关电气量，并与已给定的整定值进行比较，根据比较的结果，判断保护是否启动。

（2）逻辑部分。逻辑部分是根据测量部分各输出量的大小、性质、输出的逻辑状态、出现的顺序或它们的组合，使保护装置按一定的逻辑关系工作，最后确定是否应该使断路器跳闸或发出信号，并将有关命令传给执行部分。继电保护中常用的逻辑回路有"或""与""非""延时启动""延时返回""记忆"等回路。

（3）执行部分。执行部分是根据逻辑部分输出的信号，最后完成保护装置所担负的任务。如故障时，动作于跳闸；不正常运行时，动作于发出信号；正常运行时，不动作等。

1.1.4　对电力系统继电保护的基本要求

继电保护在技术上一般应满足四个基本要求，即选择性、速动性、灵敏性和可靠性，现分别讨论如下。

1. 选择性

继电保护动作的选择性是指保护装置动作时，仅将故障元件从电力系统中切除，使停电的范围尽量小，以保证系统中的无故障部分仍能继续工作。

在图 1-2 所示的网络接线中，当 k1 点短路时，保护切除断路器 1、2，仍可由另一条无故障的线路继续供电。而当 k3 点短路时，保护 6 动作跳闸，切除线路 C—D，此时只有变电站 D 停电。由此可见，继电保护有选择性的动作可将停电范围限制到最小，甚至可以做到不中断向用户供电。

在要求继电保护动作有选择性的同时，还必须考虑继电保护或断路器有拒绝动作的可能性，因而就需要考虑后备保护的问题。后备保护是继电保护的配置上的几个基本概念（主保

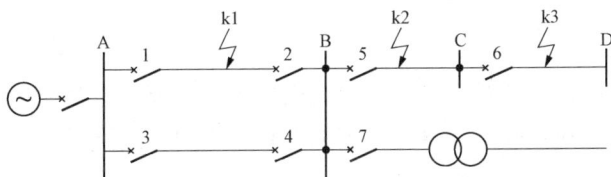

图 1-2　单侧电源网络中有选择性动作说明

护、后备保护、辅助保护)之一。

(1)主保护:满足系统稳定和设备安全要求,能尽可能快速、有选择地切除被保护元件和线路故障的保护叫主保护。

(2)后备保护:当被保护元件主保护拒动时利用该保护切除相应断路器的保护叫后备保护。后备保护分为远后备保护和近后备保护。

1)远后备保护:线路的保护或断路器拒动时,由相邻线路或电力设备的保护来实现的后备保护。

2)近后备保护:当主保护拒动时,由该电气设备或线路的另一套保护来实现后备的保护。

(3)辅助保护:为补充主保护某种性能的不足(如方向元件的电压死区)或加速切除某部分故障而装设的简单保护,如无时限电流速断。

如图 1-2 所示,当 k3 点短路时,距短路点最近的保护 6 本应动作切除故障,若由于某种原因,该处的继电保护或断路器拒绝动作,故障便不能消除,此时如其前面一条线路(靠近电源侧)的保护 5 能动作,故障也可消除,保护 5 作为相邻元件的后备保护。同理,保护 1 和 3 又应该分别作为保护 5 和 7 的后备保护。按以上方式构成的后备保护为远后备保护,一般情况下远后备保护动作切除故障时将使供电中断的范围扩大。

应当指出,远后备保护的性能是比较完善的,它对相邻元件的保护装置、断路器、二次回路和直流电源所引起的拒绝动作,均能起到后备作用;同时它的实现简单、经济,因此,在电压较低的线路上应优先采用。只有当远后备保护不能满足灵敏度和速动性的要求时,才考虑采用近后备保护的方式。

在复杂的高压电网中,当实现远后备保护在技术上有困难时,也可以采用近后备保护的方式。当断路器拒绝动作时,断路器的失灵保护动作,由同一发电厂或变电站内的有关断路器动作实现后备保护。为此,在每一元件上应装设单独的主保护和后备保护,并装设必要的断路器失灵保护。

2. 速动性

快速地切除故障可以提高电力系统并联运行的稳定性,减少用户在电压降低的情况下工作的时间,减轻故障设备和线路的损坏程度,以及缩小故障波及范围。因此,在发生故障时,应力求保护装置能迅速动作切除故障。

动作迅速而同时又能满足选择性要求的保护装置,一般结构比较复杂,价格比较昂贵。在一些情况下,电力系统允许保护装置带有一定的延时切除故障。因此,对继电保护速动性的具体要求,应根据电力系统的接线以及被保护元件的具体情况来确定。

故障切除的总时间等于保护装置和断路器动作时间之和;一般的快速保护的动作时间为 0.04~0.08s,最快的可达 0.01~0.02s;一般的断路器的动作时间为 0.06~0.15s,最快的

可达 $0.02\sim0.06s$。

3. 灵敏性

继电保护的灵敏性，是指对于其保护范围内发生故障或不正常运行状态的反应能力。满足灵敏性要求的保护装置应该是在事先规定的保护范围内部故障时，不论短路点的位置、短路的类型如何，以及短路点是否有过渡电阻，都能敏锐、正确反应。保护装置的灵敏性，通常用灵敏系数来衡量，它主要决定于被保护元件和电力系统的参数和运行方式。灵敏系数应根据常见的不利方式和不利的短路类型计算。

在进行整定计算时，常用到最大运行方式和最小运行方式。所谓最大运行方式指流过保护装置的短路电流为最大的运行方式；所谓最小运行方式指流过保护装置的短路电流为最小的运行方式。

反应故障参数增加的保护装置（如电流保护），其灵敏系数

$$K_{sen} = \frac{I_{k.min}}{I_{act}} \tag{1-1}$$

式中 $I_{k.min}$——保护区末端金属性短路时保护安装处故障参数的最小值，A；

$\quad\quad I_{act}$——保护装置的动作参数，A。

反应故障参数降低的保护装置（如低电压保护），其灵敏系数

$$K_{sen} = \frac{U_{act}}{U_{k.max}} \tag{1-2}$$

式中 $U_{k.max}$——保护区末端金属性短路时保护安装处故障参数的最大值，V；

$\quad\quad U_{act}$——保护装置的动作参数，V。

GB/T 14285—2006《继电保护和安全自动装置技术规程》中，对各类保护灵敏系数的要求都作了具体规定。

4. 可靠性

继电保护的可靠性是指在该保护装置规定的保护范围内发生了其应该动作的故障时，其不应该拒绝动作；而在任何其他该保护不应该动作的情况下，则不应该误动作。

可靠性主要指保护装置本身的质量和运行维护水平。一般说来，保护装置的组成元件的质量越高、接线越简单、回路中继电器的触点数量越少，保护装置的工作就越可靠。同时，精细的制造工艺、正确的调整试验、良好的运行维护以及丰富的运行经验，对于提高保护的可靠性也具有重要的作用。

继电保护装置的误动作和拒绝动作都会给电力系统造成严重的危害。但提高其不误动的可靠性和不拒动的可靠性的措施常常是互相矛盾的。由于电力系统的结构和负荷性质的不同，误动和拒动的危害程度有所不同，因而提高保护装置可靠性的着重点在各种具体情况下也应有所不同。应根据电力系统和负荷的具体情况采取适当的措施。

为了便于分析继电保护装置的可靠性，在有些文献中将继电保护不误动的可靠性称为"安全性"，将其不拒动和不会非选择性动作的可靠性称为"可信赖性"，意指保护装置的动作行为完全依附于电力系统的故障情况。安全性和可信赖性基本上都属于可靠性的范畴，因此本书仍沿用我国传统的四个基本要求（或称"四性"）的提法。

以上四个基本要求是分析研究继电保护性能的基础，也是贯穿全课程的一个基本线索。在它们之间，既有矛盾的一面，又有在一定条件下统一的一面。当统一的条件不满足时必然

催生着一个继电保护的新原理来满足"四性"的要求。因此继电保护的科学研究、设计、制造和运行的绝大部分工作围绕着如何处理好这四个基本要求之间的辩证统一关系而进行的，在学习这门课程时应注意学习和运用这样的思考和分析方法。

选择继电保护方式除应满足上述的基本要求外，还应该考虑经济条件。按被保护元件在电力系统中的作用和地位来确定保护方式，而不能只从保护装置本身的投资来考虑。这是因为保护不完善或不可靠而造成的损失，一般都远远超过最复杂的保护装置的投资。但要注意对较为次要的、数量很多的电气元件（如低压配电线、小容量电动机等），不应该装设过于复杂和昂贵的保护装置。

1.2　继电保护装置的基础元件

组成继电保护装置的基础元件有很多，包括获取被保护设备运行参数的互感器、序分量滤过器及将互感器二次电气量进一步变小的中间变换器和继电器等。这里介绍继电器、互感器和变换器的作用特点和动作特性。

1.2.1　继电器

继电器是所有继电保护装置中的基本组成元件，每一套保护装置，都可以看成由若干个继电器按一定的性能及要求连接在一起而组成的整体。在常规保护装置中，继电器是实实在在的元件，而在微机保护装置中，继电器通常是抽象的，主要继电器的功能都由程序实现。

继电器是一种能自动动作的电器，只要加入某种物理量或者加入的物理量达到一定数值时，就会自动动作，输出电信号；反之，则自动返回。在静态继电保护电路中，继电器有时又被称为"元件"，例如电流继电器又被称为电流元件。所有继电器都具有继电特性，即永远处于动作或返回状态，无中间状态；动作值不等于返回值，使触点无抖动，如图 1-3 所示。

1. 继电器分类

继电器可以按照下述不同方法来分类。

（1）按接入的方式分。

1）一次式继电器，其线圈直接接入一次回路。

2）二次式继电器，其线圈接于电流互感器（TA）的二次侧。目前广泛采用的都是这种型式的继电器，因为它与一次回路没有直接的联系，运行检修方便，也没有高压的危险。此外它的灵敏度高，体积小，还可以划成统一标准型式由继电器制造厂大规模生产。

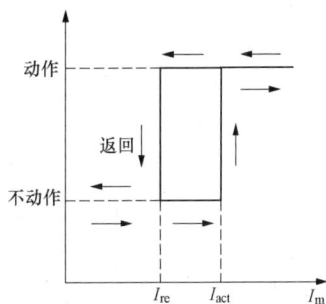

图 1-3　继电器的继电特性

（2）按作用于断路器的跳闸方法分。

1）直接作用式继电器，动作后直接作用于断路器的跳闸机构，因此，需要消耗很大的功率，体积笨重，不够灵敏。

2）间接作用式继电器，动作后利用触点闭合实现辅助操作回路接通断路器的跳闸线圈，然后由操动机构使断路器跳闸，其优点是精确性较高和功率消耗小。在继电保护装置中，二次式间接作用的继电器获得了最广泛的应用。

（3）按工作原理分。

1）电磁型继电器；

2）感应型继电器；

3）电动型继电器；

4）整流型继电器；

5）静态型继电器，是晶体管型、集成电路型和微机型继电器的统称。

（4）按反应物理量增大或减小动作分。

1）过量继电器；

2）欠量继电器。

（5）按作用分。

1）测量继电器，根据测量参数的不同有电流继电器、电压继电器、功率继电器、阻抗继电器、气体继电器等多种。

2）辅助继电器，根据用途不同有时间继电器、中间继电器及信号继电器三种。

关于继电器的表示方法，通常采用一个方框上面带有触点的图形，继电器所反应的参数在方框里用一个在电工中通用的字母表示，如电流用 I 表示，电压用 U 表示，时间用 t 表示，阻抗用 Z 表示等。方框代表继电器的输入，触点代表继电器的输出。继电器不带电时触点状态分两大类，即动合触点和动断触点。

动合触点：又称为常开触点，指继电器不带电或带电但没有达到动作值时打开，反之闭合的触点。

动断触点：又称为常闭触点，指继电器不带电或带电但没有达到动作值时闭合，反之断开的触点。

常用继电器及触点的表示方法见表 1-1。

表 1-1　　　　　　　　　　　　常用继电器及触点的表示方法

名称	图形符号	名称	图形符号
电流继电器	$\boxed{I}$	继电器及接触器线圈	
电压继电器	$\boxed{U<}$　$\boxed{U>}$	动合触点	
功率方向继电器	$\boxed{\rightarrow}$		
阻抗继电器	$\boxed{Z}$	动断触点	
差动继电器	$\boxed{I-I}$	延时闭合的动合触点	
时间继电器	$\boxed{t}$	延时闭合的动断触点	
信号继电器		信号继电器的动合触点	
中间继电器	$\boxtimes$		
反时限电流继电器	$\boxed{I/t}$	断路器	
气体（瓦斯）继电器		隔离开关	

2. 常用电磁型继电器结构和工作特性

电磁型继电器主要有三种不同的结构型式，即螺管线圈式、吸引衔铁式和转动舌片式，如图 1-4 所示。不论哪种结构型式的继电器，都是由电磁铁 1、可动衔铁 2、线圈 3、触点 4、反作用弹簧 5 和止挡 6 组成。

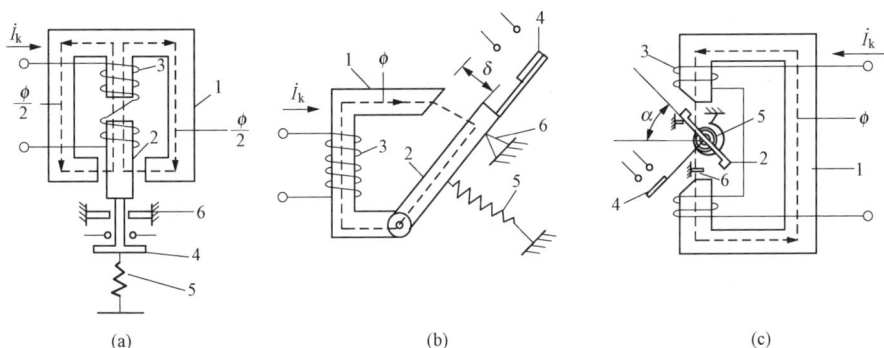

图 1-4　电磁型继电器结构原理图
（a）螺管线圈式；（b）吸引衔铁式；（c）转动舌片式
1—电磁铁；2—可动衔铁；3—线圈；4—触点；5—反作用弹簧；6—止挡

当在继电器的线圈 3 中通入电流 $\dot{I}_k$ 时，就在铁芯中产生磁通 ϕ，铁芯、气隙和衔铁构成闭合磁路。衔铁被磁化后，产生电磁力 F 和电磁力矩 M，当 $\dot{I}_k$ 足够大时，电磁力矩足以克服弹簧的反作用力矩，衔铁被吸向电磁铁，动合触点闭合，称为继电器动作，这就是电磁型继电器的基本工作原理。

电磁力矩 M_e 与磁通 ϕ 平方成正比，即

$$M_e = K_1 \phi^2 = K_2 \frac{\dot{I}_k^2}{\delta_2} \tag{1-3}$$

式中：K_1、K_2 为比例常数；δ 为气隙；$\dot{I}_k$ 为流入继电器的电流。

式（1-3）说明，电磁力矩与电流平方成正比，与通入线圈中电流方向无关，为一恒定旋转方向力矩。所以，采用电磁原理不仅可构成直流继电器，也可构成交流继电器。交流继电器主要为测量继电器，如电流、电压继电器；直流继电器则用于获得延时或出口、信号，如时间继电器、信号继电器、中间继电器。

下面介绍几种常用电磁型继电器的工作特性。

（1）电磁型电流继电器。电流继电器的作用是测量电流的大小。图 1-5、图 1-6 所示为 DL-12-6 型电磁型电流继电器。

电流继电器多采用转动舌片式结构。其线圈导线较粗、匝数少，串接在电流互感器的二次侧，作为电流保护的启动元件（或称为测量元件），用以判断被保护对象的运行状态。有三种力矩作用

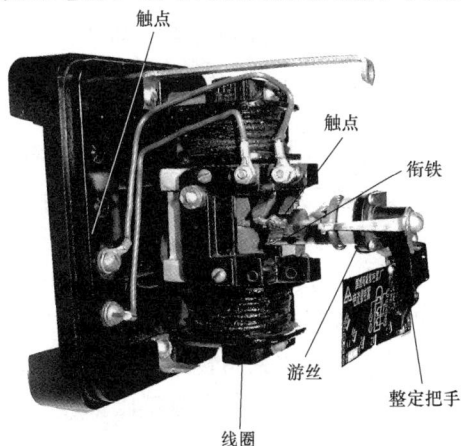

图 1-5　DL-12-6 型电磁型电流继电器（一）

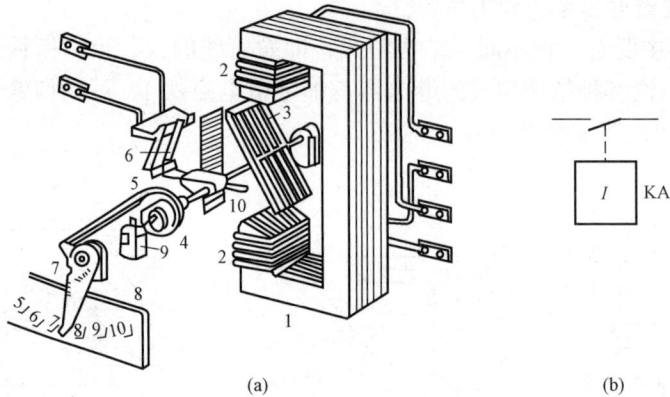

图 1 - 6　DL - 12 - 6 型电磁型电流继电器（二）

(a) 结构图；(b) 符号图

1—电磁铁；2—线圈；3—Z 形舌片；4—螺旋弹簧；5—动触点；6—静触点；

7—整定值调整把手；8—刻度盘；9—轴承；10—止挡

于舌片：输入电流产生的电磁力矩 M_e、弹簧力矩 M_s、摩擦力矩 M_f。输入电流很小时，电磁力矩无法克服弹簧力矩，继电器处于未动作状态，触点打开；当输入电流增大、电磁力矩满足式（1 - 4）时，衔铁转动，继电器动作，触点闭合。

$$M_e \geqslant M_s + M_f \tag{1 - 4}$$

继电器动作后，将电流减小到电磁力矩不足以反抗弹簧力矩时，继电器返回到初始状态，触点重新断开。继电器的返回条件为

$$M_e \leqslant M_s - M_f \tag{1 - 5}$$

能使电流继电器动作的最小电流称为动作电流，以 I_{act} 表示；而能使电流继电器返回的最大电流称为返回电流，以 I_{re} 表示。

由于摩擦力矩、剩余力矩的作用，电流继电器返回电流小于动作电流，两者之比称为返回系数，以 K_{re} 表示。

$$K_{re} = \frac{I_{re}}{I_{act}} \tag{1 - 6}$$

K_{re} 小于 1，一般为 0.85～0.9。

当输入电流 $I > I_{act}$ 时，继电器动作，动合触点闭合；若 $I < I_{re}$，继电器返回，触点又断开。

电流保护的基本原理就是以电流继电器动合触点接通断路器跳闸回路。当发生故障、电流超过设定值时，电流继电器动作，触点闭合，接通断路器跳闸回路，跳开断路器，切除故障。附录的实训项目 1 为电磁型电流继电器电气特性检验。

（2）电磁型电压继电器。电压继电器有过电压继电器和低电压继电器之分，反应于电压的高低，应用时并接在电压互感器的二次侧，作为保护的启动元件（或称为测量元件）。电磁型电压继电器也采用转型舌片式结构，与电磁型电流继电器不同的是线圈所用导线细且匝数多，流入继电器中的电流正比于加于继电器线圈上的电压。图 1 - 7 所示为 DY - 23C 型电压继电器。

过电压继电器工作原理与电流继电器相同。当输入电压高于设定值时，电磁力矩克服弹

簧力矩及摩擦力矩，继电器动作，动合触点闭合。

　　低电压继电器的工作特点是"动作""返回"时衔铁运动方向与电流继电器相反，结构如图 1-8 所示。

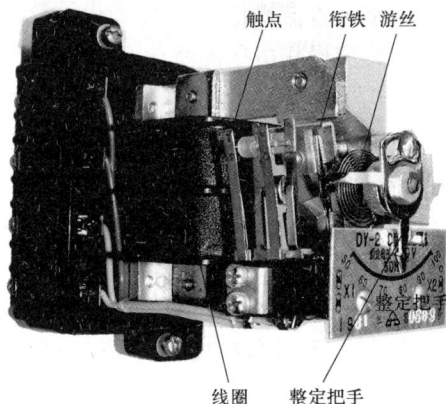

图 1-7　DY-23C 型电压继电器　　　　图 1-8　低电压继电器结构原理

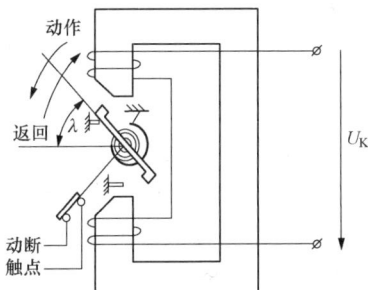

　　低电压继电器动作电压定义为能使继电器动作的最大电压，返回电压为能使继电器返回的最低电压。低电压继电器的动作条件是电压低于动作电压，而返回条件是电压高于返回电压。由于低压继电器不加入电压时其触点是闭合的，此类触点称动断触点，也称为常闭接点。

　　由于低电压继电器动作电压、返回电压之间的大小关系正好与电流继电器相反，其返回系数大于 1。图 1-9 所示为电流继电器、过电压继电器、低电压继电器的图形、文字符号及动作过程示意图。

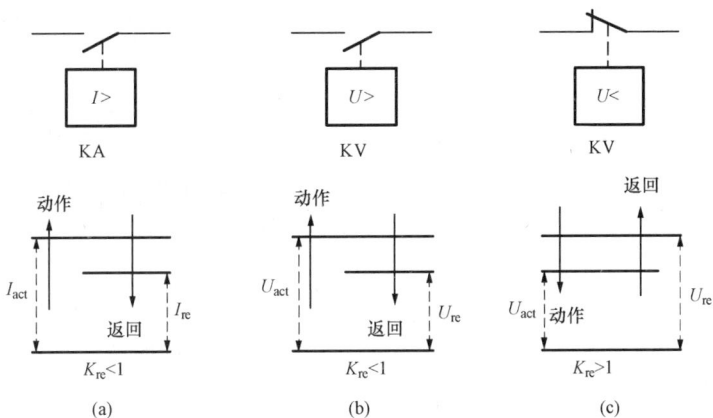

图 1-9　电流、电压继电器符号及动作过程示意图
(a) 电流继电器；(b) 过电压继电器；(c) 低电压继电器
KA—电流继电器；KV—电压继电器；I_{act}—动作电流；I_{re}—返回电流；
U_{act}—动作电压；U_{re}—返回电压；K_{re}—返回系数

　　图 1-9 所示继电器实际上可分为两大类：过量继电器（如电流继电器、过电压继电器）、欠量继电器（如低电压继电器）。两类继电器动作值、返回值定义不同，使用的触点类型不同，返回系数大小也不同。

（3）辅助继电器。在继电保护中，完成逻辑功能的辅助继电器有时间继电器、中间继电器和信号继电器。

1）时间继电器（KT）。时间继电器的作用是为保护装置建立必要动作时限，以保证保护动作的选择性和某种逻辑关系。这种继电器一般多为直流操作。

时间继电器要求计时准确，且其动作时间不随直流操作电压的波动而变化。

时间继电器的使用如图1-10所示，当电流继电器动作时其触点闭合，接通时间继电器线圈正电源，时间继电器得电，经一定延时后KT触点闭合。

2）中间继电器（KM）。中间继电器起中间桥梁作用，具有触点容量大、触点数量多、时间继电器难以实现的短延时等特点。用以代替小容量触点同时接通或断开几条独立回路，或者带有不大的延时来满足保护的需要。电流、电压继电器由于需要动作快，可动触点比较轻巧，触点容量较小，不能直接接通断路器跳闸电流，只能接通中间继电器线圈回路，由中间继电器触点接通断路器跳闸回路，如图1-11所示。当中间继电器用于跳闸回路时，又可称为出口继电器，以KCO表示。

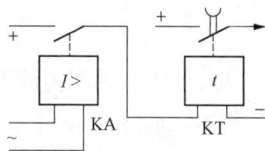

图1-10 时间继电器应用
KA—电流继电器；KT—时间继电器

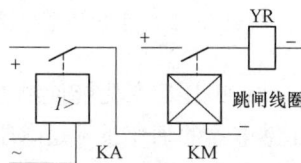

图1-11 中间继电器的使用

3）信号继电器（KS）。发生故障时电流继电器动作，触点闭合，接通断路器跳闸回路，跳开故障后流入电流继电器的电流为零，电流继电器返回，需要由信号继电器"记忆"电流保护的跳闸行为。

信号继电器作为继电保护装置和自动装置动作的信号指示，在保护动作时，发出灯光和音响信号，并对保护装置的动作情况有记忆作用，以便记录保护装置动作情况和分析电力系统故障性质、保护动作的正确性。信号继电器的记忆作用是由机械掉牌或磁保持、手动复归完成的，即运行人员记录保护动作情况后手动将信号继电器复位。

1.2.2 互感器

（1）电流互感器。在电气测量和继电保护回路中，电流互感器的作用是：将供给测量和继电保护用的二次电流回路与一次电流的高压系统电气隔离，按电流互感器的变比将系统的一次电流降低为一定的二次电流。电流互感器二次侧的额定电流，统一规定为5A或1A。电流互感器原理接线如图1-12所示，i_1为一次电流，W_1为一次绕组匝数，i_2为二次电流，W_2为二次绕组匝数。

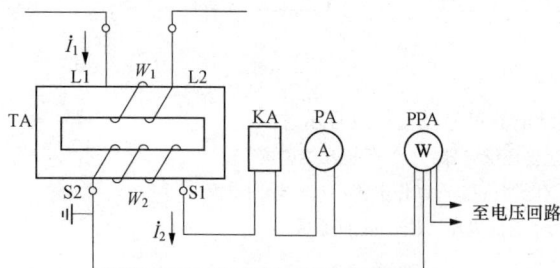

图1-12 电流互感器原理接线图
TA—电流互感器；KA—电流继电器；
PA—电流表；PPA—有功功率表

1）电流互感器的极性和相量图。

电流互感器一次和二次绕组间的极性定义为：当一、二次绕组中，同时由同极性端子通入电流时，它们在铁芯中所产生磁通的方向应相同。如图 1-13 所示的接线中，L1 和 S1 为同极性端子（L2 和 S2 也为同极性端子）。标注电流互感器极性的方法是用不同符号和相同注脚表示同极性端子。由楞次定律可知，当系统一次电流从极性端子 L1 流入时，在二次绕组中感应出的电流应从极性端子 S1 流出，即所谓的减极性原则。

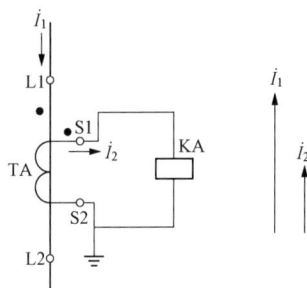

图 1-13　电流互感器相量图

电流互感器一、二次电流的相量图如图 1-13 所示，一般是在忽略励磁电流，并将一次电流换算至二次侧以后绘制的。由于一、二次电流的正方向可以任意选取，所以相量图有两种绘制方法，在继电保护中通常选取一次绕组中的电流从 L1 流向 L2 为正，而二次绕组中的电流从 S2 流向 S1 为正。这时铁芯中的合成磁动势应为一次绕组和二次绕组磁势的相量之差，即

$$\dot{I}_1 W_1 - \dot{I}_2 W_2 = 0 \tag{1-7}$$

$$\dot{I}_2 = \frac{\dot{I}_1}{n_{TA}} \tag{1-8}$$

因此，$\dot{I}_1$ 与 $\dot{I}_2$ 同相位。

式（1-8）中，$n_{TA} = \dfrac{W_2}{W_1}$，也等于一、二次额定相电流之比，称为电流互感器的变比。

2）电流互感器的常用接线方式。对于不同测量和保护回路要求，电流互感器有多种接线方式，常用接线方式有：

a. 一个电流互感器的单相式接线。如图 1-14（a）所示，该电流互感器可接在任一相上，这种接线主要用于测量三相对称负载的一相电流。

b. 两个电流互感器的不完全星形接线。如图 1-14（b）所示，两个电流互感器分别接在 A 相和 C 相。这种接线方式广泛应用于中性点不直接接地系统中的测量和保护回路，可以测量三相电流、有功功率、无功功率、电能等，能反应相间故障电流，不能完全反应接地故障。采用时必须注意保护应统一安装在同名相上（通常装于 A、C 相），如果保护未装于同名相，同一母线的两条分支路，各支路未安装保护的两相同时发生接地故障时，保护将会拒动。不完全星形接线一般用于 10～35kV 电网的小电流接地系统，节省投资。

c. 三个电流互感器的完全星形接线。如图 1-14（c）所示，三个电流互感器分别接在 A、B、C 相上，二次绕组按星形连接。这种接线可以测量三相电流、有功功率、无功功率、电能等。在保护回路中，常用于 110～500kV 中性点直接接地系统，能反应相间及接地故障电流；在中性点不直接接地的系统中，常用于容量较大的发电机和变压器的保护回路。

d. 三个电流互感器的三角形接线。如图 1-14（d）所示，三个电流互感器分别接在 A、B、C 相上，二次绕组按三角形连接。这种接线很少应用于测量回路，主要应用于变压器差动保护回路。

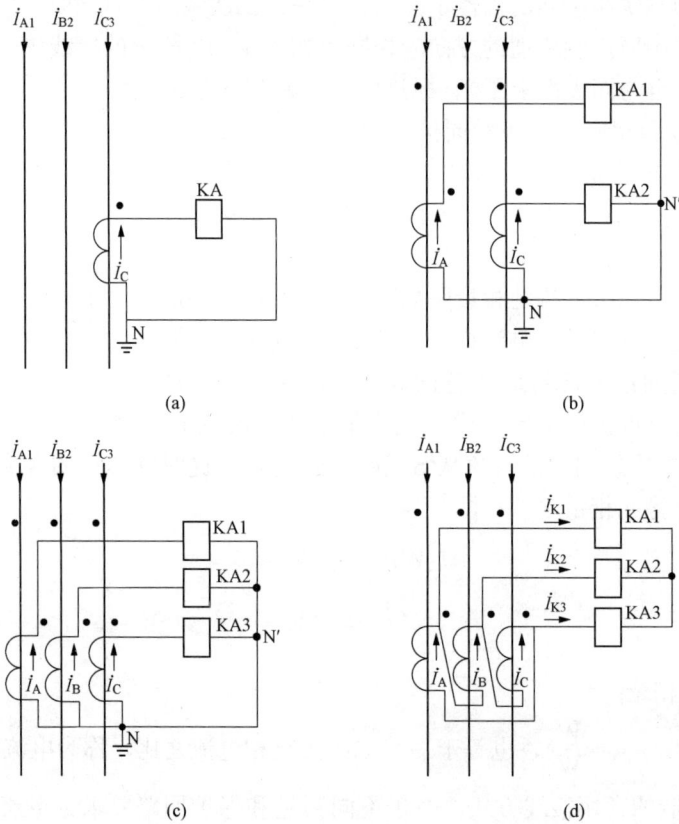

图 1 - 14　电流互感器常用接线方式

（a）单相式接线；（b）不完全星形接线；（c）完全星形接线；（d）三角形接线

（2）电压互感器。在电气测量和继电保护回路中，电压互感器的作用是：将供给测量和继电保护用的二次电压回路与一次电压的高压系统电气隔离，按电压互感器的变比将系统的一次电压降低为一定的二次电压。电压互感器二次侧的额定线电压为 100V。其原理接线如图 1 - 15 所示，$\dot{U}_1$ 为一次电压，W_1 为一次绕组匝数，$\dot{U}_2$ 为二次电压，W_2 为二次绕组匝数。电压互感器实际上就是一种小容量变压器，其变比为

$$n_{TV} = W_2/W_1 = U_1/U_2 \qquad (1-9)$$

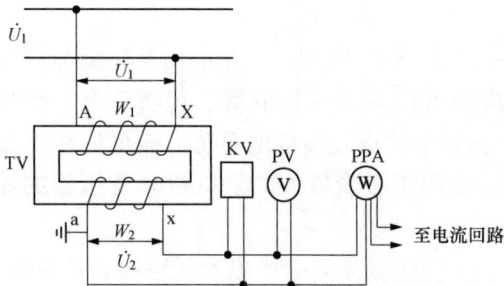

图 1 - 15　电压互感器回路原理接线图

TV—电压互感器；KV—电压继电器；

PV—电压表；PPA—有功功率表

1）电压互感器的极性和相量图。电压互感器一次和二次绕组间的极性定义如图 1 - 16 所示，A 和 a 标注表示为同极性端子（X 和 x 也为同极性端子）。由楞次定律可知，当一次电流从极性端子 A 流入时，在二次绕组中感应出的电流应从极性端子 a 流出。

电压互感器一、二次电压的假定正方向，一般均由极性端指向非极性端，这种标注方法，使一、二次电压同相位，相量

图如图 1 - 16（c）所示。

2）电压互感器的常用接线方式及变比。电压互感器的接线方式，是指一、二次绕组的接线组别及二次绕组与负载的连接形式。

a. 单相式接线。单相式接线使用一台单相电压互感器，一般用在大电流接地系统中测量一相对地电压；或在小电流接地系统中测量某一相间电压，如图 1 - 17（a）所示，变比为 $U_N/0.1\text{kV}$，U_N 为一次额定线电压。

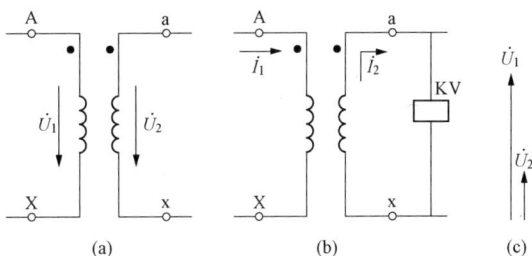

图 1 - 16　电压互感器的极性标注
（a）极性与电压；（b）极性与电流；（c）相量图

b. V/v 式接线。V/v 式接线如图 1 - 17（b）所示，由两个单相电压互感器分别接相间电压 U_{UV} 和 U_{VW}，互感器的一次绕组不接地，二次绕组采用 b 相接地。二次绕组可输出对应于一次绕组的三相的相间电压和三相对系统中性点的相电压，主要使用在小电流接地系统不需要测量相对地电压的场合，变比为 $U_N/0.1\text{kV}$。

c. Y/y 式接线。Y/y 式接线由三个单相电压互感器组合而成，也可是一个具有五柱式铁芯的三相电压互感器。一、二次绕组的中性点均接地。二次绕组可输出三相的相间电压、三相对地电压和三相对系统中性点的相电压，图 1 - 17（c）所示，变比为 $\dfrac{U_N}{\sqrt{3}}\Big/\dfrac{0.1}{\sqrt{3}}\text{kV}$。

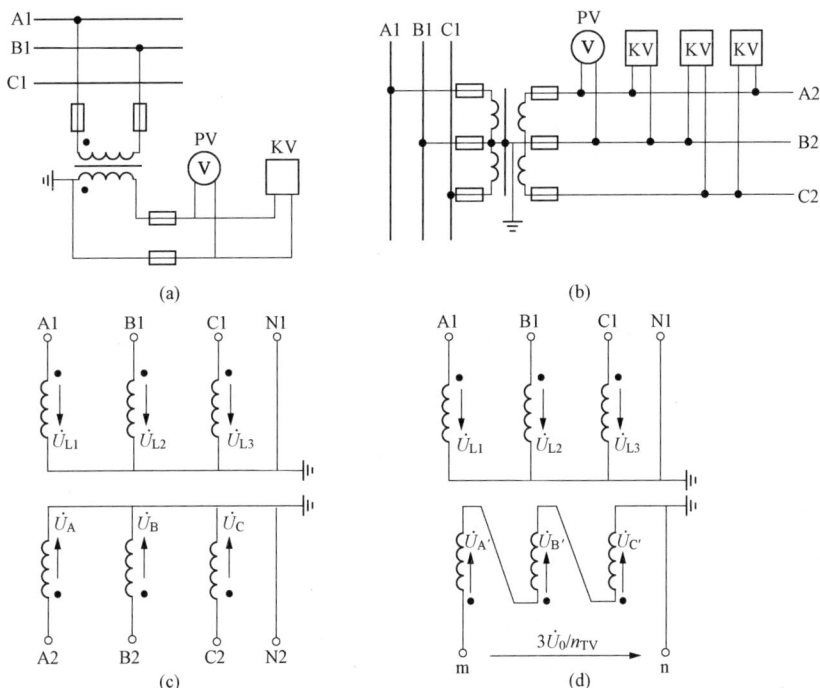

图 1 - 17　电压互感器常用接线形式
（a）单相式接线；（b）V/v 式接线；（c）Y/y 式接线；（d）Y/⊥三角形接线

　　d. Y/△式接线。用三个单相电压互感器或一个三相五柱铁芯式电压互感器，一次绕组中性点接地。二次绕组顺极性连接成△，如图 1 - 17（d）所示。从 m、n 开口处可输出零序电压

$$\dot{U}_{mn} = \dot{U}'_A + \dot{U}'_B + \dot{U}'_C = \frac{\dot{U}_A + \dot{U}_B + \dot{U}_C}{n_{TA}} = \frac{3\dot{U}_0}{n_{TV}} \qquad (1 - 10)$$

式中　U_0——电压互感器一次侧每相零序电压。

　　为使输出的最大二次电压 $U_{mn \cdot max}$ 不超过 100V，其变比为

$$n_{TV} = \frac{3U_0}{0.1}kV \qquad (1 - 11)$$

　　对于大电流接地系统，单相接地时每相最大零序电压为 $\dfrac{U_N}{3\sqrt{3}}$（U_N 为一次额定线电压），则变比应选为 $\dfrac{U_N}{\sqrt{3}}\Big/0.1kV$；对于小电流接地系统，单相接地时每相零序电压为 $\dfrac{U_N}{\sqrt{3}}$，则变比应选为 $\dfrac{U_N}{\sqrt{3}}\Big/\dfrac{0.1}{3}kV$。

1.2.3　变换器

　　保护装置动作判据主要为母线电压（线路电压）、线路电流，因此需要将母线（线路）电压互感器、电流互感器输出的二次电压、电流送入继电保护装置。若测量继电器为机电型继电器，电流或电压互感器二次侧一般直接接到电流继电器、电压继电器的线圈。若保护装置为整流型、晶体管型、微机型的，由于都属于弱电元件，电流、电压互感器输出的二次电流、电压还需要经变换器进行线性变换后，再接入测量电路。

　　变换器的基本作用如下。

　　（1）电量变换。将互感器二次侧电压（额定 100V）、电流（额定 5A 或 1A），转换成弱电压（数伏），以适应弱电元件的要求。

　　（2）电气隔离。电流、电压互感器二次侧的保护、工作接地，是用于保证人身和设备安全的，而弱电元件往往与直流电源连接，直流回路不允许直接接地，故需要经变换器实现电气隔离，如图 1 - 18 所示。

　　（3）调节定值。整流型、晶体管型继电保护可以通过改变变换器一次或二次线圈抽头来改变测量继电器的动作值。

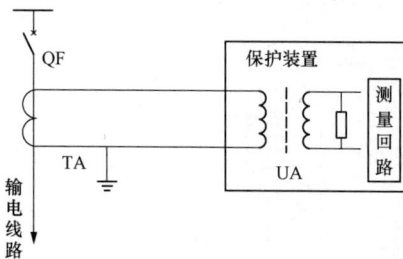

图 1 - 18　变换器的电气隔离作用

　　继电保护中常用的变换器有电压变换器（UV）、电流变换器（UA）和电抗变压器（UX）。UV 作用是电压变换，UA、UX 作用是将电流变换成与之成正比的电压。

　　（1）电压变换器。电压变换器应用接线如图 1 - 19 所示，UV 一次侧与电压互感器相连。电压变换器原理结构与电压互感器相同，相当于一种小型的单相电压互感器。TV 二次侧有工作接地，UV 二次侧的"直流地"为保护电源的 0V，电容 C 容量很小，起抗干扰作用。在正常工作条件下，其二次侧工作在近似开路状态，作用是把来自电压互感器的二次电压按比例进一步减小或使之可以调整。

从 UV 一次侧看进去，输入阻抗很大，对于负载而言 UV 可以看成一个电压源，UV 两侧电压成正比，即 $\dot{U}_2 = K_U \dot{U}_1$，$K_U$ 为电压变换器变比。

(2) 电流变换器。电流变换器接在电流互感器的二次侧，其原理结构与电流互感器相同，相当于一种小型的电流互感器。电流变换器应用接线如图 1-20 所示。电流变换器与电压变换器不同，从 UA 一次侧看进去，输入阻抗很小，对于负载而言 UA 可以看成一个电流源。在正常工作条件下，其二次侧工作在近似短路状态，作用是把来自电流互感器的二次电流按比例进一步减小，或利用此电流在固定负载上的压降获得一正比于电流的电压。

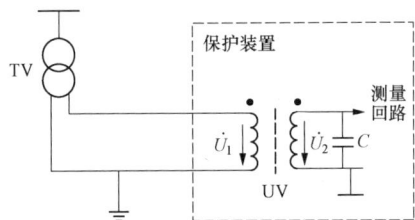

图 1-19　电压变换器应用接线

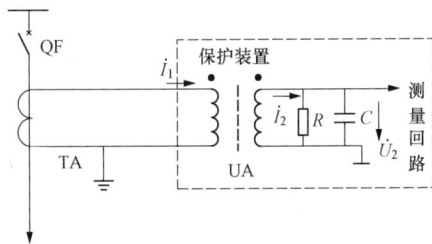

图 1-20　电流变换器应用接线

UA 二次电流（一般为 mA 级）与一次电流成正比，二次电流在电阻上产生二次电压，$\dot{U}_2 = RK_I \dot{U}_1$，$K_I$ 为电流变换器变比。

(3) 电抗变换器。将 TA 输出二次电流变换为电压还可以采用电抗变压器。UX 等效电路如图 1-21 所示，它是一种铁芯带气隙的电量变换器，作用是把来自电流互感器的二次电流按比例变换成与之成正比的弱电压，并且输出电压与输入电流间的相位差可调。电抗变换器是一种比较特殊的变换器，一方面它的电源是电流源，这一点与电流变换器相似；另一方面它输出的是电压，所以其二次绕组所接的负载阻抗很大，故在正常工作条件下，其二次侧工作在近似开路状态，在这一点上又与电压变换器相似。也就是，UX 输入阻抗很小，串于 TA 二次回路；对于负载，UX 近似为电压源。UX 励磁阻抗相对于负载来说很小，可以认为一次电流全部用于励磁，这样二次电压 $\dot{U}_2 = Z_m \dot{I}_1 = \dot{K}_I \dot{I}_1$，$\dot{K}_I$ 称为 UX 的转移阻抗。

与使用 UA 的电压变换电路不同，UX 输出电压超前输入电流一定相位角，具有"电抗特性"。由于 UX 励磁阻抗较小，其铁芯一般带有气隙。

UX 转移阻抗大小通过调整铁芯气隙及一、二次线圈匝数改变；转移阻抗角度通过并于辅助绕组的电阻 R_ϕ 调整，R_ϕ 越大转移阻抗角越接近 90°，R_φ 越小则转移阻抗角越小，如图 1-22 所示。

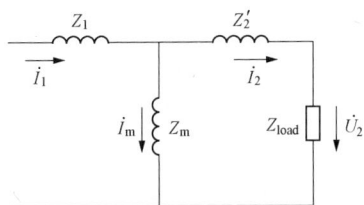

图 1-21　电抗变压器等效电路

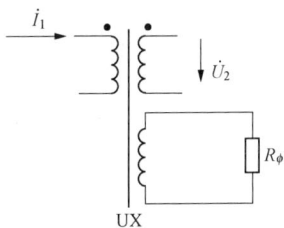

图 1-22　UX 转移阻抗角调整

习 题 1

一、填空题

1. 当系统发生故障时，短路点与电源之间阻抗_____，并伴随有电流_____，电压_____。

2. _____能以最快速度有选择性地切除被保护设备和线路故障的保护，且断路器拒动时，可用_____来切除故障。

3. 继电保护的四个基本要求：_____、_____、_____、_____。

4. 电流互感器_____接法既能反映相间故障又能反映接地故障。

5. 在大电流接地系统里电压互感器二次侧开口三角形的电压是_____V，采用星形接法二次侧的线电压是_____V。

6. 电流互感器是_____于一次电力系统中，电压互感器是_____于一次电力系统中。

二、选择题

1. 负荷上升超过了规定值，形成了（   ）。

A. 过电流 B. 过负荷 C. 过电压

2. 以下说法正确的是（   ）。

A. 电流互感器和电压互感器二次均可以开路

B. 电流互感器二次可以短路但不得开路，电压互感器二次可以开路但不得短路

C. 电流互感器和电压互感器二次均不可以短路

3. 电流互感器是（   ）。

A. 电流源，内阻视为无穷大 B. 电压源，内阻视为零

C. 电流源，内阻视为零

4. 为相量分析简便，电流互感器一、二次电流相量的正向定义应取（   ）标注。

A. 加极性 B. 减极性 C. 均可

5. 当系统发生故障时，短路电流（   ）。

A. 电源流向短路点 B. 短路点流向电源 C. 非故障相流向短路点

6. 当系统发生故障时，短路点与电源之间阻抗（   ）。

A. 降低 B. 上升 C. 不变

7. 主保护或断路器拒动时，用来切除故障的保护是（   ）。

A. 辅助保护 B. 异常运行保护 C. 后备保护

8. （   ）能以最快速度有选择性地切除被保护设备和线路故障的保护。

A. 主保护 B. 后备保护 C. 辅助保护

9. 当系统发生故障时，正确地切断故障点最近的断路器，是继电保护的（   ）的体现。

A. 快速性 B. 选择性 C. 可靠性

10. 电力系统继电保护的选择性，除了决定于继电保护装置本身的性能外，还要求满足：由电源算起，越靠近故障点的继电保护的故障启动值（   ）。

A. 相对越小，动作时间越短 B. 相对越大，动作时间越短

C. 相对越灵敏，动作时间越短

11. 电流变换器的作用是（　　　）。

A. 将一次侧的大电流变为二次侧的小电流

B. 将一次侧的高电压变为二次侧的低电压

C. 将一次侧的输入电流转换成二次侧的输出电压

12. 电抗变压器是（　　　）。

A. 把输入电流转换成输出电流的中间转换装置

B. 把输入电压转换成输出电压的中间转换装置

C. 把输入电流转换成输出电压的中间转换装置

三、判断题

1. 电力系统中的电气元件的正常工作遭到了破坏，但还没有发生故障的情况，其电气参数偏离了额定值，叫故障状态。（　　　）

2. 电力系统运行状态有正常运行状态、不正常运行状态、故障状态三种。（　　　）

3. 反应于电流增大而动作的是过电流保护。（　　　）

4. 反应于电压降低而动作的是低电压保护。（　　　）

5. 低阻抗保护是反应于短路点到保护安装地点之间的距离（或测量阻抗的减小）而动作的。（　　　）

6. 电力系统继电保护要求在任何情况下都要采用快速保护。（　　　）

7. 继电保护动作速度越快越好，灵敏度越高越好。（　　　）

8. 所用电流互感器与电压互感器的二次绕组应有永久性的、可靠的保护接地。

9. 电流互感器本身造成的测量误差是由于有励磁电流的存在。（　　　）

10. 电流互感器的二次负载越小，对误差的影响越小。（　　　）

11. 低电压继电器动作电压小于返回电压。（　　　）

12. 电流继电器的动作电流小于返回电流。（　　　）

四、简答题

1. 在继电保装置中何谓主保护、后备保护、辅助保护？

2. 继电保护装置的任务有哪些？

3. 电流继电器与低电压继电器的返回系数有什么区别？

第2章 微 机 保 护

2.1 微机保护硬件特点及组成

2.1.1 微机保护的特点

随着电子技术及信息技术的发展，现场越来越多的保护采用微机来实现，称为微机保护，并且微机保护的优势也越来越明显。总的来说，微机保护具有如下特点和优点（见图2-1）。

（1）可靠性高；

（2）灵活性强；

（3）保护性能得到很大改善，功能易于扩充；

（4）维护调试方便；

（5）有利于实现电力自动化。

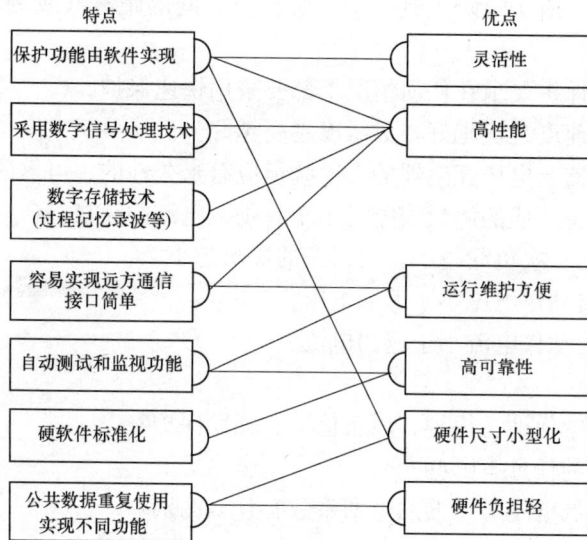

图2-1 微机保护特点和优点

2.1.2 微机保护硬件的基本组成原理

从功能上说，微机保护装置可以分为六个部分：①数字核心部件，即微机主系统；②模拟量输入接口部件，即数据采集单元；③开关量输入接口部件；④开关量输出接口部件；⑤人机对话接口部件；⑥外部通信接口部件。微机保护硬件系统构成框图如图2-2所示。

（1）数字核心部件。微机保护装置的数字核心部件实质上就是一台特别设计的专用微型计算机，一般由微处理器CPU、只读存储器（EPROM）、随机存取存储器（RAM）、定时器（TIMER）及控制电路等部分组成，并通过数据总线、地址总线、控制总线连成一个系统。CPU执行存放在EPROM中的程序，对由数据采集系统输入至RAM区的原始数据进

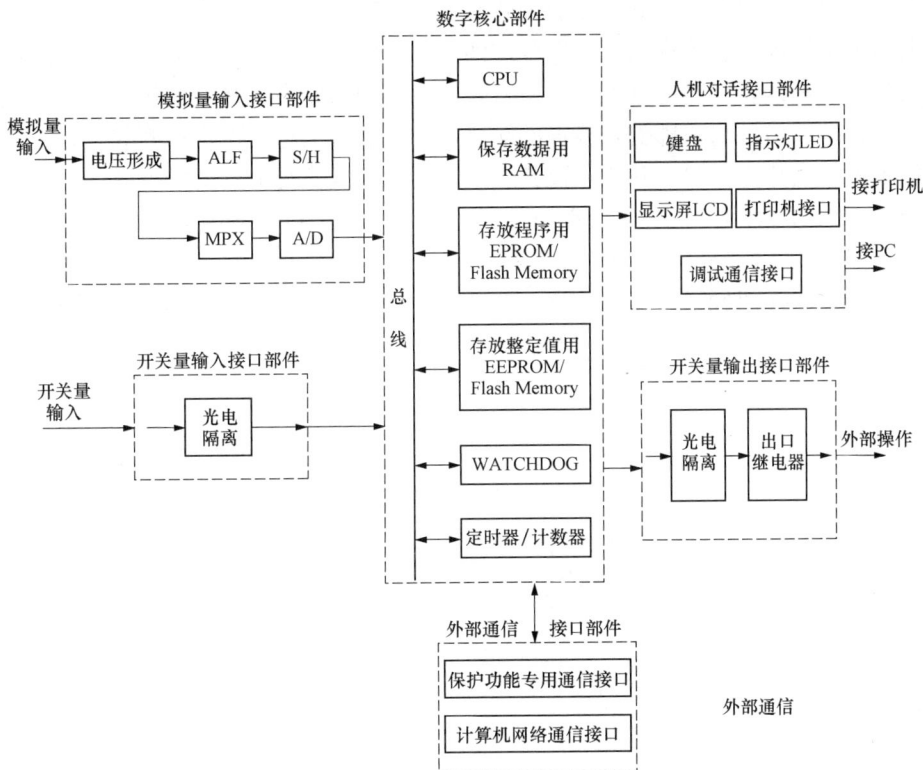

图 2-2 微机保护硬件系统构成框图

行分析处理，并与存放于 EEPROM 中的定值比较，以完成各种保护功能。

（2）模拟量输入接口部件。继电保护判断电力系统是否发生故障或处于不正常运行状态所依据的基本电量是模拟电量。一次系统的模拟电量可分为交流电量（包括交流电压和交流电流）、直流电量（包括直流电压和直流电流）以及各种非电量。微机保护装置模拟量输入接口部件的作用是将互感器输入的模拟电量正确地变换成离散化的数字量，提供给数字核心部分进行处理。

微机保护装置中模拟量输入回路中，模拟量的转换方式有两种，一是基于逐次逼近型 A/D 转换方式，二是利用电压/频率变换（VFC）原理进行 A/D 变换的方式。前者包括电压形成回路、模拟低通滤波器（ALF）、采样保持回路（S/H）、多路转换开关电路（MPX）及模/数转换回路（A/D）等功能块；后者主要包括电压形成、VFC 回路、计数器等环节。模拟量输入模块框图如图 2-3 所示。

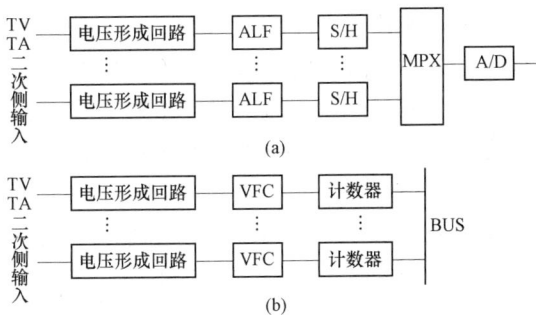

图 2-3 模拟量输入模块框图
（a）逐次逼近型 A/D 转换方式；
（b）VFC 原理的 A/D 转换方式

（3）开关量输入接口部件。开关量是指反映"是"或"非"两种状态的逻辑变量，如断路器的"合闸"或"分闸"状态，控制信号的"有"或"无"状态等。继电保护装置常常需要确知开关量状态才能正确地动作。开关量输入大多数是触点状态的输入，可以分成两类：一类是安装在装置面板上的触点，如各种工作方式开关、调试装置或运行中定期检查装置用的键盘触点、复位按钮及其他按钮等；另一类是从装置外部经过端子排引入装置的触点，如需要由运行人员不打开装置外盖而在运行中切换的各种连接片板、转换开关以及其他保护装置和操作继电器的触点等。

如图 2-4 (a) 所示，第一类触点与外界电路无联系，可直接接至微机的并行接口，也可以直接与 CPU 口线相连。在初始化时规定图中可编程并行口的 PA_0 为输入口，CPU 可以通过软件查询，随时知道外部触点 S 的状态。当 S 未被按下时，通过上拉电阻使 PA_0 为 5V，S 按下时，PA_0 为 0V。因此，CPU 通过查询 PA_0 的电平为"0"或为"1"，就可以判断 S 是处于断开还是闭合状态。

如图 2-4 (b) 所示，第二类触点由于与外电路有联系，需经光耦器件进行电气隔离，以防触点输入回路引入的干扰。图中虚线框内是光耦元件，集成在一个芯片内。当外部触点 S 接通时，有电流通过光耦器件的发光二极管，使光敏三极管受激发而导通，三极管集电极电位呈低电平"0"；当 S 打开时，光敏三极管截止，集电极输出高电平"1"。因此，三极管集电极的电位即 PA_0 口线的电位变化，代表了外部触点的通断情况。该"0""1"状态可作为数字量由

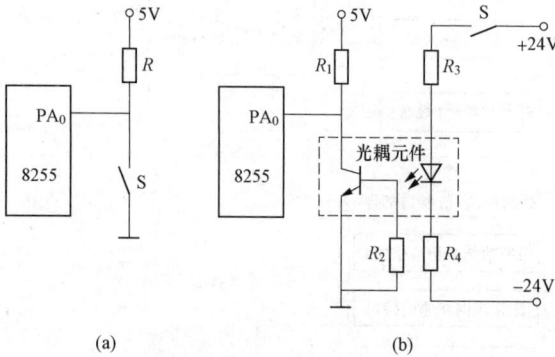

图 2-4 开关量输入
(a) 第一类接点接入；(b) 第二类接点接入

CPU 直接读入并依据状态进行处理；也可控制中断控制器发出中断请求，CPU 响应中断并进行相应的处理。

(4) 开关量输出接口部件。微机保护通过开关量输出（简称开出）的状态来控制保护的跳闸出口，以及本地和中央信号等。一般都采用并行接口的输出口来控制有触点继电器（干簧或密封小中间继电器）的方法。为提高抗干扰能力，也要经过光电隔离，如图 2-5 所示。只要由软件使并行口的 PB_0 输出"0"，PB_1 输出"1"，可使与非门 Y_2 输出低电平，使发光二极管导通，光敏三极管激发导通，继电器 K 动作，其触点闭合，启动后级电路。在初始化和需要继电器返回时，应使 PB_0 输出"1"，PB_1 输出"0"。

这里经与非门 Y_1（用作反相器）及与非门 Y_2 输出，而不是将发光二极管直接同并行口相连，一方面是为了增强并行口的带负荷能力，另一方面是在采用了与非门后，要满足两个条件才能使 K 动作，从而增加了抗干扰能力。

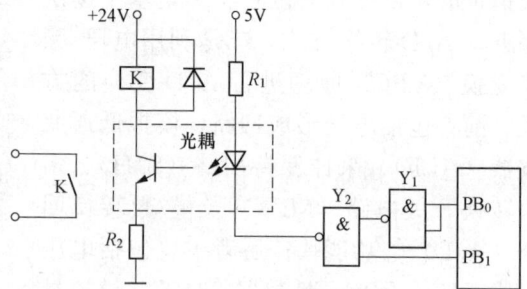

图 2-5 开关量输出

(5) 人机对话接口部件。人机对话接口部件的作用是建立起微机保护与使用者之间的信

息联系，以便对装置进行人工操作、调试和得到反馈信息。人机对话接口部件主要包括以下几部分。

1）键盘。用来修改整定值和输入控制命令，必要时辅之以切换开关。

2）显示屏。通常采用图形化液晶显示屏（LCD），可提供当前或历史纪录的丰富信息，如整定值、控制命令、采样值、电力系统故障报告及保护装置运行状态的报告等。

3）指示灯。通常采用发光二极管（LED），可对一些非常重要的事件，如保护已动作、装置运行正常、装置故障等提供明显的监视信号。

4）打印机接口。用来驱动打印机形成文字报告。

5）调试通信接口。用于微机保护进行现场调试时与通用计算机相连，实现视窗化和图形化的高级自动调试功能。

（6）外部通信接口部件。外部通信接口部件的作用是提供与计算机局域网以及远程通信网络的信息通道。外部通信接口可分为两类：一类通信接口为实现特殊保护功能的专用通信接口，如输电线路纵联保护，要求位于线路两端的保护交换信息和相互配合，共同完成保护功能；另一类通信接口为通用计算机网络接口，可与电站计算机局域网及电力系统计算机远程通信网相连，实现电力系统的自动化，如数据共享、远方操作及远方维护等。

另外，微机保护装置还有专门的电源部分，通常采用逆变稳压电源。一般地，集成电路芯片的工作电压为 5V，而数据采集系统的芯片通常需要双极性的 $\pm15V$ 或 $\pm12V$ 的工作电压，继电器回路则需要 24V 电压。因此，微机保护装置的电源至少要提供 5V、$\pm15V$（$\pm12V$）、24V 等几个电压等级，而且各级电压之间应不共地，以避免相互干扰甚至损坏芯片。

2.2　数据采集系统

微机保护的基本特征是，由软件对数字信号进行计算和逻辑处理来实现继电保护原理，而依据的电力系统的主要电量却是模拟性质的信号，因此，要通过数据采集系统（即上述模拟量输入接口部件）将连续的模拟信号转变为离散的数字信号，这个过程称为量化过程。下面仅就基于逐次逼近式 A/D 转换的模拟量输入系统的原理进行说明。

如图 2-3（a）所示，基于逐次逼近式 A/D 转换的模拟量输入系统包括电压形成回路、ALF、S/H、MPX 及 A/D 五部分，现在分别叙述这五部分的基本工作原理及作用。

2.2.1　电压形成回路

微机保护的交流输入来自被保护设备的电流互感器、电压互感器的二次侧。这些互感器的二次电流或电压一般数值较大，变化范围也较大，不适应模数转换器的转换要求，故需对它进行变换。一般采用各种中间变换器来实现这种变换，如电流变换器（UA）、电压变换器（UV）和电抗变换器（UR）等。

电压形成回路除了上面所述的电量变换作用外，还起着屏蔽和隔离的作用。

2.2.2　模拟低通滤波器（ALF）

对微机保护系统来讲，在故障初瞬，电压、电流中可能含有很高的频率成分，为了防止频率混叠，采样频率 f_s 必然选得很高，从而要求硬件速度快，使成本增高，有时甚至难以做到。实际上目前大多数保护原理都是基于工频分量的，故可以在采样之前使输入信号限制在一定的频带之内，即降低输入信号的最高频率，从而降低 f_s。这样一方面可以降低对硬件的速度要求，另一方面也不至于产生频率混叠现象。要限制输入信号的最高频率，只需在采样前用一个模拟低通滤波器（ALF），滤去 $f_s/2$ 以上的频率分量即可。

模拟低通滤波器通常分为无源和有源两种。无源滤波器通常由 R、L、C 等元件组成，由于电感元件饱和程度随温度的变化使滤波特性发生漂移，而且大电感会给保护带来延时等原因，在微机保护 ALF 中很少应用。图 2-6 所示为常用的无源低通滤波器及其特性。这种滤波器接线简单，但要想获得较好的滤波特性，电容就要选得较大，这会带来延时，对快速保护不利。但微机保护对前置低通滤波器提出的要求不高，只要求滤去 $f_s/2$ 以上的频率成分，而低于 $f_s/2$ 的频率分量，可以通过数字滤波来滤除。因此这种无源滤波方案在很多微机保护装置中得到了应用。

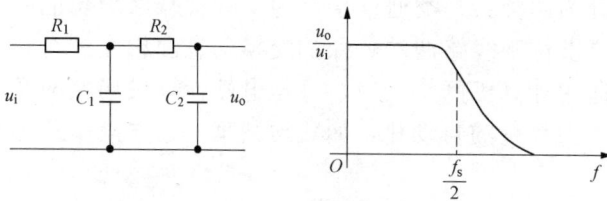

图 2-6　常用无源低通滤波器及其特性

有源滤波器通常是由 RC 网络加上运算放大器构成，其特性较稳定，不受时间、温度变化的影响，可以避免采用大电容，对既要求有较好的特性，又要求快速的场合十分有用。同时，由于有电源及运算放大器的放大作用，因此，可以补偿无源滤波器无法避免的插入损耗。

采用 ALF 消除频率混叠现象后，采样频率的选择很大程度上取决于保护的原理和算法的要求，同时还要考虑硬件速度。目前绝大多数微机保护的采样周期 T_s 为 $\dfrac{5}{6}$ ms 或 $\dfrac{5}{3}$ ms，即采样频率为 $1200\mathrm{Hz}(N=24)$ 或 $600\mathrm{Hz}(N=12)$。

2.2.3　采样保持（S/H）电路

（1）采样保持原理。由采样保持（S/H）电路对连续信号按时间取量化，即把时间连续的信号 $x(t)$ 或 u_i 变为时间离散的信号 $x^*(t)$ 或 u_0。并在模/数（A/D）变换器进行模/数转换期间保持其输出不变，其工作原理如图 2-7 所示。它由一个电子模拟开关、保持电容及两个阻抗变换器（一般由运算放大器构成）组成。在断开时（脉冲控制端为低电平），电容 C_H 上保持住原采样电压，电路处在保持状态。AS 的闭合时间应保持以满足 C_H 有足够的充电时间，即采样时间。显然采样时间越短越好，因此采用了阻抗变换器 1，它在输入呈现高阻抗，而输出阻抗很低，使 C_H 上的电压能迅速跟踪到 u_i 值。同样为了提高保持能力，电路中的阻抗变换器 2 对 C_H 呈现高阻抗，而输出阻抗很低，以增加带负载的能力。

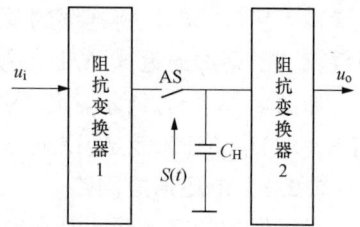

图 2-7　采样保持电路原理图
AS—电子模拟开关；C_H—保持电容

（2）采样保持分析。理想采样是提取模拟信号的瞬时值，抽取的时间间隔由采样控制脉冲 $s(t)$ 来控制，图 2-7 中阻抗变换器 1 和 2 的输入阻抗为无限大，输出阻抗为零，C_H 无泄漏，采样脉冲宽度 T_C 为 0，采样间隔 T_s 称为采样周期。图 2-8 表明了理想采样保持过程。采样信号 $x^*(t)$ 仅对时间是离散的，其幅值依然连续，即是离散时间的模拟量，它在各个采样点上（0，T_s，$2T_s$，…）的幅值与输入的连续信号 $x(t)$ 的幅值是相同的。这样，$x^*(t)$ 信号在各采样时刻的值是 $x(t)$ 在这些点上的瞬时值。即有

$$x^*(t) = x(t)/_{t=n}T_s = \chi(nT_s) \qquad n = 1,2,\cdots \quad (2-1)$$

为保证各通道采样的同时性，在等待模数转换的过程中，必须保持采样值不变。理想保持器的保持信号如图 2-8（d）所示。

（3）采样频率和采样定理。采样间隔（即采样周期）T_s 的倒数称为采样频率 f_s，即

$$f_s = \frac{1}{T_s} \qquad (2-2)$$

采样频率反映了采样速度。在电力系统的实际应用中，习惯用采样频率 f_s 相对于基波频率的倍数（记为 N）来表示采样速度，称为每基频周期采样点数，或简称为 N 点采样。设基频频率为 f_1、基频周期为 T_1，则有

$$N = \frac{f_s}{f_1} = \frac{T_1}{T_s} \qquad (2-3)$$

还需要讨论一个问题为如何选择采样频率。或者说，对连续时间信号进行采样应选择多高的采样频率才能保证不丢失原始信号中的信息？为了回答这个问题，先观察图 2-9 所示的波形。

设被采样信号 $x(t)$ 的频率为 f_0，其波形如图 2-9（a）所示。对其进行采样，图 2-9（b）所示是对 $x(t)$ 每周采一点，即 $f_s = f_0$，采样后所看到的为一直流量（见虚线）；在图 2-9（c）中，当 f_s 略大于 f_0 时（这里 $f_s = 1.5 f_0$），采样后所看到的是一个差拍低频信号；又由图 2-9（d）可见，当 $f_s = 2 f_0$ 时，采样所看到的是频率为 f_0 的信号。不难想象，当 $f_s >$

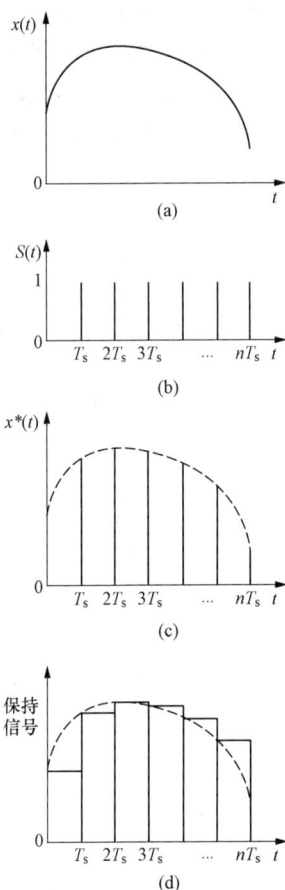

图 2-8　采样保持过程示意图
（a）模拟信号；（b）采样脉冲；
（c）采样信号；（d）保持信号

$2 f_0$ 时，采样后所看到的信号就更加真实地代表了输入信号 $x(t)$。由此可见，当 $f_s < 2 f_0$ 时，频率为 f_0 的输入信号被采样之后，将被错误地认为是一低频信号，将这种现象称为

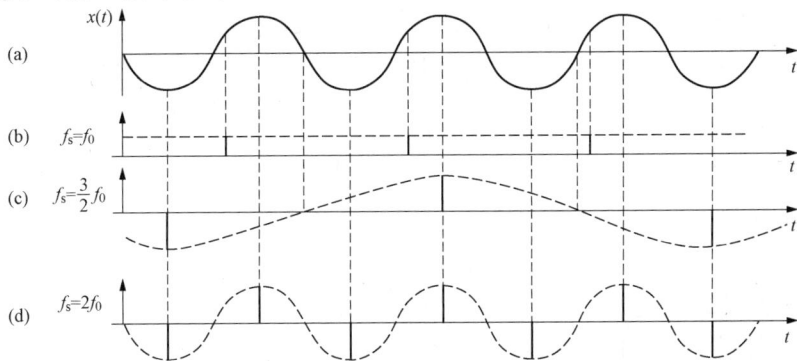

图 2-9　频率混叠示意图

"频率混叠"。显然，在 $f_s \geqslant 2f_0$ 后，将不会出现频率混叠现象。因此，若要不丢掉信息地对输入信号进行采样，就必须满足 $f_s \geqslant 2f_0$ 这一条件。若输入信号 $x(t)$ 含有各种频率成分，则其最高频率为 $f_{\max}$，若要对其不失真地采样，或者采样后不产生频率混叠现象，则采样频率必须不小于 $2f_{\max}$，即 $f_s \geqslant 2f_{\max}$。也就是说：为了使信号被采样后能够不失真还原，采样频率必须不小于两倍的输入信号的最高频率，这就是乃奎斯特采样定理。

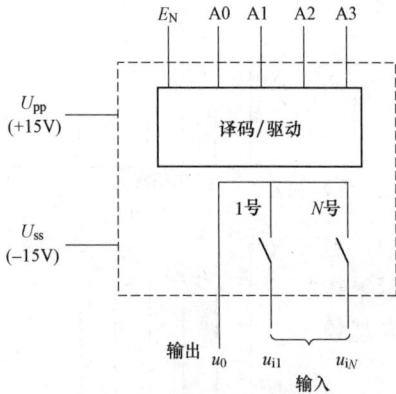

图 2-10　多路转换开关原理图

2.2.4　模拟多路转换开关电路（MPX）

如前所述，微机保护装置通常是几路模拟量输入通道公用一个 A/D 芯片，采用多路转换开关电路将各通道保持的模拟信号分时接通 A/D 变换器。多路转换开关是电子型的，通道切换受微机控制。多路转换开关包括选择接通路数的二进制译码电路和电子开关，它们被集成在一片芯片中。如图 2-10 所示。

2.2.5　数/模（模/数）转换器

模/数转换器将采样保持回路输出的离散的模拟量变为离散的数字量。

（1）数/模（D/A）转换器。模数转换一般要用到数模转换器，数模转换器的作用是将数字量 D 转换成模拟量 A。图 2-11 所示是常见的 4 位数/模转换器的原理图。

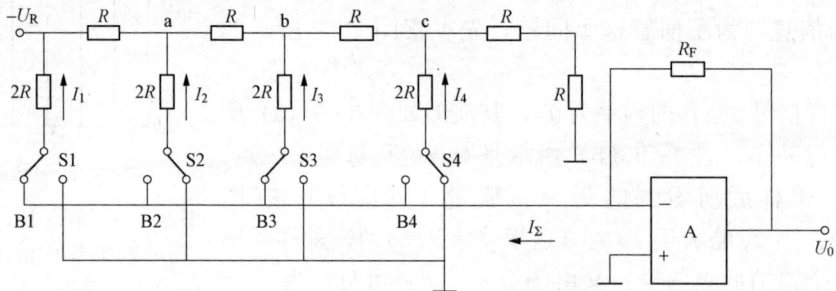

图 2-11　4 位数/模转换器原理图举例

图 2-11 中电子开关 S1～S4 在数字量 B1～B4 某一位为"0"时接地，为"1"时接至运算放大器 A 的反相输入端。流向运算放大器反相端的总电流 I_Σ 反映了 4 位数字量的大小，开关倒向哪一侧，对电阻网络的电流分配没有影响。另外，这种电阻网络有一个特点，即从图 2-11 中的 $-U_R$、a、b、c 四点分别向右看，网络的等值阻抗都是 R，因而 a 点电位必定为 $-\dfrac{I_R}{2}$，b 点电位为 $-\dfrac{I_R}{4}$，c 点为 $-\dfrac{I_R}{8}$。

（2）模/数转换器（A/D）。微机保护用的模/数变换器绝大多数是应用逐次比较式 A/D 转换原理实现的，如图 2-12 所示。为了简单起见，直接举例说明如下：转换开始时，控制器首先在数码设定器中设置一个最

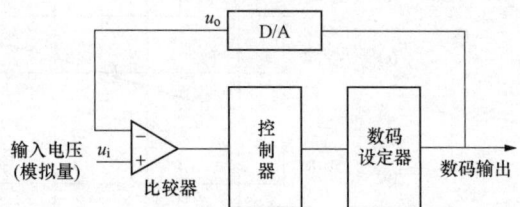

图 2-12　逐次比较式 A/D 转换原理图

高位数码"1"（如 100…00），该数码经 D/A 变换为模拟电压 u_0，反馈到输入侧的比较器一端，与输入电压 u_i 相比较。如果设定值 $u_0 < u_i$，则保留该位原设置的数码"1"，然后由控制器在数码设定器中附加次高位设置数码"1"，形成新的数码（如 100…00），经 D/A 变换，再反馈到输入侧比较器与 u_i 比较。若设定值 $u_0 > u_i$，则原设定次高位数码"1"改为"0"，然后附加下一高位设置数码"1"（如 101…00）。重复上述的比较与设置，直到所设定的数码总值转换成反馈电压 u_0 的值尽可能地接近 u_i 值。若其误差小于所设定数码中可改变的最小值（最小量化单位），则此时数码设定器中的数码总值即为转换结果。

逐次比较式 A/D 转换的一个重要指标是转换精度，即 A/D 转换分辨率，它主要取决于设定数码的最小量化单位，A/D 转换输出的数字量位数越多，最小量化单位越小，分辨率越高，转换出的数字量舍入误差越小，A/D 转换的精度就越高。逐次比较式 A/D 转换的另一个重要指标是 A/D 转换速度，它与 A/D 转换分辨率是有关的，通常分辨率越高，其转换速度就相对降低。若要求这两项指标都较高，则其芯片成本就十分昂贵。微机保护采样的量较多，保护动作速度快，因此要求转换速率较高。通常每次转换时间不低于 $25\mu s$，而数字量位数为 $10 \sim 12$ 位。

2.3　微机保护算法

微机保护中，模拟电压、电流输入信号经过离散采样和模/数变换成为可用于计算机处理的数字量，计算机将这些数字量（采样值）进行计算和分析，得到保护所需的电气量参数，再将这些参数代入保护的动作特性方程，并与整定值进行比较和判断，决定保护装置的动作行为。完成上述分析计算和比较判断，以实现各种继电保护功能的方法，通称为保护算法。

在电力系统中，继电保护的种类很多，保护原理也各不相同，因此相应地有各种不同的保护算法。但无论何种算法，其核心都可归结为如何计算能表征被保护对象运行特点的各种电气量参数，如电压、电流的基波或某次谐波分量的幅值与相位、测量阻抗、功率及各种序分量的幅值与相位等。有了这些基本的电气量参数，才能构成保护的动作特性方程，实现各种不同的保护原理。因此，电气量参数的计算方法是微机保护算法的基础。

目前，大多数微机保护原理，是以故障信号中的稳态基频分量或某种特定谐波分量为基础构成的。而在实际故障情况下，输入的电流、电压信号中，除了保护所需的有用成分外，还包含有许多无效的"噪声"分量，如衰减直流分量和各种高频分量等。保护算法的主要任务之一就是从包含有噪声分量的输入信号中，快速、准确地计算出所需的各种电气量参数。

参数计算的准确性关系到保护装置动作行为的正确性。消除噪声分量影响，提高参数计算精度的基本途径主要有两种：一是，首先用滤波器对输入信号进行滤波处理，然后对滤波后的有效信号进行电气参数计算；二是，设计的电气参数算法本身具有良好的滤波性能。

算法的计算速度直接决定着保护的动作速度。算法的计算速度包含有两方面的含义：一是指算法的数据窗长度，即需要采用多少个采样数据才能计算出所需的参数值；二是指算法的计算量，算法越复杂，计算量也越大，在相同的硬件条件下，计算时间也越长。

通常，算法的计算精度与计算速度之间是相互矛盾的，若要计算结果准确，往往需要利用更多的采样值，即增大算法的数据窗。因此，从某种意义上来说，如何在算法的计算精度和计算速度之间取得合理的平衡，是算法研究的关键，这也是对算法进行分析、评价和选择时应考虑的主要因素。

目前在微机保护中主要采用数字滤波器进行有关计算。数字滤波器是一种特殊的算法，其特点是通过对采样序列的数字运算得到一个新的序列，在新的序列中已滤除了不需要的频率成分，只保留了需要的频率成分。或者说，数字滤波器不以计算电气量特征参数（如幅值、相位、阻抗、功率等）为目的，而是以滤波为目的。

在微机保护中广泛采用数字滤波器，因为数字滤波器与模拟滤波器相比，具有以下突出优点：

（1）滤波精度高。通过加大计算机所使用的字长，可以很容易地提高滤波精度。

（2）具有高度的灵活性。通过改变滤波算法或某些滤波参数，可灵活调整数字滤波器的滤波特性，易于适应不同应用场合的要求。

（3）稳定性高。模拟器件受环境和温度的影响较大，而数字系统受这种影响要小得多，因而具有高度的稳定性和可靠性。

（4）便于时分复用。采用模拟滤波器时，每一个输入通道都需要装设一个滤波器，而数字滤波器通过时分复用，一套数字滤波即可完成所有通道的滤波任务，并能保证各个通道的滤波性能完全一致。

数字滤波器的运算过程可用下述常系数线性差分方程来表述

$$y(n) = \sum_{i=0}^{K} a_i \chi(n-i) + \sum_{i=1}^{K} b_i y(n-i) \qquad (2-4)$$

式中　$\chi(n)$，$y(n)$——滤波器的输入值序列和输出值序列；

　　　　a_i，b_i——滤波器系数。

通过选择滤波系数 a_i 和 b_i，可控制数字滤波器的滤波特性，即根据特定的要求来滤除输入信号序列 $\chi(n)$ 中的某些无用频率成分，使输出序列 $y(n)$ 能更准确地反映有用信号的变化特征。数字滤波器的滤波特性通常用频率响应特性来表征，包括幅频特性和相频特性。幅频特性反映的是不同频率的输入信号经过数字滤波后其幅值的变化情况，而相频特性反映的则是输入和输出信号之间相位移的变化情况。由于大多数的保护原理只用到基频或某次谐波，因此人们最关心的是滤波器的幅频特性。

数字滤波器作为数字信号处理领域中的一个重要组成部分，经过近几十年的发展，已具有较完整的理论体系和成熟的设计方法。原则上，这些理论和方法也可应用于微机保护的数字滤波器设计之中。但是，电力系统作为一个具体的特定系统，其信号的变化有着自身的特点，有些传统的滤波器设计方法并不完全适用。此外，继电保护作为一种实时性要求较高的自动装置，对滤波器的性能也有一些特殊的要求。

2.4　微机保护的软件构成

2.4.1　微机保护的软件构成

微机保护的软件主要是以硬件模件为基础，完成各种保护算法及方案，并提供丰富灵活的手段对保护装置进行整定监视维护。保护装置中各 CPU 系统软件采用模块化结构，根据保护配置种类而定，但主要由三大程序模块组成，除继电保护功能程序各 CPU 不相同以外，其他程序模块是通用的，现说明如下。

（1）调试监控程序。当装置运行在调试状态时，调试监控程序调试和检查微机保护装置的硬件电路，输入、修改、固化保护装置的定值，即提供丰富的测试手段，对装置进行全面的检查、测试、整定等。

（2）运行监控程序。当装置运行在运行状态时，运行监控程序可对装置进行自检，各种在线监视，打印机的管理等。

（3）继电保护功能程序。实现各种保护的原理框图，包括数据采集、数字滤波、电气参数的计算，各保护判据的实现以及出口信号输出等。

三大程序模块示意如图 2-13 所示。

2.4.2　微机保护的软件流程

当微机保护程序运行时，其整个软件流程框如图 2-14 所示。

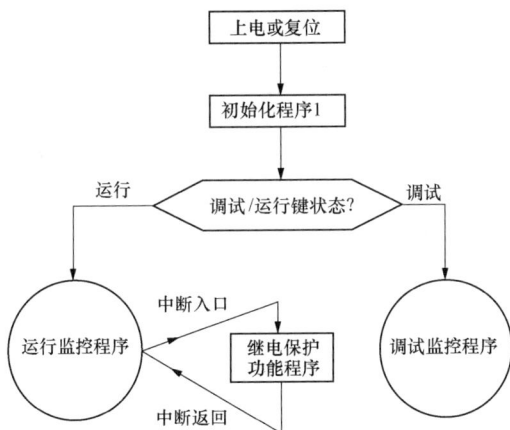

图 2-13　三大程序模块示意图　　　　图 2-14　微机保护程序流程框图

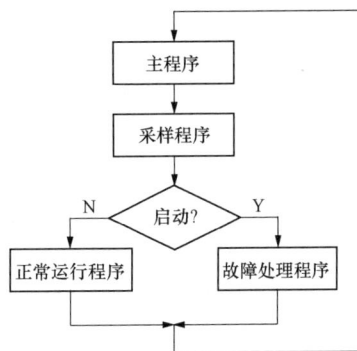

（1）主程序。主程序按固定的采样周期接受采样中断进入采样程序，在采样程序中进行模拟量采集与滤波，开关量的采集、装置硬件自检、交流电流断线和启动判据的计算，根据是否满足启动条件而进入正常运行程序或故障计算程序。硬件自检内容包括 RAM、E^2 PROM、跳闸出口三极管等。

（2）中断服务程序。

1）故障处理程序。根据被保护设备的不同，保护的故障处理程序有所不同。对于线路保护来说，一般包括纵联保护、距离保护、零序保护、电压电流保护等处理程序。故障处理程序中进行各种保护的算法计算、跳闸逻辑判断以及事件报告、故障报告及波形的整理等。

2）正常运行程序。正常运行程序包括检查开关位置状态，交流电压断线，交流电流断线，电压、电流回路零点漂移调整。

检查开关位置状态：三相无电流，同时断路器处于跳闸位置动作，则认为设备不在运行。线路有电流但断路器处于跳闸位置动作，或三相断路器位置不一致，经 10s 延时报断路器位置异常。

交流电压断线：交流电压断线时发 TV 断线异常信号。TV 断线信号动作的同时，将 TV 断线时会误动的保护（如带方向的距离保护等）退出，自动投入 TV 断线过流和 TV 断线零序过流保护或将带方向保护经过控制字的设置改为不带方向元件控制。三相电压正常后，经延时发 TV 断线信号复归。

交流电流断线：交流电流断线发 TA 断线异常信号。保护判出交流电流断线的同时，在装置总启动元件中不进行零序过流元件启动判别，且要退出某些会误动的保护，或将某些保护不经过方向控制。

电压、电流回路零点漂移调整：随着温度变化和环境条件的改变，电压、电流的零点可能会发生漂移，装置将自动跟踪零点的漂移。

2.5 提高微机保护可靠性的措施

可靠性是对继电保护的基本要求之一，它包括两方面含义，即不误动和不拒动。除了保护的基本原理应满足可靠性要求之外，还有两个因素影响保护的可靠性，这就是干扰和元件损坏，这些都不应该引起误动和拒动。保护装置微机化后，其元件数量大大减少，而且大规模集成电路损坏率很低，特别是微机可以实现高级的在线自动检测，绝大多数元件损坏都能立即被检测出来且自动采取相应措施，不会引起保护的误动。

继电保护装置的工作环境恶劣，电磁干扰严重。国内外对静态继电器的干扰来源已所作的大量研究表明，干扰主要是由端子排从外界引入的浪涌电压和装置内部继电器切换等原因造成的。例如，模拟量输入回路串入的共模信号；开关量输入/输出回路与外界相连而涌入的浪涌；装置的电源线也会携带干扰信号等。微机保护中干扰也来自这几个方面，但是干扰的后果却有所不同。静态保护装置在干扰的作用下往往是使开关电路误触发翻转，若没有完善的闭锁措施就会导致保护误动。而对微机保护来说，后果往往表现为由于数据或地址的传送出错而导致计算出错或程序出格。例如，当 CPU 正通过地址总线送出一个地址从 EPROM 提取指令操作码时，由于干扰使传送的地址出错，因此它将从一个错误的地址取得一个错误的操作码。如果这个误码是一条转移指令，或者其指令长度不同于原指令，则 CPU 的行为将完全背离原程序的轨道，这种现象称为程序出格。出格后 CPU 可能执行一系列非预期的指令，其最终结果往往是碰到一条不认识的指令而停止工作。由此可见，程序出格后引起误动作的概率是很小的，但此时 CPU 将停止执行保护的任务，如不能及时发现和自动纠正，则发生故障时保护就会拒动。干扰的另一种可能的后果是导致保护误动，例如，从电流互感器或电压互感器二次引入的浪涌造成错误的数据而使保护误动，严重的干扰还可能造成元件损坏。

一般干扰信号的频率高、幅度大、前沿陡，因而可以顺利通过各种分布电容的耦合。但这些干扰的持续时间短，所以模拟保护可以在电路上略加延时以躲过干扰，而微机保护中虽然计算机的工作是在时钟节拍的控制下以极高的速度同步工作的，而不能简单地设置延时电路，但它可以采取一些常规保护所无法实现的抗干扰措施。可见，微机保护在抗干扰方面有其独到之处。实践证明微机保护是高度可靠的。

为了防止由于干扰使保护的可靠性下降，微机保护通常在硬件及软件方面需采取适当的防范措施，其方法可以参照一般计算机的防范措施。比如，硬件抗干扰主要是屏蔽与隔离，软件的抗干扰主要是提高软件的纠错与容错能力，这里就不再叙述了。

完成附录中实训项目 2 微机继电保护装置动作分析及处理和三微机保护装置调试。

习 题 2

一、填空题

1. 微机保护装置由_____、_____、开关量输入输出系统、_____、通信接口及电源部分构成。

2. 微机保护获取零序电压可由_____和_____获得。

3. 采样定理是指被采样信号中的最高频率信号为 f_{max}，则采样频率 f_s 必须_____。

4. 基于逐次逼近原理的模拟量输入系统由_____、低通滤波、_____、模拟量多路转换开关及_____构成。

二、选择题

1. 为防止频率混叠，微机保护采样频率 f_s 与采样信号中所含最高频率成分的频率 f_{max} 应满足（　　）。

A. $f_s > 2f_{max}$ 　　　　　B. $f_s < 2f_{max}$ 　　　　　C. $f_s = f_{max}$

2. 数字滤波器是（　　）。

A. 由运算放大器构成的　　　　　　　　B. 由电阻、电容电路构成的

C. 由程序实现的

3. 微机保护中用来存放定值的存储器是（　　）。

A. EPROM　　　　　　B. EEPROM　　　　　　C. RAM

4. 微机保护中，掉电会丢失数据的主存储器是（　　）。

A. ROM　　　　　　B. RAM　　　　　　C. EPROM

三、判断题

1. 微机保护的模拟量输入/输出回路使用的辅助交流变换器，其作用仅在于把高电压、大电流转换成小电压信号供模数变换器使用。（　　）

2. 在公用一个逐次逼近式 A/D 变换器的数据采集系统中，采样保持回路（S/H）的作用是保证各通道同步采样，并在 A/D 转换过程中使采集到的输入信号中的模拟量维持不变。（　　）

3. 如果不满足采样定理，则根据采样后的数据可还原出比原输入信号中的最高次频率 f_{max} 还要高的频率信号，这就是频率混叠现象。（　　）

4. 光电耦合电路的光耦在密封壳内进行，故不受外界光干扰。（　　）

5. 一般微机保护的"信号复归"按钮和装置的"复位"键的作用是相同的。（　　）

6. 逐次逼近式魔术变换器的转换过程是由最低位向最高位逐次逼近。（　　）

7. 微机保护应将模拟信号转换为相应的微机系统能接受的数字信号。（　　）

8. 微机保护的人机接口回路是指键盘、显示器及接口插件电路。（　　）

9. 无论 CPU 速度如何，采样频率越高越好。（　　）

四、简答题

1. 微机保护与模拟量保护相比较有哪些特点？

2. 微机保护硬件由哪几部分构成？各部分的作用如何？

3. 什么叫采样？什么叫采样周期？采样周期与采样频率的关系是怎样的？什么是采样定理？

4. 微机保护的程序由哪几大模块组成，各部分的作用是什么？

第3章　电网相间短路的保护

第3章数字化资源

输电线路是电力系统非常重要的组成元件，根据输电距离的远近及电压等级的高低，可采取不同形式、不同材料制成的输电线路。在实际运行中，由于雷击、倒塔及设备设计、调试维护不当等原因，输电线路会产生各种不同类型的短路故障，如三相短路、两相短路、两相接地短路及单相接地短路等。当输电线路正常运行遭到破坏，但还未形成故障，也会出现各种不正常的运行状态，如过负荷、过电压等。针对这些情况应装设输电线路专门的继电保护装置。

电网继电保护选择的原则：首先满足继电保护的四项基本要求，即选择性、速动性、灵敏性、可靠性；然后根据各类保护的工作原理、性能并结合电网的电压等级、网络结构及接线方式等特点进行选择，使它们能有机地配合起来，构成完善的电网保护。

下面对各种不同的输电线路应配置的各种保护进行简单介绍。

3.1　阶段式电流保护

3.1.1　无时限电流速断保护

（1）无时限电流速断保护的工作原理。无时限电流速断保护（又称电流Ⅰ段保护）反应电流升高而不带时限动作，电流高于动作值时继电器立即动作，跳开线路断路器。

如图3-1所示，k1处故障对于保护P1是外部故障，应当由保护P2跳开2QF。当k1处故障时短路电流也会流过保护P1，需要保证此时保护P1不动作，为了保证选择性，必须把电流保护范围限制在本线路，为此可通过保护的动作电流大于相邻下一线路首端短路时的最大短路电流来实现。即P1的动作电流必须大于外部故障时的短路电流。

图3-1所示短路电流曲线表示在一定系统运行方式下短路电流与故障点远近的关系。

短路电流计算公式如下。

三相短路时

图3-1　短路电流曲线及无时限电流速断保护整定

$$I_k^{(3)} = \frac{E_\phi}{Z_s + Z_1 l} \tag{3-1}$$

两相短路时

$$I_k^{(2)} = \frac{E_\phi}{Z_s + Z_1 l} \times \frac{\sqrt{3}}{2} \tag{3-2}$$

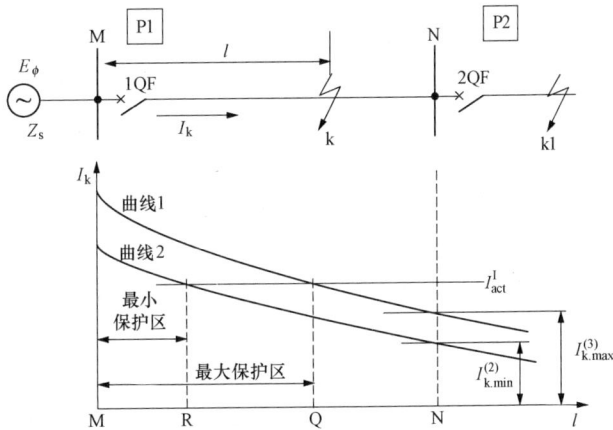

式中：E_ϕ 为相电动势；Z_s 为系统电源等效阻抗；Z_1 为线路单位长度阻抗（架空线路一般为 $0.4\Omega/\text{km}$）；l 为故障点到保护安装处的距离（km）。

短路电流大小由以下因素决定：

1) 系统运行方式，系统电源等效阻抗 Z_s 与电源投入数量、电网结构变化有关，Z_s 最大时短路电流最小，称为最小运方；Z_s 最小时短路电流最大，称为最大运方。

2) 故障点远近，故障点越近 l 越小，短路电流越大。

3) 短路类型，$I_k^{(3)} > I_k^{(2)}$，一般电流保护用于小电流接地系统，不需要考虑接地短路类型。

图 3-1 中短路电流曲线 1 对应最大运方、三相短路情况，曲线 2 对应最小运方、两相短路情况。

根据上面的讨论，外部故障时流过保护 P1 的最大短路电流为

$$I_{k.\max}^{(3)} = \frac{E_\phi}{Z_{s.\min} + Z_1 l_{MN}} \tag{3-3}$$

式中：$Z_{s.\min}$ 为最大运方时的系统阻抗，l_{MN} 为线路 MN 全长，外部故障距离保护 P1 最近的地方就是线路的末端 N 处，可见 $I_{k.\max}^{(3)}$ 为最大运方下本线末端发生三相短路时的短路电流。按照选择性的要求，动作电流应满足以下条件：

$$I_{act}^{\text{I}} > I_{k.\max.N}^{(3)} \tag{3-4}$$

考虑电流互感器、电流继电器均有误差，整定时应考虑这些误差并留有裕度，无时限电流速断保护 P1 动作电流整定公式如下。

$$I_{act}^{\text{I}} = K_{rel}^{\text{I}} I_{k.\max.N}^{(3)} \tag{3-5}$$

式中：K_{rel}^{I} 为 Ⅰ 段可靠系数，考虑短路电流计算误差、电流互感器误差、继电器动作电流误差、短路电流中非周期分量的影响和必要的裕度，一般取 1.2~1.3。

由图 3-1 可看出，动作电流大于最大的外部短路电流，最大运方下 MQ 段发生三相短路时短路电流大于动作电流，保护动作，这个区域称为保护动作区。电流保护的保护区是变化的，短路电流水平降低时保护区缩短，如最小运方发生两相短路时保护区变为 MR。

式（3-5）的整定公式也可以理解为考虑各种运方、短路类型以及 TA、保护误差等情况后无时限电流速断保护的保护区不伸出本线范围，Ⅰ 段保护不能保护本线全长。

（2）无时限电流速断保护单相原理接线。无时限电流速断保护单相原理接线如图 3-2 所示，电流继电器动作时其触点闭合，中间继电器得电，由中间继电器 KM 触点接通线路断路器跳闸回路，同时信号继电器 KS 发出保护跳闸信号。

中间继电器的作用，一方面是代替电流继电器的小容量触点，接通跳闸线圈电流；另一方面是利用带有 0.06~0.08s 固有延时，躲过管型避雷器放电时间（一般放电时间可达 0.04~0.06s），以防止避雷器放电引起保护误动作。信号继电器 KS 的作用是指示该保护动作，以便运行人员处理和分析故障。断路器辅助触点 QF 用来断开跳闸线圈 YR 中的电流，以防 KM 触点损坏。无时限电流速断保护装置接线及动作逻辑如

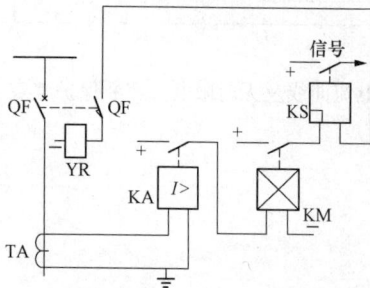

图 3-2 无时限电流速断保护单相原理接线

图 3-3、图 3-4 所示。图 3-3 主要用于大电流接地系统，可以反应相间和接地故障。图 3-4 主要用于小电流接地系统，反应相间故障。

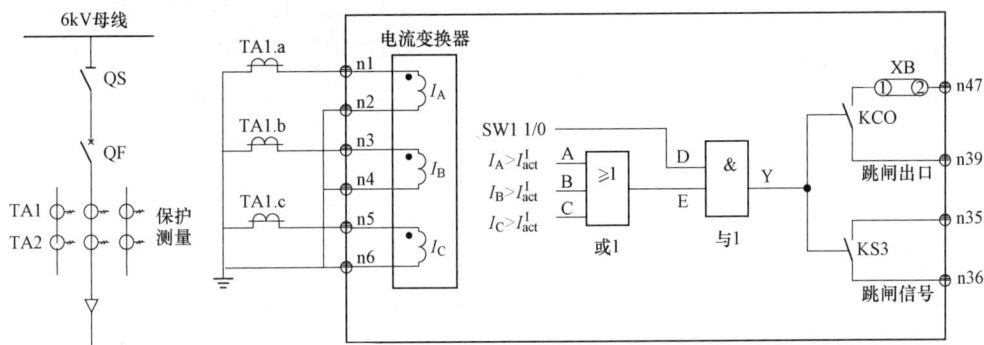

图 3-3　无时限电流速断保护完全星形接线方式及动作逻辑示意

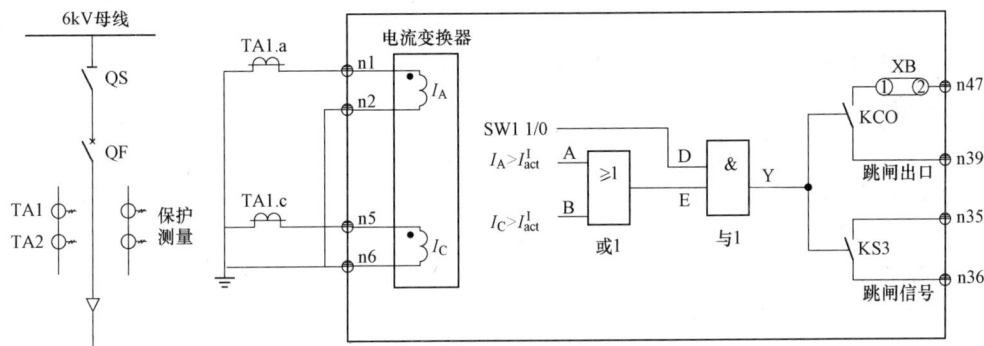

图 3-4　无时限电流速断保护不完全星形接线方式及动作逻辑示意

（3）无时限电流速断保护特点。快速切除线路首端的故障。仅靠动作电流值来保证其选择性，只能无延时地保护本线路的一部分，保护范围随运行方式变化较大。

1）保护区受运方、故障类型影响，由以下两个方程不难计算出电流Ⅰ段保护的最大、最小保护区 $l_{\max}$、$l_{\min}$。

$$I_{\text{act}}^{\text{I}} = \frac{E_\phi}{Z_{\text{s.min}} + Z_1 l_{\max}} \tag{3-6}$$

$$I_{\text{act}}^{\text{I}} = \frac{E_\phi}{Z_{\text{s.max}} + Z_1 l_{\min}} \times \frac{\sqrt{3}}{2} \tag{3-7}$$

2）电流Ⅰ段保护不能保护本线全长，最大运行方式下保护范围不小于本线的 50%，最小运行方式下保护范围不小于本线的 15%。在线路末端发生短路时，短路电流小于整定值，保护不动作，如图 3-1 中 QN 段，所以线路上只配有电流Ⅰ段不能切除所有故障。

3.1.2　限时电流速断保护

（1）限时电流速断保护工作原理。由于无时限电流速断保护不能保护线路全长，因此必须增加一段电流保护，用以保护本线全长，这就是限时电流速断保护，又称电流Ⅱ段保护。

由图 3-5 可以看出，设置电流Ⅱ段保护的目的是保护本线路全长，Ⅱ段保护的保护区必然会伸入下一线路（相邻线路）。在图 3-5 阴影区域发生故障时，P1Ⅱ段保护存在与下线保护（P2）"抢动"的问题。

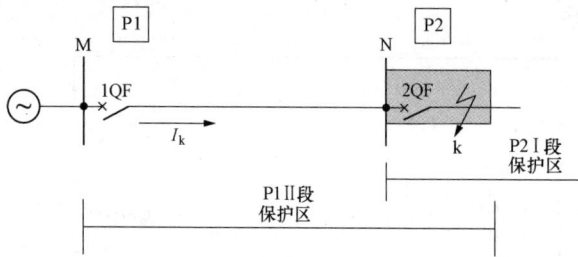

图 3-5 Ⅱ段保护与下线Ⅰ段保护"抢动"

发生如图 3-5 所示故障时，P1 Ⅱ 段、P2 Ⅰ 段电流继电器均动作，而按照保护选择性的要求，希望 P2 Ⅰ 段保护动作跳开 2QF，P1 Ⅱ 段不跳开 1QF。为了保证选择性，Ⅱ段保护动作带有一个延时，动作慢于Ⅰ段保护。这样下线始端发生故障时本线Ⅱ段保护与下线Ⅰ段保护同时启动但不立即跳闸，下线Ⅰ段保护动作跳闸后短路电流消失，Ⅱ段保护返回。本线路末端短路时，下线Ⅰ段保护不动作，本线Ⅱ段保护经延时动作跳闸。

为此，Ⅱ段保护整定的原则是与下线Ⅰ段保护配合。

1) 动作时限配合：$t_1^{Ⅱ} > t_2^{Ⅰ}$，$t_1^{Ⅱ} = t_2^{Ⅰ} + \Delta t$。

Δt 为时间级差，应长于Ⅰ段保护动作、断路器跳闸、Ⅱ段保护返回时间之和，同时还要考虑时间继电器误差以及留有一定裕度。Δt 为 0.3~0.5s，一般取 0.5s，时间元件精度较高时 Δt 可取较小值。

2) 保护区配合：Ⅱ段保护区不伸出下线Ⅰ段保护区。

P1 Ⅱ段保护保护区配合如图 3-6 所示，若 P1 Ⅱ段保护区伸出下线Ⅰ段保护区，在图示阴影部分发生故障时，P2 Ⅰ 段不动，P1 Ⅱ 段与 P2 Ⅱ 段启动，同时动作，跳开 1QF、2QF，保护动作为非选择性的。

为满足保护的选择性，应按照图 3-7 所示电流Ⅱ段动作电流整定。电流Ⅱ段保护整定公式如下：

$$\begin{cases} I_{act}^{Ⅱ} = K_{rel}^{Ⅱ} I_{act2}^{Ⅰ} \\ t^{Ⅱ} = \Delta t \end{cases} \tag{3-8}$$

式中　$K_{rel}^{Ⅱ}$——Ⅱ段可靠系数，考虑到短路电流中的非周期分量已衰减，取 1.1~1.2；

　　　$I_{act2}^{Ⅰ}$——下线Ⅰ段动作电流；

　　　Δt——时间级差，一般取 0.5s。

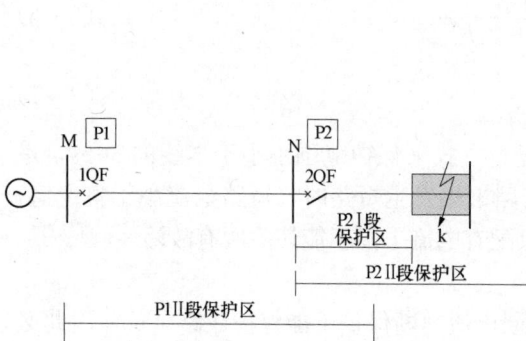

图 3-6　Ⅱ段保护区配合

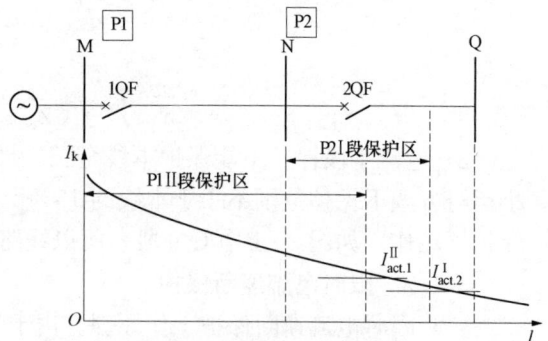

图 3-7　电流Ⅱ段动作电流整定

（2）灵敏度校验。设置限时电流速断保护的目的是保护线路全长，故应校验在本线路发生故障，短路电流最小的情况下保护能否可靠动作。电流保护动作条件为 $I_k > I_{act}$，保护反应故障能力以灵敏系数表示：

$$K_{sen} = \frac{I_k}{I_{act}} \qquad (3-9)$$

考虑 TA、电流继电器误差，当 K_{sen} 大于规定值（1.3～1.5）时才认为电流保护能可靠动作。灵敏度校验按最不利情况计算，即在最小运行方式下，被保护线路末端发生两相短路时，短路电流为本线路内部故障时最小的短路电流，以此短路电流校验灵敏度，即

$$K_{sen}^{II} = \frac{I_{k.\,min}^{(2)}}{I_{act}^{II}} \qquad (3-10)$$

若 $K_{sen}^{II} > 1.3～1.5$，灵敏度合格，说明 II 段保护有能力保护本线全长。当灵敏系数不能满足要求时，限时电流速断保护可与相邻线路限时电流速断保护配合整定，即动作时限为 $t_1^{II} = t_2^{II} + \Delta t = 2\Delta t$，$I_{act}^{II} = K_{rel}^{II} I_{act2}^{II}$；或使用其他性能更好的保护（如距离保护）。

（3）限时电流速断保护的原理接线。限时电流速断保护的单相原理接线如图 3-8 所示，它由电流继电器 KA、时间继电器 KT 和信号继电器 KS 组成。图 3-9 为限时电流速断保护装置接线及动作逻辑图。

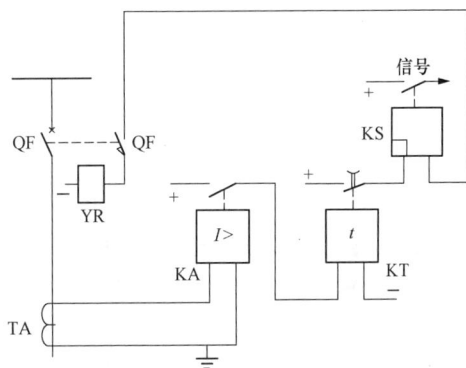

图 3-8　限时电流速断保护的单相原理接线

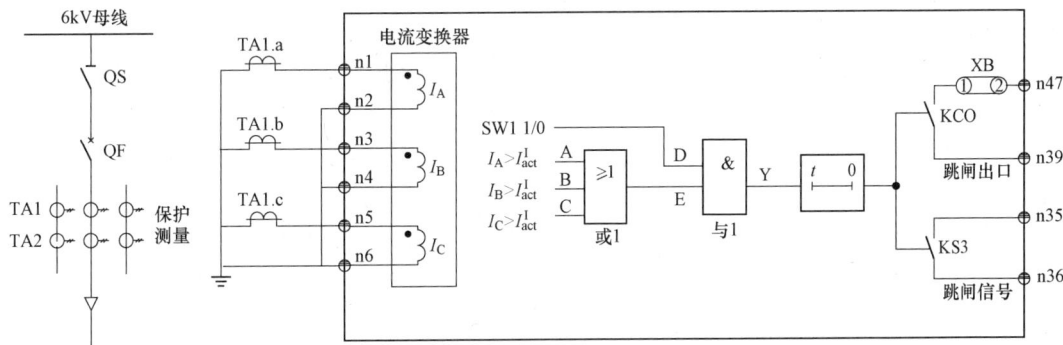

图 3-9　限时电流速断保护装置接线及动作逻辑图

（4）限时电流速断保护的特点。限时电流速断保护的保护范围大于本线路全长，依靠动作电流值和动作时间共同保证其选择性，与第 I 段共同构成被保护线路的主保护，兼作第 I 段的后备保护，但不能作为相邻线路的后备。

3.1.3　定时限过电流保护

（1）主保护与后备保护。无时限电流速断保护和限时电流速断保护共同构成了线路的主保护，所谓主保护是满足系统稳定和设备安全要求，能以最快速度、有选择地切除被保护设备和线路故障的保护。仅 I 段保护不能构成主保护，因为 I 段保护不能切除线路上所有的故障。由 I、II 段构成的主保护最长的切除故障时间为 0.5s。

除了主保护，线路上还应配有后备保护，所谓后备保护是主保护或断路器拒动时，用以

切除故障的保护。一旦主保护设备或断路器发生故障拒动，依赖后备保护切除故障。定时限过电流保护（电流Ⅲ段保护）就是后备保护。

图 3-10 所示为三段式电流保护的保护区，当线路 NQ 上故障，保护 P2 或断路器 2QF 拒动时，需要由保护 P1 提供后备作用，跳开 1QF 以切除故障。

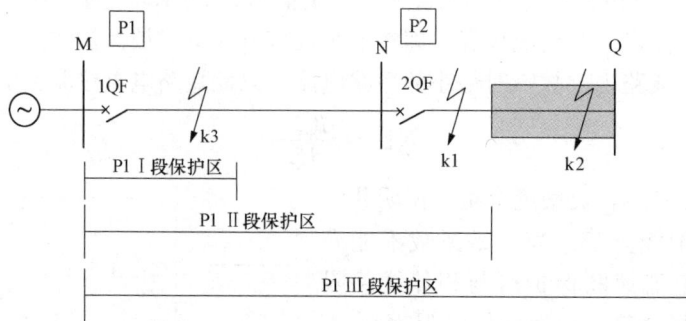

图 3-10　远后备保护方式

后备保护分为远后备、近后备两种方式。近后备是当主保护拒动时，由本电力设备或线路的另一套保护实现的后备保护，如 k3 处故障，P1 Ⅰ段拒动，由 P1 Ⅱ段跳开 1QF。所谓远后备是当主保护或断路器拒动时，由相邻电力设备或线路的保护来实现的后备，如 k1 处故障，P2 或 2QF 拒动，P1 Ⅲ段跳开 1QF。

不难看出，Ⅰ段保护不能保护本线全长，无后备保护作用；对于图 3-10 中 k2 处故障，若 P2 或 2QF 拒动，故障将不能被切除，这是不允许的，因此，必须设立Ⅲ段保护提供完整的远后备作用，显然Ⅲ段应能保护下一线路全长。

综上所述，Ⅲ段保护为后备保护，既是本线主保护的近后备保护，又是下线路的远后备保护，Ⅲ段保护区应伸出下线路范围。

（2）定时限过电流保护（电流Ⅲ段）工作原理。无时限电流速断保护和限时电流速断保护的动作电流，都是按某点的短路电流整定的。定时限过电流保护要求保护区较长，其动作电流按躲过最大负荷电流整定，一般动作电流较小，其保护范围伸出相邻线路末端。

电流Ⅰ段的动作选择性由动作电流保证，电流Ⅱ段的选择性由动作电流与动作时限共同保证，而电流Ⅲ段是依靠动作时限的所谓"阶梯特性"来保证的。

（3）定时限过电流保护整定计算。

1）定时限过电流保护时间整定。按阶梯特性整定（见图 3-11），实际上就是实现指定的跳闸顺序，距离故障点最近的（也是距离电源最远的）保护先跳闸。阶梯的起点是电网末端，每个"台阶"是 Δt，一般为 0.5s，Δt 的考虑与Ⅱ段保护动作时限一样。

图 3-11 中Ⅲ段保护动作时限按照阶梯整定原则整定满足以下关系：$t_1^{Ⅲ} > t_2^{Ⅲ} > t_3^{Ⅲ} > t_4^{Ⅲ}$，$t_4^{Ⅲ}$ 最短，可取"0.5"。图 3-11 中 k 点出现故障时，由于第Ⅲ段保护启动电流较小，可能线路中保护 P1、P2、P3、P4 的第Ⅲ段保护均启动，P4 经 $t_4^{Ⅲ}$ 跳开 4QF 后，故障切除，而保护 P1、P2、P3 均未达到动作时限而返回。

2）过电流保护动作电流整定。为保证被保护线路通过最大负荷时不误动作，以及当外部短路故障切除后出现最大自启动电流时应可靠返回，过电流保护应按以下两个条件整定：

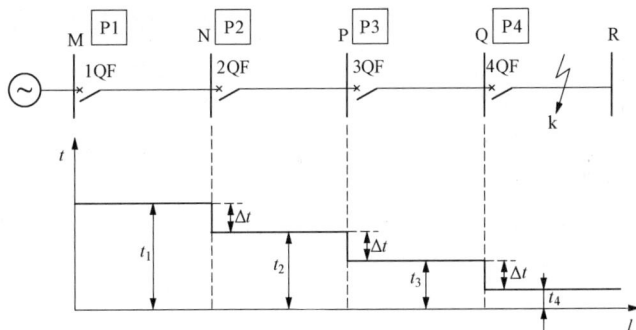

图 3-11　Ⅲ段保护动作时限阶梯特性

a. 为保证过电流保护在正常运行时不动作，其动作电流 $I_{act}^{Ⅲ}$ 应大于最大负荷电流，即

$$I_{act}^{Ⅲ} = K_{rel}^{Ⅲ} I_{L.max} \qquad (3-11)$$

式中　$I_{L.max}$——线路最大负荷电流。

b. 保证过电流保护在外部故障切除后可靠返回，其返回电流 $I_{re}^{Ⅲ}$ 应大于外部短路故障切除后流过保护的最大自启动电流。

$$I_{re}^{Ⅲ} = K_{rel}^{Ⅲ} K_{Ms} I_{L.max} \qquad (3-12)$$

式中　$K_{rel}^{Ⅲ}$——Ⅲ段可靠系数，它是考虑继电器动作电流误差和负荷电流计算不准确等因素而引入的大于 1 的系数，一般取 1.15～1.25；

　　　K_{re}——返回系数，一般取 0.85；

　　　K_{Ms}——自启动系数，它决定于网络接线和负荷性质，一般取 1.5～3。

如图 3-12 所示，当故障发生在保护 1 的相邻线路 k 点时，保护 P1 和 P2 同时启动，保护动作切除故障后，变电站 B 母线电压恢复时，接于 B 母线上的处于制动状态的电动机要自启动，此时，流过保护 P1 的电流不是最大负荷电流而是自启动电流，自启动电流大于负荷电流，以 $K_{Ms} I_{L.max}$ 表示。

式（3-11）、式（3-12）必须同时满足，整定电流Ⅲ段保护动作电流时取两式计算结果较大的值。显然由式（3-12）计算的动作电流较大，因此Ⅲ段保护的动作电流为

$$I_{act}^{Ⅲ} = \frac{K_{rel}^{Ⅲ} K_{Ms}}{K_{re}} I_{L.max} \qquad (3-13)$$

（4）过电流保护灵敏系数校验。过电流保护用作本线路近后备保护，同时作为相邻线路的远后备保护。故应按这两种情况校验灵敏系数，即以最小运行方式下本线路末端两相金属性短路时的短路电流，校验近后备灵敏度；以最小运行方式下相邻线路末端两相金属性短路时的短路电流，校验远后备灵敏度。

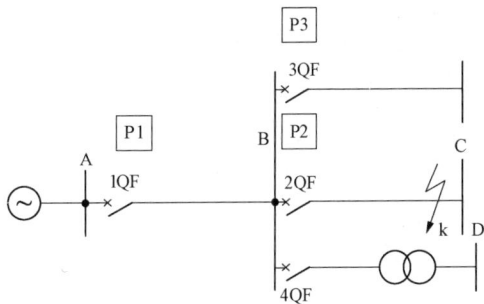

图 3-12　自启动情况

以图 3-13 中保护 PⅢ段为例，近后备灵敏系数为 $K_{sen1}^{Ⅲ} = \dfrac{I_{k1.min}^{(2)}}{I_{act}^{Ⅲ}}$，要求大于 1.5；远后备灵敏系数 $K_{sen2}^{Ⅲ} = \dfrac{I_{k2.min}^{(2)}}{I_{act}^{Ⅲ}}$，要求大于 1.25。

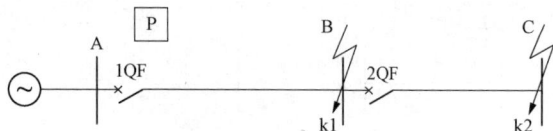

图 3-13　Ⅲ段保护灵敏度校验

（5）定时限过电流保护原理接线。其与电流Ⅱ段类似，只是时间按阶梯原则整定。

（6）定时限过电流保护特点。此保护不仅能保护本线路全长，且能保护相邻线路的全长。依靠动作时间来保证其选择性，其动作时间按阶梯原则整定。

3.1.4　阶段式电流保护

（1）阶段式电流保护的组成。阶段式电流保护由电流Ⅰ段、电流Ⅱ段、电流Ⅲ段组成，三段保护构成"或"逻辑出口跳闸。电流Ⅰ段、电流Ⅱ段为线路的主保护，本线路故障时切除时间为数十毫秒（电流Ⅰ段固有动作时间）～0.5s。电流Ⅲ段保护为后备保护，为本线路提供近后备作用，同时也为相邻线路提供远后备作用。电流保护一般采用不完全星形接线。

电流Ⅰ段保护按躲过本线末端最大运方下三相短路电流整定以保证选择性，快速性好，但灵敏性差，不能保护本线全长。

电流Ⅱ段保护整定时与下线路电流Ⅰ段保护配合，由动作电流、动作时限保证选择性，动作时限为 0.5s，动作电流躲过下线Ⅰ段保护动作电流，快速性较Ⅰ段保护差，但灵敏性较好，能保护本线全长。

电流Ⅲ段保护按阶梯特性整定动作时限以保证选择性，整定动作电流时按正常运行时不启动、外部故障切除后可靠返回计算，动作慢，但灵敏性好，能保护下线路全长。

（2）阶段式电流保护接线图。

1）电磁型电流保护归总图与展开图。三段式电流保护原理如图 3-14 所示。

①归总式原理图。如图 3-14（a）所示，归总式原理图绘出了设备之间连接方式，继电器等元件绘制为一个整体，该图便于说明保护装置的基本工作原理。展开图中各元件不画在一个整体内，以回路为单元说明信号流向，便于施工接线及检修。由图 3-14（a）可见，三段式电流保护构成如下：

a.Ⅰ段保护测量元件由 1KA、2KA 组成，电流继电器动作后启动 1KS 发Ⅰ段保护动作信号并由出口继电器 1KM 接通 QF 跳闸回路。

b.Ⅱ段保护测量元件由 3KA、4KA 组成，电流继电器动作后启动时间继电器 1KT，1KT 经延时启动 2KS 发Ⅱ段保护动作信号并由出口继电器 1KM 接通 QF 跳闸回路，1KT 延时整定值为电流Ⅱ段动作时限。Ⅰ、Ⅱ段保护共同构成主保护，可共用一个出口继电器。

c.Ⅲ段保护测量元件由 5KA、6KA 组成，电流继电器动作后启动时间继电器 2KT，2KT 经延时启动 3KS 发Ⅲ段保护动作信号并由出口继电器 2KM 接通 QF 跳闸回路，2KT 延时整定值为电流Ⅲ段动作时限。Ⅲ段保护为后备保护，不可与主保护共用一个出口继电器。

归总式原理图表示保护装置的构成很直观，但是二次接线难于编号，交、直流各种回路集中在一张图上，安装施工、检修困难。

②展开式原理图。如图 3-14（b）所示，按交流电流（电压）、直流逻辑、信号、出口（控制）回路分别绘制。

a.交流回路。由于没有使用交流电压，这里只有电流回路。由图 3-14（b）可以清楚地看到，1KA、3KA、5KA 测量 A 相电流，而 2KA、4KA、6KA 测量 C 相电流。

b. 直流逻辑回路：由 1KA、2KA 以"或"逻辑构成Ⅰ段保护，无延时启动信号继电器 1KS、中间继电器（出口继电器）1KM。3KA、4KA 构成Ⅱ段保护，启动时间元件 1KT，1KT 延时启动 2KS、1KM。5KA、6KA 构成Ⅲ段保护，启动时间元件 2KT，2KT 延时启动 3KS、2KM。

c. 信号回路：1KS、2KS、3KS 触点闭合发出相应的保护动作信号，根据中央信号回路不同，具体的接线也不同（例如信号继电器触点可以启动灯光信号、音响信号等），图 3-14 未画出具体回路。

d. 出口回路：出口中间继电器触点接通断路器跳闸回路，完整的出口回路应与实际的断路器控制电路相适应。图 3-14（b）中仅为出口回路示意图。

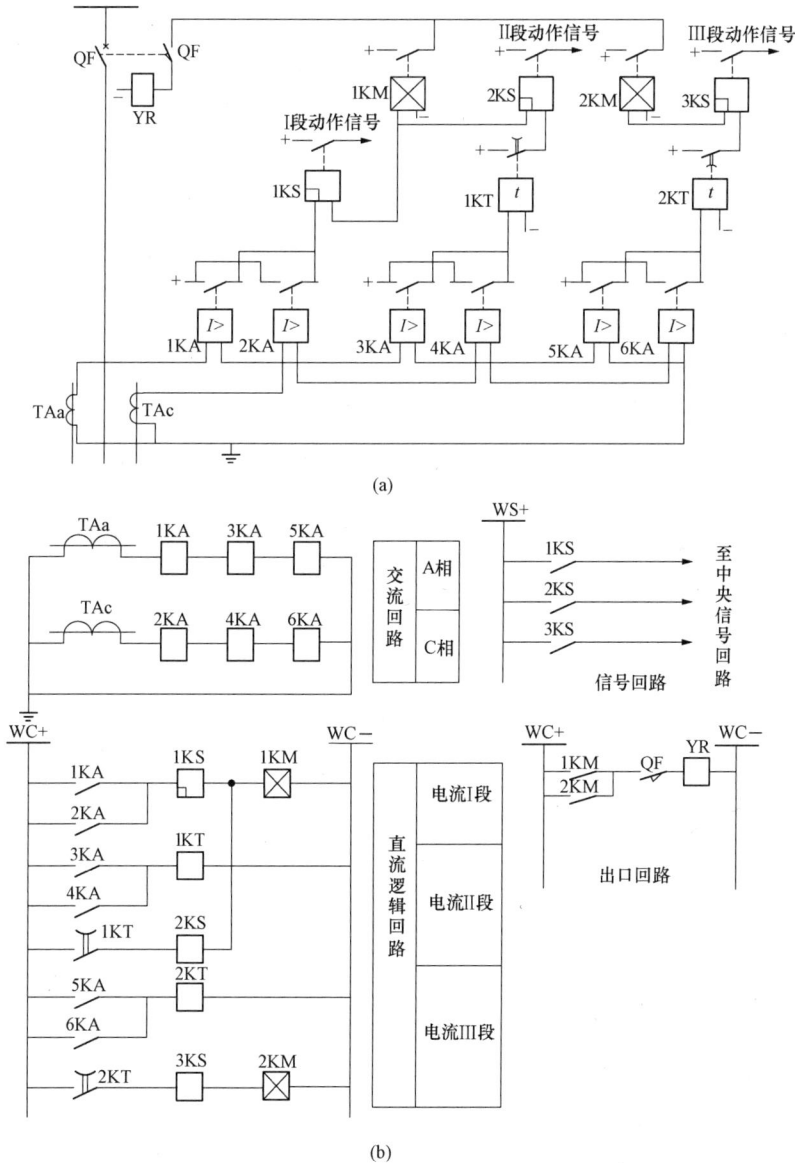

(a)

(b)

图 3-14 三段式电流保护原理图

（a）归总式原理图；（b）展开式原理图

2）低压线路保护逻辑框图。微机型保护将母线电压、线路电流经模数转换变为数字量，在程序中进行判别；许多电流、时间元件在保护内部由程序实现，并没有相应的触点、线圈。三段式电流保护逻辑如图 3-15 所示。

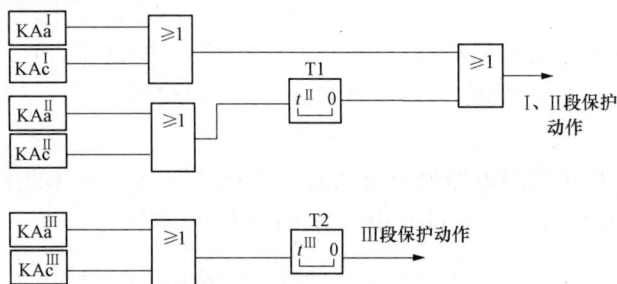

图 3-15 三段式电流保护逻辑

微机保护同样有交流回路、信号、出口回路，与图 3-14（b）类似。

3）阶段式电流保护的工作流程，如图 3-16 所示。

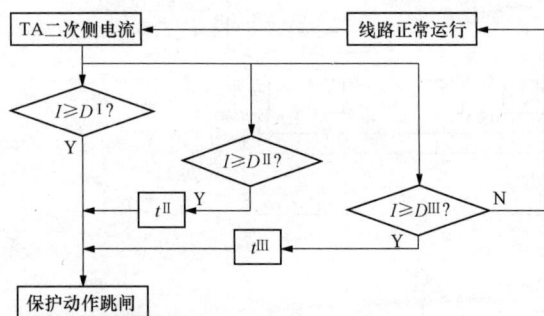

图 3-16 阶段式电流保护的工作流程

3.1.5 阶段式电流保护整定实例

10kV 电流保护整定计算例图如图 3-17 所示，断路器 1QF、2QF、3QF 分别装设有三段式相间电流保护 P1、P2、P3，等值电源的系统阻抗：$Z_{s.min}=0.2\Omega$，$Z_{s.max}=0.3\Omega$；线路正序阻抗 $z_1=0.4\Omega/km$。1QF 流过的最大负荷电流 $I_{L.max}=150A$，保护 P3 的过电流保护动作时间为 0.5s，各段可靠系数取 $K_{rel}^{I}=1.25$，$K_{rel}^{II}=1.1$，$K_{rel}^{III}=1.2$；自启动系数 $K_{Ms}=1.5$，继电器返回系数 $K_{re}=0.85$。

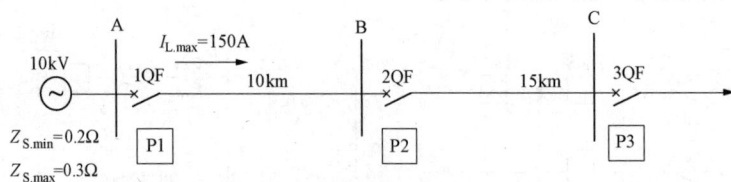

图 3-17 10kV 电流保护整定计算例图

（1）保护 1 电流 I 段整定计算。

1）求动作电流 $I_{1.act}^{I}$。按躲过最大运行方式下本线路末端（即 B 母线处）三相短路时流过保护的最大短路电流整定，即

$$I_{1.act}^{I} = K_{rel1}^{I} I_{k.B\cdot max} = K_{rel}^{I} \frac{E}{Z_{s\cdot min} + Z_1 l_{AB}}$$

$$= 1.25 \times \frac{10.5/\sqrt{3}}{0.2 + 0.4 \times 10} = 1.8(kA)$$

2）动作时限。为保护固有动作时间。

3）灵敏性校验，即求出最大、最小保护范围。在最大运行方式下发生三相短路时的保护范围为

$$l_{\max} = \frac{1}{z_1}\left(\frac{E}{I_{1.\,act}^{I}} - Z_{s.\,\min}\right)$$

$$= \frac{1}{0.4}\times\left(\frac{10.5/\sqrt{3}}{1.8} - 0.2\right) = 7.92(\text{km})$$

$$l_{\max}\% = \frac{l_{\max}}{l_{AB}}\times 100\% = \frac{7.92}{10}\times 100\% = 79.2\% > 50\%$$

灵敏度满足要求。

最小运行方式下发生两相短路时的保护范围为

$$l_{\min} = \frac{1}{z_1}\left(\frac{E}{I_{1.\,act}^{I}}\times\frac{\sqrt{3}}{2} - Z_{s.\,\max}\right)$$

$$= \frac{1}{0.4}\times\left(\frac{10.5/\sqrt{3}}{1.8}\times\frac{\sqrt{3}}{2} - 0.3\right) = 6.54(\text{km})$$

$$l_{\min}\% = \frac{l_{\min}}{l_{AB}}\times 100\% = \frac{6.54}{10}\times 100\% = 65.4\% > 15\%$$

灵敏度满足要求。

（2）保护 1 电流Ⅱ段整定计算。

1）求动作电流 $I_{act.\,1}^{II}$。按与相邻线路保护 2 的Ⅰ段动作电流相配合的原则整定，即

$$I_{act.\,1}^{II} = K_{rel}^{II}I_{act.\,2}^{I} = K_{rel}^{II}K_{rel}^{I}I_{K.\,B.\,\max}$$

$$= 1.1\times 1.25\times\frac{10.5/\sqrt{3}}{0.2 + 0.4\times 25} = 0.82(\text{kA})$$

2）动作时限。应比相邻线路保护 2 的Ⅰ段动作时限高一个时限级差 Δt，即 $t_1^{II} = t_2^{I} + \Delta t = 0.5(\text{s})$。

3）灵敏系数校验。利用最小运行方式下本线路末端（即 B 母线处）发生两相金属性短路时流过保护的电流来校验，即

$$K_{sen}^{II} = \frac{I_{k.\,B.\,\min}}{I_{act.\,1}^{II}} = \left(\frac{E}{Z_{s.\,\max} + z_1 l_{AB}}\times\frac{\sqrt{3}}{2}\right)\Big/I_{act.\,1}^{II}$$

$$= \left(\frac{10.5/\sqrt{3}}{0.3 + 0.4\times 10}\times\frac{\sqrt{3}}{2}\right)\Big/0.82 = 1.49 > 1.3$$

灵敏度满足要求。

（3）保护 1 电流Ⅲ段整定计算。

1）求动作电流 $I_{act.\,1}^{III}$。按躲过本线路可能流过的最大负荷电流来整定，即

$$I_{act.\,1}^{III} = \frac{K_{rel}^{III}K_{Ms}}{K_{re}}I_{L.\,\max} = \frac{1.2\times 1.5}{0.85}\times 0.15 = 0.32(\text{kA})$$

2）动作时限。应比相邻线路保护的最大动作时限高一个时限级差 Δt，即

$$t_{2.\max}^{\text{III}} + \Delta t = t_{3.\max}^{\text{III}} + 2\Delta t = 1.5(\text{s})$$

3）灵敏系数校验。

a. 作近后备时。利用最小运行方式下本线路末端两相金属性短路时流过保护的电流校验灵敏系数，即

$$K_{\text{sen}}^{\text{III}} = \frac{I_{\text{k.B·min}}}{I_{\text{act.1}}^{\text{III}}} = \left(\frac{E}{Z_{\text{s.max}} + z_1 l_{\text{AB}}} \times \frac{\sqrt{3}}{2} \right) \Big/ I_{\text{act.1}}^{\text{III}}$$

$$= \left(\frac{10.5/\sqrt{3}}{0.3 + 0.4 \times 10} \times \frac{\sqrt{3}}{2} \right) \Big/ 0.32 = 3.82 > 1.5$$

近后备灵敏度满足要求。

b. 作远后备时。利用最小运行方式下相邻线路末端发生两相金属性短路时流过保护的电流校验灵敏系数，即

$$K_{\text{sen}}^{\text{III}} = \frac{I_{\text{k.C.min}}}{I_{\text{act.1}}^{\text{III}}} = \left(\frac{E_{\text{s}}}{Z_{\text{s.max}} + z_1 l_{\text{AC}}} \times \frac{\sqrt{3}}{2} \right) \Big/ I_{\text{act.1}}^{\text{III}}$$

$$= \left(\frac{10.5/\sqrt{3}}{0.3 + 0.4 \times 25} \times \frac{\sqrt{3}}{2} \right) \Big/ 0.32 = 1.59 > 1.2$$

灵敏度满足要求。

3.2　电网相间短路的方向电流保护

3.2.1　方向电流保护的工作原理

为了提高电力系统供电可靠性，电力系统大量采用两侧供电的辐射形电网或环形电网，如图 3-18 所示。在双电源线路上，为切除故障元件，应在线路两侧装设断路器和保护装置。线路发生故障时线路两侧的保护均应动作，跳开两侧的断路器，这样才能切除故障线路，保证非故障设备继续运行。

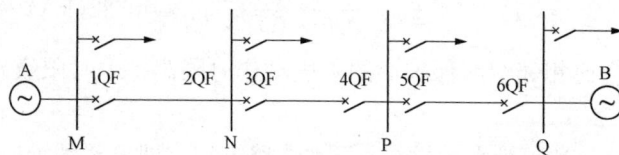

图 3-18　双侧电源供电网络示意

如图 3-19 所示，当在 k1 点发生短路时，只要求 3、4 保护动作，断开 3、4 断路器；当在 k2 点发生短路时，只要求 1、2 保护动作，断开 1、2 断路器，故障切除后，接于变电所 M、N、P、Q 母线上的用户仍可从电网得到供电。

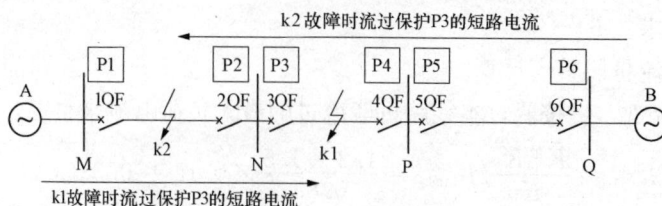

图 3-19　保护 P3 后备保护整定示意图

在这种电网中，如果还采用一般电流保护作为相间短路保护时，主保护灵敏度可能下降，后备保护无法满足选择性要求。下面仅以第Ⅲ段过流保护为例，加以说明。

Ⅲ段过流保护动作时限采用阶梯特性，距电源最远处为起点，动作时限最短。现在有两个电源，无法确定动作时限起点。图 3-19 中保护 P2、P3 的Ⅲ段动作时限分别为 t_2、t_3，当 k1 故障时，保护 P2、P3 的电流Ⅲ段同时启动，按选择性要求应该保护 P3 动作，即要求 $t_3 < t_2$；而 k2 故障时，又希望保护 P2 动作，即要求 $t_3 > t_2$，显然无法同时满足两种情况下后备保护的选择性。

但进一步分析发现，k1 点和 k2 点短路时，流过保护 P2 和 P3 的功率方向是不同的。如果假定：在过电流保护中增加一个具有判别短路功率方向的元件，并且只有在功率方向为正时才动作，反之则闭锁的方向闭锁元件（即功率方向继电器），就能解决在双电源线路上应用电流保护的问题。从保护安装处看出去，在"母线指向线路"方向上发生的故障称为正向故障，反之称为反向故障。如图 3-19 中，在 k1 点短路时，保护 P3 动作，保护 P2 则因为方向元件闭锁而不动。同样，当 k2 点短路时，流过保护 P2 的功率方向为正，保护 P2 动作，而保护 P3 则闭锁。

方向元件与电流元件结合就构成了方向电流保护，两者逻辑关系如图 3-20 所示。

所谓方向电流保护就是在原来电流保护基础上加装方向元件，并规定正方向从母线指向线路。方向不同则用方向元件保证选择性，方向相同则用时间元件保证选择性。时间元件按逆向阶梯原则整定，即在某一动作方向下，从远离电源处到靠近电源处动作时间逐级增加。

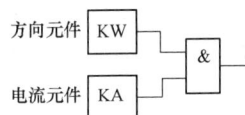

图 3-20 方向电流保护逻辑关系

正方向故障时方向电流保护才可能动作，按正方向分组，图 3-21 中的保护可以分为两组：P1、P3、P5 为一组，整定动作电流时考虑 A 侧电源提供的短路电流；P2、P4、P6 为另一组，整定时考虑 B 侧电源提供的短路电流。

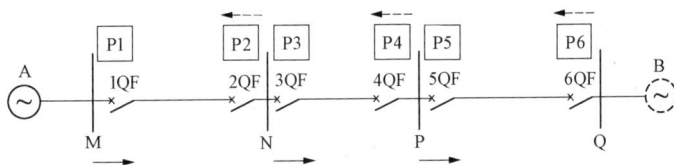

图 3-21 方向电流保护分组

3.2.2 功率方向元件

方向元件的作用是判别故障方向的，一般采用功率方向继电器。功率方向继电器主要有感应型的 GG-11、整流型的 LG-11 等。考虑到 10～35kV 线路绝大多数简化为单电源运行方式、无需方向元件以及微机型保护的广泛使用，在现场 LG-11 型继电器仅有少量使用。这里仅讨论继电器动作特性，LG-11 结构只做一般介绍。完成附录实训项目 4 LG-11 整流型功率方向继电器电气特性校验。

（1）传统功率方向继电器。

1）动作方程及实现。以 LG-11 为例，继电器动作方程如下。

$$-90° \leqslant \arg \frac{\dot{K}_U \dot{U}_K}{\dot{K}_I \dot{I}_K} \leqslant 90° \qquad (3-14)$$

式中 $\dot{U}_K$，$\dot{I}_K$——加入继电器的电压、电流；

$\dot{K}_U$，$\dot{K}_I$——电压变换器及电抗变压器的变换系数。

实际工作时式（3-14）转为比幅方程式实现，即

$$|\dot{K}_U\dot{U}_K + \dot{K}_I\dot{I}_K| \geqslant |\dot{K}_U\dot{U}_K - \dot{K}_I\dot{I}_K| \qquad (3-15)$$

由图 3-22 不难看出，比相方程式［式（3-14）］与比幅方程式［式（3-15）］是等效的。

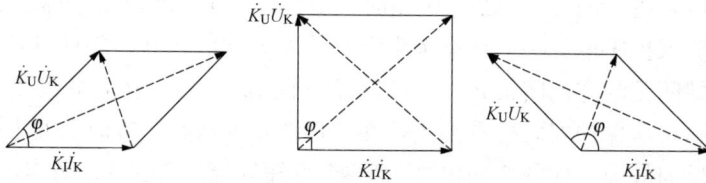

图 3-22 比相方程与比幅方程的等效性

LG-11 型继电器电路原理图见图 3-23 所示。$\dot{U}_K$、$\dot{I}_K$ 经变换器后形成 $\dot{K}_U\dot{U}_K$、$\dot{K}_I\dot{I}_K$，串联后分别形成工作电压 $\dot{U}_I = \dot{K}_U\dot{U}_K + \dot{K}_I\dot{I}_K$，制动电压 $\dot{U}_{II} = \dot{K}_U\dot{U}_K - \dot{K}_I\dot{I}_K$。工作电压、制动电压分别经整流桥 U1、U2 接入环流比幅电路。LG-11 的执行元件为极化继电器 KP，极化继电器为直流继电器，动作需要很小的功率，只要电流由标记"·"处流入即可动作。

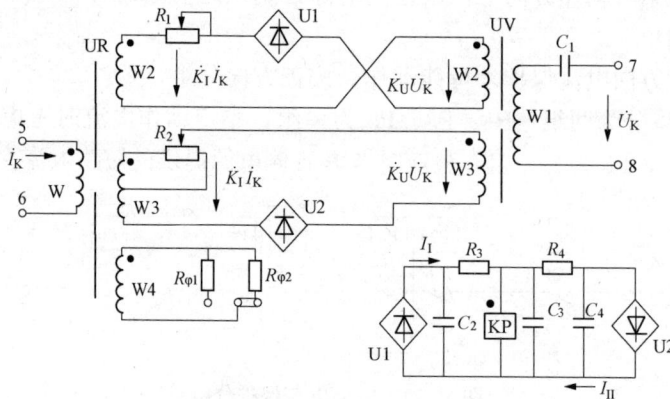

图 3-23 LG-11 继电器电路原理图

当在保护正向出口处发生三相短路时，$\dot{U}_K = 0$，功率方向继电器无法进行比相而拒动，上述情况下因 $\dot{U}_K$ 过低导致功率方向继电器拒动的区域称为功率方向继电器的"死区"。LG-11 为了克服"死区"，引入了"极化记忆回路"。注意图 3-23 中电压引入部分，C1 与 W1 串联谐振，保护出口短路时 $\dot{U}_K = 0$，而 $\dot{K}_U\dot{U}_K$ 不会立即变为零，仍"记忆"约 70ms 以保证保护正确动作。LG-11 的电抗变压器阻抗角有 60°、45° 两档可以选择。

2）动作特性。式（3-14）可以改写为

$$-90° - \alpha \leqslant \arg\frac{\dot{U}}{\dot{I}} \leqslant 90° - \alpha \qquad (3-16)$$

其中，$\alpha = \angle K_U - \angle K_I$，称为继电器的内角，LG-11 内角有 45°、30°两档。图 3-24 所示为功率方向继电器的动作特性，以 $\dot{U}_K$ 为参考相量，当 $\dot{I}_K$ 落在阴影区域里时功率方向继电器动作。$\phi_K = -\alpha$ 时 $\dot{K}_U \dot{U}_K$、$\dot{K}_I \dot{I}_K$ 同相位，工作电压 $\dot{U}_I = |\dot{K}_U \dot{U}_K + \dot{K}_I \dot{I}_K|$ 与制动电压 $\dot{U}_{II} = |\dot{K}_U \dot{U}_K - \dot{K}_I \dot{I}_K|$ 差值最大，继电器工作在最灵敏状态，称此时的 ϕ_K 为灵敏角 ϕ_{sen}，显然 $\phi_{sen} = -\alpha$。一般应该尽量使功率方向继电器工作在最灵敏线附近。

（2）微机保护方向元件。微机保护中有两大类方向元件：一类是以比相算法实现的工频量比相，动作方程与传统的功率方向继电器类似；另一类是以工频变化量构成的"工频变化量方向元件""能量积分方向元件"等新型的方向元件，性能更为优异，用于 110kV 以上电压等级的线路纵联保护中。

3.2.3　方向电流保护接线方式

功率方向继电器的接线方式是指它与电流互感器和电压互感器之间的连接方式，应满足如下要求。

（1）必须保证功率方向继电器具有良好的方向性。即正向发生任何类型的故障都能动作，而反向故障时则不动作。

图 3-24　LG-11 动作特性

（2）尽量使功率方向继电器在正向故障时具有较高的灵敏度，ϕ_K 接近 ϕ_{sen}。

广泛采用的功率方向继电器 90°接线见表 3-1。保护处于送电侧，系统正常运行，$\cos\phi = 1$ 时，3 个功率方向继电器测量的 $\phi_K\left(\arg\dfrac{\dot{U}_K}{\dot{I}_K}\right)$ 均为 90°，该接线方式因此而得名。

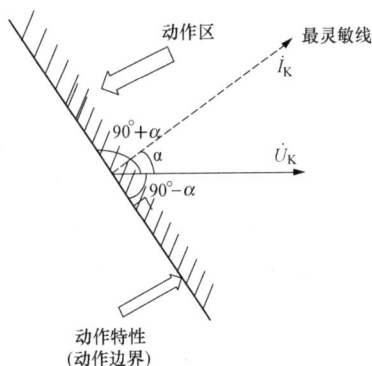

表 3-1　　　　　　　　　　　　　　功率方向继电器 90°接线

功率方向继电器	电流	电压	功率方向继电器	电流	电压
KWA	$\dot{I}_A$	$\dot{U}_{BC}$	KWC	$\dot{I}_C$	$\dot{U}_{AB}$
KWB	$\dot{I}_B$	$\dot{U}_{CA}$			

3.2.4　非故障相电流的影响及按相启动接线

与电流元件不同，功率方向继电器的任务是区分正与反向故障，而不是区分正常运行与故障，功率方向继电器动作不需要很大的电流。LG-11 型继电器的额定电流为 1A，在系统正常运行负荷电流流过时也可能动作。系统正常运行时功率方向继电器动作与否取决于保护安装位置：功率方向继电器装于送电侧，功率方向为"母线指向线路"，功率方向继电器动作；功率方向继电器装于受电侧则不动作。功率方向继电器反应于功率方向，正常运行时反应于潮流方向，故障时反应于故障方向。

不对称故障时，非故障相仍有电流，称为非故障相电流。小电流接地系统中非故障相电流为负荷电流，大电流接地系统中还应考虑接地故障时由于零序电流分布系数与正负序电流分布系数不同造成的非故障电流。保护反向发生 BC 相间短路（见图 3-25）时，A 相功率方向继电器流过非故障电流，动作与否取决于故障前潮流的方向。

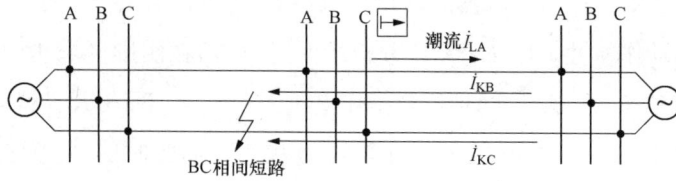

图 3-25 非故障相电流的影响

考虑电流继电器触点与功率方向继电器触点之间的接线时必须考虑非故障相电流的影响，应该满足"按相启动"原则，即将各个同名相的电流元件 KA 和方向元件 KW 的触点串联，然后与其他相回路并联起来，再串联到时间继电器的线圈上，见图 3-26。采用按相启动后，发生图 3-25 示意的故障时，由于 A 相电流继电器按躲过非故障相电流整定不动作，KWA 的行为就无关紧要了，避免了不反应故障方向的 KWA 与故障相电流继电器接通回路而在反向故障时误动跳闸。

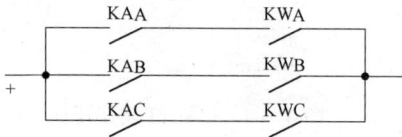

图 3-26 按相启动接线

3.2.5 方向电流保护的整定原则

（1）方向电流保护的整定内容。方向电流保护的整定有两个方面的内容，一是电流部分的整定，即动作电流、动作时间与灵敏度的校验；二是方向元件是否需要装设（投入）。对于其中电流部分的整定，其原则与前述的三段式电流保护整定原则基本相同。不同的是与相邻保护的定值配合时，只需要与相邻的同方向保护的定值进行配合。

在两端供电或单电源环形网络中，Ⅰ段、Ⅱ段电流部分的整定计算可按照一般的不带方向的电流Ⅰ段、Ⅱ段整定计算原则进行。Ⅲ段整定时则与一般不带方向的Ⅲ段整定计算原则有所不同。如方向电流保护Ⅲ段动作时间按照同方向阶梯原则整定，即前一段线路保护的保护动作时间比同方向后一段线路保护的动作时间长。

（2）方向元件的装设。方向元件并非所有保护都需要装设，只有当反方向故障可能造成保护无选择性动作时，才需要装设方向元件。例如，在图 3-27 中，若保护 P3 的Ⅰ段动作电流大于其反方向母线 N 处短路时的流过保护 P3 电流，则该Ⅰ段不需经方向元件闭锁，反之则应当经方向元件闭锁；同理保护 P3 的Ⅱ段动作电流大于其反方向保护 P2 的Ⅱ段动作电流，则该Ⅱ段不需经方向元件闭锁，反之则应当经方向元件闭锁。对于母线 N 处保护 P3 与 P2，如 $t_3^{\text{III}} > t_2^{\text{III}}$，当线路 MN 上发生故障时，保护 P2 先于 P3 动作，将故障线路切除，即动作时间的配合已能保证保护 P3 不会非选择性动作，故保护 P3 的Ⅲ段可以不装设方向元件。

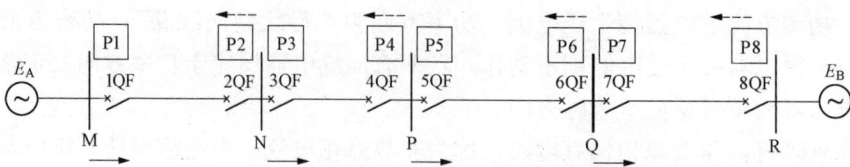

图 3-27 方向电流保护整定举例

根据上述讨论可以得出如下结论：Ⅰ段动作电流大于其反方向母线短路时的电流，不需要装设方向元件；Ⅱ段动作电流大于其同一母线反方向保护的Ⅱ段动作电流时，不需要装设方向元件；对装设在同一母线两侧的Ⅲ段来说，动作时间最长的，不需要装设方向元件；除此以外反向故障时有故障电流流过的保护必须装设方向元件。

3.2.6 方向电流保护的逻辑框图

微机保护中没有具体的电流继电器、功率方向继电器，电流元件、方向元件均以程序实现，其逻辑关系常用原理框图形式表示，方向电流保护逻辑框图如图 3-28 所示。

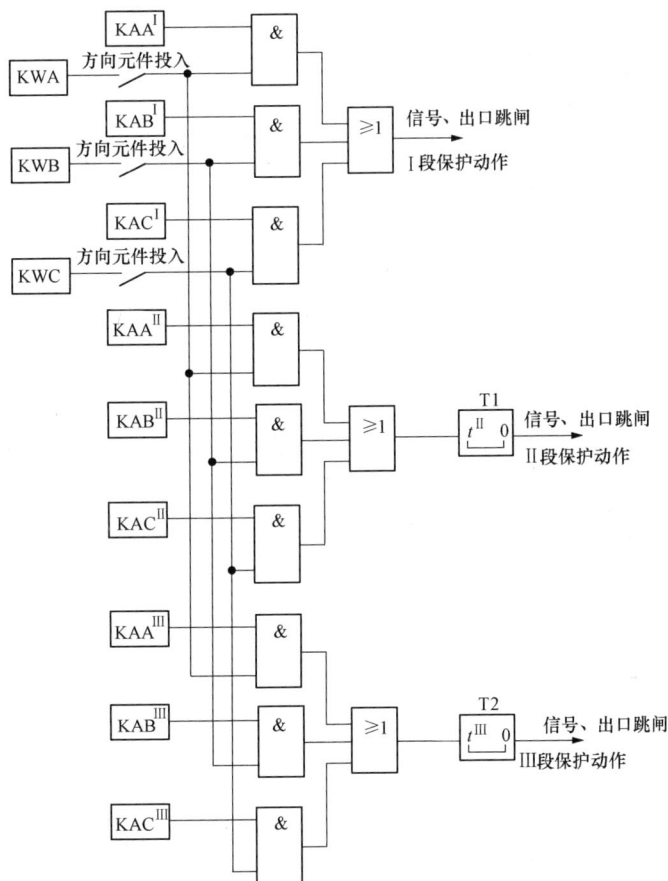

图 3-28 方向电流保护逻辑框图

图 3-28 中，方向电流保护中方向元件是否投入由整定开关决定，整定开关的接通与断开既可以由外部连接片的投退实现，也可以由装置整定定值中的控制字（0 或 1）设定。

3.3 电网的距离保护

3.3.1 距离保护的基本原理

前面讨论的电流保护具有简单、经济、可靠性高的突出优点，但其保护范围或灵敏度受系统运行方式变化影响很大。随着电力系统的发展，电压等级逐渐提高，网络的结构越来越复杂，系统的运行方式变化越来越大，电流保护往往不能满足灵敏性的要求。因此，电压等级在 35kV 及以上，运行方式变化较大的多电源复杂网络，通常要求采用性能更加完善的距离保护。

由图 3-29 可见，k 点短路时，短路电流 $\dot{I}_k = E/(Z_s + zl_k)$，随着系统运行方式的变化，系统的等值阻抗 Z_s 变化范围越大，反应到短路电流与故障距离的曲线上，则是最大短路电流曲线 $I_{k.max}$ 与最小短路电流曲线 $I_{k.min}$ 间的间距越大，可能导致电流保护在最小运行方式下没有保护区（图中最小短路电流曲线 $I_{k.min}$ 继续向下平移），也就是电流保护的灵敏度很低。

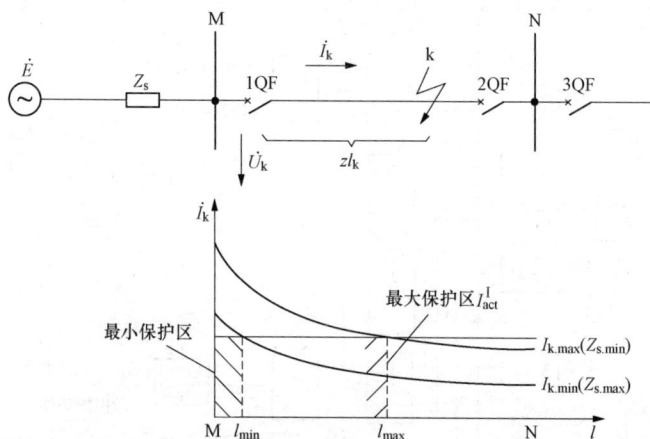

图 3-29　电流保护灵敏度受运行方式的影响

在图 3-29 中，M 母线的电压与电流在 k 点发生三相短路时，有如下关系。

$$\dot{U}_k = \dot{I}_k z_1 l_k，即 \frac{\dot{U}_k}{\dot{I}_k} = z_1 l_k \tag{3-17}$$

式中　l_k——保护安装处到故障点的距离；

　　　z_1——线路每千米阻抗。

由式（3-17）可知，保护安装处的电压电流的比值与故障点距离成正比，且与系统的运行方式无关。距离保护就是利用该比值判断故障的一种保护，其不受系统运行方式的影响，可以获得较为稳定的灵敏度。

距离保护是由阻抗继电器完成电压 $\dot{U}_m$、电流 $\dot{I}_m$ 比值测量，根据比值的大小来判断故障的远近，并利用故障的远近确定动作时间的一种保护装置。通常将该比值称为阻抗继电器的测量阻抗 $Z_m = \dot{U}_m / \dot{I}_m$。

正常运行时，加在阻抗继电器上的电压为额定电压 $\dot{U}_N$，电流为负荷电流 $\dot{I}_L$，此时测量阻抗就是负荷阻抗 $Z_m = Z_L = \dot{U}_N / \dot{I}_L$。在图 3-29 中 k 点短路时，加在阻抗继电器上的电压为母线的残压 $\dot{U}_k$，电流为短路电流 $\dot{I}_k$，阻抗继电器的一次测量阻抗就是短路阻抗 $Z_k = z_1 \cdot l_k = \dot{U}_k / \dot{I}_k$。由于 $U_k < U_N$，$I_k > I_L$，因此 $Z_k < Z_L$。故利用阻抗继电器的测量阻抗可以区分故障与正常运行，并且能够判断出故障的远近。

由式（3-17）可知，故障距离越远，测量阻抗越大，测量阻抗越大，保护动作时间应当越长，并采用三段式距离保护可以满足继电保护的基本要求。三段式距离保护的动作原则与电流保护类似。距离保护的阶梯形时限特性如图 3-30 所示。

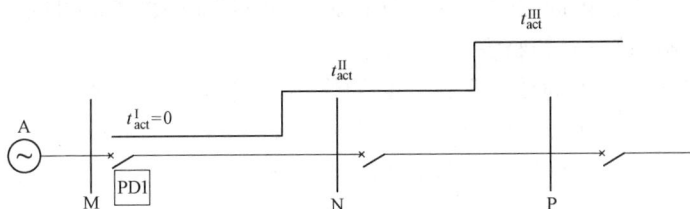

图 3-30　距离保护的阶梯形时限特性

距离 I 段瞬时动作，为保证选择性，保护区不能伸出本线路，即测量阻抗小于本线路阻抗时动作。如图 3-30 所示，引入可靠系数 K_{rel}^{I}（0.8～0.85），距离保护 PD1 的 I 段动作阻抗 Z_{act}^{I} 为

$$Z_{act}^{I} = K_{rel}^{I} Z_{MN} \tag{3-18}$$

距离 II 段延时动作，为保证选择性，保护区不能伸出相邻线路 I 段保护区，即测量阻抗小于本线路阻抗与相邻线路 I 段动作阻抗之和时动作。引入可靠系数 K_{rel}^{II}（一般取 0.8），保护 PD1 的 II 段动作阻抗 Z_{act}^{II} 为

$$Z_{act}^{II} = K_{rel}^{II}(Z_{MN} + K_{rel}^{I} Z_{NP}) \tag{3-19}$$

距离 III 段除了作为本线路的近后备保护外，还要作为相邻线路的远后备保护。所以除了在本线路故障有足够的灵敏度外，相邻线路故障也要有足够的灵敏度，其测量阻抗小于负荷阻抗时启动，故动作阻抗小于最小的负荷阻抗。动作时间与电流保护 III 段时间有相同的配置原则，即大于相邻线路最长的动作时间。

3.3.2　距离保护组成

三段式距离保护单相原理框图如图 3-31 所示，由启动元件、测量元件与逻辑回路三部分组成。

（1）启动元件。启动元件的主要作用是在被保护线路发生故障时启动保护装置或进入故障计算程序。启动元件在线路流过最大负荷电流时应当不动作，能够灵敏可靠地反应各种故障，在保护区内部即使经大过渡电阻短路时也应当可靠快速动作，另外在电压回路故障时阻抗继电器可能误动，因此一般采用电流量而不采用电压量作为启动元件。目前广泛采用负序电流及电流突变量元件作为启动元件。

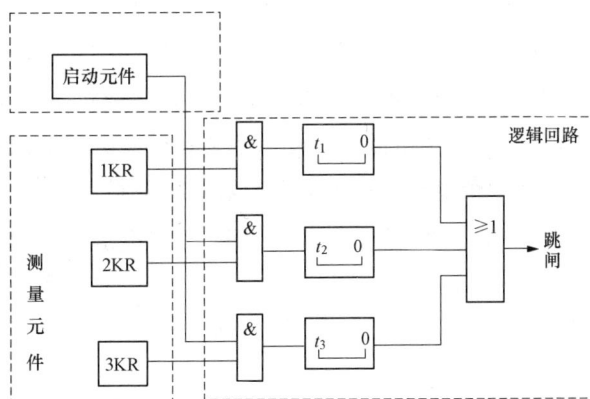

图 3-31　三段式距离保护单相原理框图

（2）测量元件。测量元件完成保护安装处到故障点阻抗或距离的测量，并与事先确定好的整定值进行比较，当保护区内部故障时动作，外部故障时不动作。测量元件由 I、II、III

段的阻抗继电器 1KR、2KR、3KR 来完成。

（3）逻辑回路。逻辑回路一般由一些逻辑门与时间元件组成，用于判断保护区内部或外部故障，并在不同保护区内部故障时以相应的动作延时控制断路器的跳闸。

3.3.3　阻抗继电器分类与特性

阻抗继电器是距离保护的核心元件，它的作用是用来测量保护安装处到故障点的阻抗（距离），并与整定值进行比较，以确定是保护区内部故障还是保护区外故障。

（1）阻抗继电器分类。根据阻抗继电器的比较原理，阻抗继电器可以分为幅值比较式和相位比较式。

根据阻抗继电器的输入量不同，阻抗继电器可以分为单相式（第 I 型）和多相补偿式（第 II 型）。

根据阻抗继电器的动作边界（动作特性）的形状不同，阻抗继电器可以分为圆特性阻抗继电器［见图 3-32（a）、（b）、（c）、（h）］和直线特性阻抗继电器［见图 3-32（d）～（g）］。

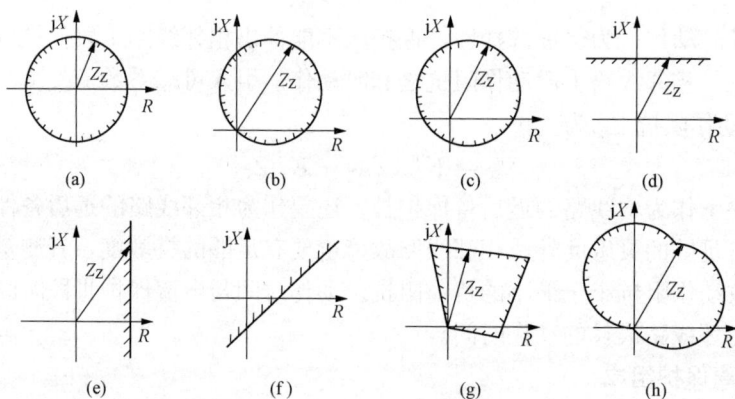

图 3-32　常见阻抗继电器特性

（a）全阻抗继电器；（b）方向阻抗继电器；（c）偏移特性阻抗继电器；（d）电抗特性继电器；
（e）电阻特性继电器；（f）限制特性继电器；（g）四边形阻抗继电器；（h）苹果形方向阻抗继电器

（2）阻抗继电器的工作原理。单相式阻抗继电器，是指只输入一个电压 $\dot{U}_{\mathrm{m}}$（相电压或相间电压）、一个电流 $\dot{I}_{\mathrm{m}}$（相电流或相电流差）的阻抗继电器。而多相补偿式阻抗继电器是输入不止一个电压或一个电流的阻抗继电器。

对于单相式阻抗继电器，电压 $\dot{U}_{\mathrm{m}}$ 和电流 $\dot{I}_{\mathrm{m}}$ 的比值称为测量阻抗 Z_{m}，即

$$Z_{\mathrm{m}} = \frac{\dot{U}_{\mathrm{m}}}{\dot{I}_{\mathrm{m}}} = \frac{\dfrac{\dot{U}}{n_{\mathrm{TV}}}}{\dfrac{\dot{I}}{n_{\mathrm{TA}}}} = \frac{n_{\mathrm{TA}}}{n_{\mathrm{TV}}} Z \tag{3-20}$$

式中　$\dot{U}$——保护安装处的一次电压，即母线残压；

　　　$\dot{I}$——被保护线路的一次电流；

n_{TV}，n_{TA}——电压互感器变比与电流互感器变比；

　　　Z——一次测量阻抗。

阻抗继电器的动作与否取决于其测量阻抗 Z_m 与整定阻抗 Z_{set} 的比较，若满足 $Z_m < Z_{set}$，则继电器动作，反之，不动作。整定阻抗 Z_{set} 就是保护区对应的线路阻抗的二次值，比如 I 段保护区为线路 80%，则 I 段的整定阻抗为 $Z_{set} = z_{act}^I = 80\% \dfrac{n_{TV}}{n_{TA}} Z_L$（$Z_L$ 为线路阻抗）。

由于利用复数平面分析单相式阻抗继电器动作特性，可以相对容易地拟定出动作方程和原理接线图，所以 Z_m 与 Z_{set} 都是复数，只能比较模值或相位，不能直接比较，$Z_m < Z_{set}$ 则只表示在角度相同时的模值比较，因此分析阻抗继电器的动作特性可以利用复平面来分析。为了便于两个复数 Z_m 与 Z_{set} 的比较，阻抗继电器中一般通过整定阻抗 Z_{set} 作出圆或多边形的复平面图，在图中比较测量阻抗 Z_m 是否处于圆（或多边形）内，如果处在圆内则判断位于动作区，继电器动作；相反则不在动作区，继电器不动作。

图 3-33 为阻抗继电器单相原理接线与动作特性。图 3-33（a）中，以线路保护 MN 为例，将阻抗继电器的动作特性画在复平面上分析，如图 3-33（b）所示，圆内为动作区，圆为动作边界，称为阻抗继电器的动作特性，动作特性上的阻抗称为启动阻抗 Z_{act}。从图 3-31（b）可见，在不同角度下，动作阻抗各不相同，整定阻抗 Z_{set} 的阻抗角为整定阻抗角，整定阻抗角对应的启动阻抗最大，启动阻抗最大所对应的角度称为阻抗继电器的最灵敏角 φ_{sen}。在该图中 φ_{sen} 就是整定阻抗角，即 $\varphi_{sen} = \arg Z_{set}$。

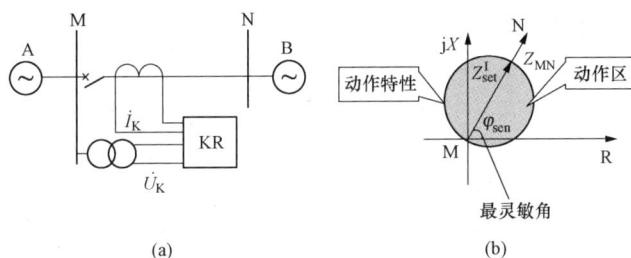

图 3-33 阻抗继电器单相原理接线与动作特性

（a）原理接线图；（b）动作特性的复平面图

需要指出的是，在线路正方向故障时，测量阻抗角为线路阻抗角 φ_l，测量阻抗在第 I 象限；在反方向故障时，流过反方向电流，测量阻抗角为 $\varphi_l + 180°$，测量阻抗在第 III 象限；线路正常运行时，送电侧测量阻抗角为负荷阻抗角约 40°，受电侧测量阻抗角约 220°。

3.3.4 阻抗继电器的精确工作电流

以上分析阻抗继电器的动作特性时，都是从理想的条件出发，即认为比幅元件（或比相元件）的灵敏度很高，或者认为只要电压电流的比值满足要求继电器就会动作，而与电流的大小无关。但实际上阻抗继电器必须考虑执行元件启动消耗的功率，晶体三极管、二极管的正向电压降等因素，即实际上任何比较元件都有最小的动作电压 $U_{op.min}$（比较电路）或最小的分辨率 $U_{op.min}$（微机保护的字长决定）。

如全阻抗继电器的实际动作方程为

$$|\dot{I}_K Z_{set}| - |\dot{U}_K| > U_{op.min} \tag{3-21}$$

从式（3-21）可见，当电流很小时，继电器是无法动作的，为了考核阻抗继电器的性能，引入了精确工作电流的概念。

所谓精确工作电流指的是当 $\arg\dfrac{\dot{U}_K}{\dot{I}_K}=\varphi_{sen}$ （阻抗继电器电压与电流夹角为最灵敏角），且启动阻抗 $Z_{act}=0.9Z_{set}$ 时，使得继电器刚好动作的电流。其中的最小值称为最小精确工作电流 $I_{act.min}$，最大值称为最大精确工作电流 $I_{act.max}$。

测量阻抗继电器的精确工作电流方法是给继电器加不同的电流，测出使得继电器刚好动作的电压（电压与电流夹角为最灵敏角），电压与电流的比值就是启动阻抗 Z_{act} 作出曲线 $Z_{act}=f(I_K)$，并取与直线 $Z_{act}=0.9Z_{set}$ 的交点，对应的电流值就是精确工作电流（见图 3-34）。

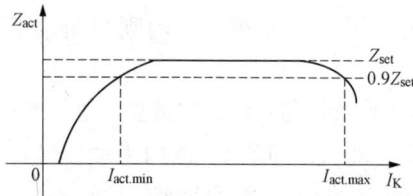

图 3-34　阻抗继电器启动阻抗与测量电流的关系 $Z_{act}=f(I_K)$

3.3.5　阻抗继电器的接线方式

阻抗继电器的接线方式是指接入阻抗继电器的电压与电流的相别组合方式。因为阻抗继电器用于测量保护安装处到故障点的阻抗（距离），因此应当满足如下要求。

1）测量阻抗与保护安装处到故障点的距离成正比，而与系统的运行方式无关。

2）测量阻抗应与短路类型无关，即同一故障点不同类型的短路故障时的测量阻抗应当一样。

对于单相式阻抗继电器，没有哪一种接线方式能完全满足 2）项要求，只能部分满足。因此常将接线方式分为两种：一种为反应相间故障的接线方式，在各种相间短路情况下能满足 1）、2）项要求；另一种为反应接地故障的接线方式，在各种接地短路情况下也能满足 1）、2）项要求。

（1）相间距离保护 0°接线。根据上面的分析，反应相间故障的阻抗继电器接线应当以相间电压作为继电器电压，以相间电流差为继电器电流。由于在负荷电流下（$\cos\varphi=1$）继电器电压电流为 0°，所以这种接线称为相间距离保护 0°接线。0°接线方式接入的电压和电流见表 3-2。

（2）接地距离保护零序补偿接线。在中性点直接接地电网中，当零序电流保护不能满足要求时，一般考虑采用接地距离保护，它的主要任务是反应电网的接地故障。根据上面的分析，反应接地故障的阻抗继电器接线应当以相电压作为继电器电压，以相电流加零序补偿电流（$\dot{I}_A+K3\dot{I}_0$）为继电器电流，此接线方式称为零序补偿接线。零序补偿接线方式接入的电压和电流见表 3-3。

表 3-2　0°接线方式接入的电压和电流

阻抗继电器相别	$\dot{U}_K$	$\dot{I}_K$
AB	$\dot{U}_{AB}$	$\dot{I}_A-\dot{I}_B$
BC	$\dot{U}_{BC}$	$\dot{I}_B-\dot{I}_C$
CA	$\dot{U}_{CA}$	$\dot{I}_C-\dot{I}_A$

表 3-3　零序补偿接线方式接入的电压和电流

阻抗继电器相别	$\dot{U}_K$	$\dot{I}_K$
A	$\dot{U}_A$	$\dot{I}_A+K3\dot{I}_0$
B	$\dot{U}_B$	$\dot{I}_B+K3\dot{I}_0$
C	$\dot{U}_C$	$\dot{I}_C+K3\dot{I}_0$

（3）阻抗继电器在各种故障时的动作情况。阻抗继电器用于构成相间距离保护时采用 0°接线，用于构成接地距离保护时采用零序补偿接线。在线路发生各种故障时，阻抗继电器正确测量的分析见表 3-4。

表 3 - 4　　　　　　　　　各种故障时阻抗继电器正确测量的分析

故障类型 继电器	AN	BN	CN	ABN	BCN	CAN	AB	BC	CA	ABC
KRA	√	×	×	√	×	√	×	×	×	√
KRB	×	√	×	√	×	×	×	×	×	√
KRC	×	×	√	×	√	×	×	×	×	√
KRAB	×	×	×	√	×	×	√	×	×	√
KRBC	×	×	×	×	√	×	×	√	×	√
KRCA	×	×	×	×	×	√	×	×	√	√

注　AN 表示 A 相接地，其余依次类推。正确测量为√，反之为×。

从表 3 - 4 可以看出，发生故障时只有故障相相关的阻抗继电器可以正确测量，因此有必要先选出故障相，再对对应的可以正确测量的故障相阻抗继电器进行计算，这样可以减少计算的时间，从而加快微机保护的动作速度。比如判断出是 A 相接地故障时，可以只对 KRA 是否动作进行计算。

3.3.6　影响距离保护正确动作的因素及防止方法

影响距离保护动作的因素比较多，其中主要有电力系统振荡、保护装置电压回路断线、短路点过渡电阻、保护安装处与短路点之间的分支线的分支电流等。

（1）电力系统振荡对距离保护的影响。电力系统正常运行时，各电源间保持同步运行状态，如果电力系统受到扰动，并列运行的系统或发电厂失去同步的现象称为系统振荡。当系统故障切除时间过长而引起的系统暂态稳定破坏，或在联系较弱的系统中，也可能由于误操作、发电机失磁或故障跳闸、断开某一线路或设备、过负荷等都可能引起振荡。振荡是电力系统重大事故之一，系统振荡时两侧电源的夹角 δ 在 $0 \sim 360°$ 周期性地变化，电压、电流的有效值和相位作周期性变化，距离保护的测量阻抗也作周期性的变化，当测量阻抗进入保护的动作区时将导致阻抗继电器动作，从而引起保护误动。因此在距离保护中必须考虑振荡的影响。

为防止距离保护误动，距离保护应当加装振荡闭锁。对距离保护振荡闭锁的要求如下。

1）系统发生短路故障时，应当快速开放保护。

2）系统静稳定破坏引起的振荡时，应可靠闭锁保护。

3）外部故障切除后紧跟着发生振荡，保护不应误动。

4）振荡过程中发生故障，保护应当可靠动作。

5）振荡闭锁在振荡平息后应该自行复归，即振荡不平息振荡闭锁不复归。

为此，振荡闭锁需要区分振荡与短路，振荡与短路的主要区别如下。

1）振荡时，电压、电流及测量阻抗幅值均作周期性的变化，变化缓慢；短路时，电流突然增大，电压突然减小，变化速度快。

2）振荡时，任一点的电流与电压之间的相位关系随 δ 的变化而改变；短路时，电流与电压间的相位是不变的。

3）振荡时，三相完全对称，无负序或零序分量；短路时，总要长期（不对称短路）或瞬间（对称短路）出现负序电流（接地故障时还有零序电流）。

利用以上振荡与短路的区别以及振荡的特点即可构成振荡闭锁。

（2）电压回路断线的影响。距离保护是通过对电压电流的比值来判断线路是否故障的，而电压取自 TV 二次侧，因此在 TV 二次电压回路断线时会造成保护无法完成阻抗的测量。阻抗继电器的测量阻抗为 $Z_K = \dot{U}_K / \dot{I}_K$，当电压回路断线时，$\dot{U}_K = 0$，从而导致测量阻抗为零。阻抗继电器在 $Z_K = 0$ 时会动作，从而导致距离保护误动，因此必须采取措施即电压回路断线闭锁来防止距离保护误动。主要有以下措施。

1）母线电压回路断线闭锁。在启动元件未动作的情况下，满足下列条件之一启动断线闭锁：

a. 三相电压相量和大于 8V，即

$$|\dot{U}_a + \dot{U}_b + \dot{U}_c| > 8V \tag{3-22}$$

则延时 1.25s 发 TV 断线异常信号——反应电压回路不对称断线。

b. 三相电压代数和小于 24V，即

$$|\dot{U}_a| + |\dot{U}_b| + |\dot{U}_c| < 24V \tag{3-23}$$

或每相电压均小于 8V 时，则延时 1.25s 发 TV 断线异常信号——反应电压回路对称断线。在发出电压断线信号的同时，闭锁在电压回路断线时会误动的保护，并启动断线过流保护，在三相电压正常后，经 10s 延时 TV 断线信号复归。

2）线路电压回路断线。在启动元件未动作的情况下，如任何一相线路电压小于 8V，且线路有电流则延时 1.25s 发 TV 断线异常信号。

（3）过渡电阻对距离保护的影响。以前分析的故障都是金属性故障，而实际的短路故障都不同程度存在过渡电阻，由于过渡电阻的存在，将使测量阻抗增大，会导致距离保护的阻抗继电器无法正确测量保护安装处到故障点的短路阻抗，因此可能造成保护的拒动或误动。

1）过渡电阻的特点。短路点的过渡电阻 R_g 是当相间短路或接地短路时，短路电流从一相流到另一相或从一相流入地的途径中所通过的物质的电阻，这包括电弧电阻与接地电阻等。实验证明，当故障电流足够大时，电弧上的电压峰值 $U_{arc.m}$（单位：kV）几乎与电弧电流 I_{arc}（单位：A）无关，而与电弧的长度 l_{arc}（单位：m）的关系为 $U_{arc.m} = 1.5 l_{arc}$。当电弧电流接近正弦时，电弧电阻 R_g（单位：Ω）为

$$R_g = \frac{U_{arc\cdot m}}{\sqrt{2} I_{arc}} = 1050 \frac{l_{arc}}{I_{arc}} \tag{3-24}$$

在短路初瞬，电弧电流很大，电弧较短，电弧电阻较小。几个周期后，随着电弧的逐渐拉长，电弧电阻逐渐增大。过渡电阻基本呈纯电阻性质，在故障初瞬时较小，随着时间加长而逐渐变大。

2）过渡电阻对距离保护的影响。过渡电阻对距离保护的影响主要是由于阻抗继电器的不能正确测量造成的，因此首先考虑过渡电阻对阻抗继电器的影响。

a. 对阻抗继电器的影响。

a）单侧电源过渡电阻的影响。如图 3-35 所示，单侧电源网络中 k 点经 R_g 短路时，阻抗继电器的测量阻抗 Z 为短路阻抗 Z_k 与过渡电阻 R_g 直接相加，即

$$Z = Z_K + R_g = Z_K + \Delta Z \tag{3-25}$$

测量阻抗的附加阻抗 ΔZ 为纯电阻 R_g。由图 3 - 35 可见，由于过渡电阻 R_g 的存在，会造成圆特性方向阻抗继电器（圆 1）拒动。

b）双侧电源中过渡电阻的影响。如图 3 - 36 所示，双侧电源网络中 k 点经 R_g 短路时，故障点的电压 $\dot{U}_k = (\dot{I}_M + \dot{I}_N)R_g$，M 侧阻抗继电器的测量阻抗 Z_M 为

$$Z_M = \frac{\dot{U}_M}{\dot{I}_M} = Z_{kM} + \frac{\dot{I}_M + \dot{I}_N}{\dot{I}_M}R_g = Z_{kM} + \Delta Z \tag{3 - 26}$$

由式（3 - 26）可见，当 M 侧为送电侧（$\dot{I}_M$ 超前 $\dot{I}_N$）时，测量阻抗的附加阻抗 ΔZ 为容性阻抗（图 3 - 36 中的 $\Delta Z'$），可能在出口故障时造成阻抗继电器［图 3 - 36（b）中圆 2］拒动。

当 M 侧为受电侧（$\dot{I}_M$ 滞后 $\dot{I}_N$）时，测量阻抗的附加阻抗 ΔZ 为感性阻抗（图 3 - 36 中的 ΔZ），可能在保护区末端外部故障时造成阻抗继电器［图 3 - 36（c）中圆 3］误动（超越）。

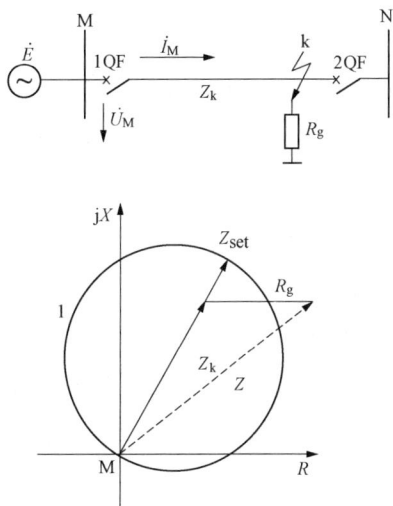

图 3 - 35　单侧电源过渡电阻的影响图

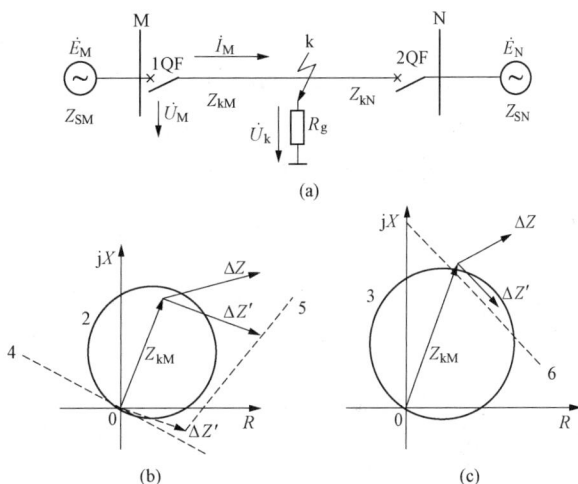

图 3 - 36　双侧电源过渡电阻的影响
（a）系统图；（b）拒动示意图；（c）误动（超越）示意图
ΔZ—M 侧为送电侧时的附加阻抗；$\Delta Z'$—M 侧为受电侧的附加阻抗

b. 过渡电阻对保护的影响。从上面的分析可知，阻抗继电器在有过渡电阻时，既可能保护区内拒动，也可能保护区外误动。结合过渡电阻的特点、过渡电阻对阻抗继电器的影响、距离保护各段的配合关系，可见距离Ⅰ段无动作延时，此时过渡电阻较小，因此过渡电阻对Ⅰ段影响小；距离Ⅱ段有动作延时，此时过渡电阻较大，因此过渡电阻对Ⅱ段影响大；距离Ⅲ段有动作延时，但是整定阻抗很大，阻抗继电器抗过渡电阻能力强，因此过渡电阻对Ⅲ段影响较小。另外，相对而言，过渡电阻对近短路点的保护影响较大；被保护的线路越短，保护的整定值越小，其受过渡电阻的影响越大。

c. 消除过渡电阻的措施。过渡电阻会造成距离保护不正确动作，对于短线路情况更加严重（动作特性小），消除影响的措施如下：

a）动作特性的偏移。过渡电阻使得测量阻抗向 R 轴偏移，因此为消除过渡电阻的影响，可以将阻抗继电器的动作特性向 R 轴偏移，阻抗继电器动作特性在 $+R$ 轴方向所占面

积越大，受过渡电阻的影响越小。因此可采用四边形阻抗继电器、电抗型继电器、偏移特性和苹果形阻抗继电器等。

　　b）某些常规装置可以在距离Ⅱ段中采用瞬时测量装置。

　　（4）分支电流对保护的影响与消除措施。距离保护Ⅱ段、Ⅲ段都要与相邻线路配合，在相邻线路存在故障时，如果相邻线路与本线路之间有分支元件（见图 3 - 37），就会影响阻抗继电器的测量阻抗。

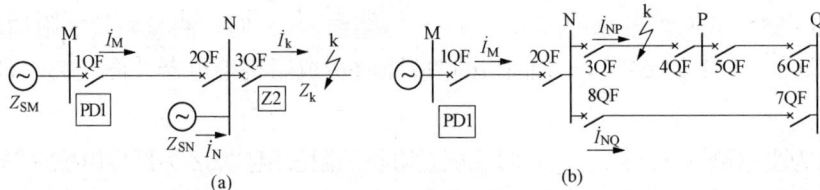

图 3 - 37　助增电流与外汲电流
（a）助增电流；（b）外汲电流

　　1）助增与外汲电流的影响。图 3 - 37（a）中距离保护 PD1 在 k 点故障后的 M 母线电压为

$$\dot{U}_{M} = \dot{U}_{N} + \dot{I}_{M} Z_{MN} = (\dot{I}_{M} + \dot{I}_{N}) Z_{k} + \dot{I}_{M} Z_{MN} \tag{3 - 27}$$

则保护 PD1 的测量阻抗 Z 为

$$Z = Z_{MN} + \frac{\dot{I}_{k}}{\dot{I}_{M}} Z_{k} = Z_{MN} + K_{bra} Z_{k} \tag{3 - 28}$$

图 3 - 37（b）中距离保护 PD1 在 k 点故障后的测量阻抗 Z 为

$$Z = Z_{MN} + \frac{\dot{I}_{k}}{\dot{I}_{M}} Z_{k} = Z_{MN} + K_{bra} Z_{k} \tag{3 - 29}$$

　　式（3 - 28）与式（3 - 29）中的 K_{bra} 称为分支系数。

$$K_{bra} = \frac{相邻线路电流}{本线路电流} \tag{3 - 30}$$

　　在图 3 - 37（a）中，$K_{bra} > 1$，电流 I_{N} 使故障线路电流大于本线路电流，这种因分支电源的影响使故障线路电流增大的现象称为助增，Z_{SN} 称为助增电源，其产生的电流称为助增电流。在图 3 - 37（b）中，$K_{bra} < 1$，电流 I_{NQ} 使故障线路电流小于本线路电流，这种由于分支电路的影响使故障线路中电流减小的现象称为外汲，其分流电流称为外汲电流。

　　由式（3 - 28）与式（3 - 29）可见，助增电流使得距离保护测量阻抗增大，保护区缩短，保护灵敏度降低；外汲电流使得距离保护测量阻抗减小，保护区伸长，可能造成保护的超范围动作。

　　2）消除分支电流影响的措施。消除分支电流的影响主要是防止超范围动作，因此在整定距离保护Ⅱ段时按照最小分支系数 $K_{bra.\,min}$ 整定；为了确保保护的灵敏度，校验Ⅲ段远后备的灵敏系数时按照最大分支系数 $K_{bra.\,max}$ 校验。

　　另外，电流、电压互感器的误差也可能使测量阻抗增大或减小；系统串联补偿电容则可能使测量阻抗减小。

3.4　全线速动保护

单侧测量保护是指保护仅测量线路某一侧的母线电压、线路电流等电气量。单侧测量保护有一个共同的缺点，就是无法快速切除本线路上的所有故障，即使距离保护速动保护范围也只能保护本线路的 80%～85%。这种保护对于 220kV 及以上的输电线路是不允许的。

220kV 及以上的输电线路是高压电网的骨干，由于传输的电能大，传输距离远，发生短路时，短路电流大，电压下降的影响范围大，打破了电网供需平衡，对电力系统的稳定性影响很大。因此，220kV 及以上的输电线路发生短路时，必须快速切除。为了提高电力系统的稳定性，提高输电线路的输送负荷能力，220kV 及以上输电线路的保护必须采用全线速动的保护，即线路任何一处发生短路，线路两端的保护都能瞬时动作，跳开线路两端的断路器，切除故障。

反应线路两侧电气量的保护能满足以上要求。所谓反应线路两侧电气量的保护，即保护是否动作，不但与当地断路器处的电气量有关，还与线路对侧断路器处的电气量有关。反应线路两侧电气量的保护，需要专门的通道传递线路对侧的电气量和联系线路两侧保护信息。因此，反应线路两端电气量的保护称为纵联保护。

3.4.1　纵联保护基本原理

双侧测量线路保护的基本原理主要有以下三种：以基尔霍夫电流定律为基础的电流差动保护；比较两侧线路保护故障方向的纵联方向保护；比较线路两侧电流相位关系的相位差动保护。

（1）纵联差动保护。图 3-38 所示为电流差动保护原理，保护测量电流为线路两侧电流相量和，也称差动电流 $\dot{I}_d$。将线路看成一个广义节点，流入这个节点的总电流为零，正常运行时或外部故障时 $\dot{I}_d=0$，线路内部故障时 $\dot{I}_d=\dot{I}_M+\dot{I}_N=\dot{I}_k$。

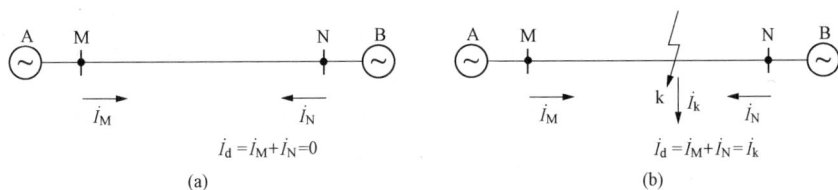

图 3-38　电流差动保护原理
（a）正常运行或外部故障情况；（b）内部故障情况

（2）纵联方向保护。图 3-39 所示为纵联方向保护原理。外部故障时，远故障侧保护判别为正向故障，而近故障侧保护判别为反向故障；如果两侧保护均判别为正向故障，则故障在本线路上。

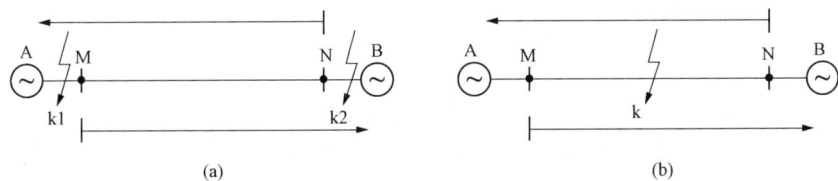

图 3-39　纵联方向保护原理
（a）外部故障情况；（b）内部故障情况

（3）纵联相位保护。图 3-40 所示为相位差动保护（简称相差保护）原理，保护测量的电气量为线路两侧电流的相位差。

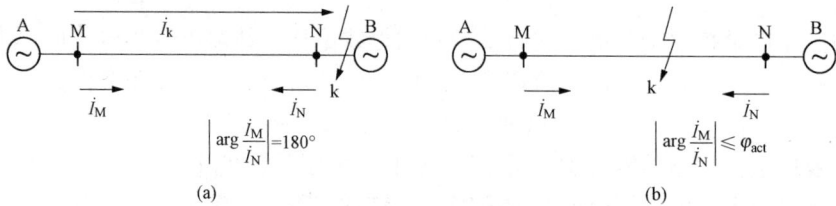

图 3-40　相位差动保护原理
（a）正常运行或外部故障情况；（b）内部故障情况

正常运行及外部故障时，流过线路的电流为"穿越性"的，相位差为 $180°$，即 $\dot{I}_\text{M} = -\dot{I}_\text{N}$；内部故障时，线路两侧电流的相位差较小。可见，通过比较线路两侧电流的相位，就可判断是否区内短路，从而决定是否发跳闸命令。

纵联保护从原理上可以区分区内外故障，而不需要保护整定值的配合，因此又称纵联保护具有"绝对选择性"。同时应该注意纵联保护不反应本线路以外的故障，不能用于相邻元件的后备保护；由于采用双侧测量原理，纵联保护必须两侧同时投入，不能单侧工作。

3.4.2　纵联保护通道

（1）导引线通道。所谓导引线通道，就是用一对低压电缆把对侧的电气量传送过来。为了节省投资，一对电缆要同时承担相互传递电气量的任务。由于导引线能够把线路对侧电流幅值信息与相位信息传送过来，一般以导引线为通道的纵联保护是纵联差动保护。

导引线构成的线路纵联保护，投资大，维护工作量大，一般应用于长度为 10km 以下的短线路保护，广泛应用于变压器保护与发电机保护。

（2）微波通道。微波通道就是利用微波发信机与收信机实现信息的传递。由于微波是在空间传递，不需要专门的通信线路，因此，无线电通道传送的方式简单、容易实现。由于无线电在传送过程中衰耗较大，且周围环境极大地影响着信息传递的质量，所以，微波通道易受干扰、可靠性差。因此，微波作为通道的纵联保护很少有实际应用。

以微波通道构成的纵联保护，可作为某些特殊要求的低压线路保护的辅助保护，以加速保护跳闸。

（3）高频载波通道。高频载波通道是利用电力线路，结合加工设备和收、发信机构成的一种有线通信通道，以高频载波通道构成的线路纵联保护，也称为高频保护。高频载波信号（又称高频信号）的频率为 $50 \sim 400\text{kHz}$。"相地制"电力线高频载波通道结构如图 3-41所示。

载波信号经调制后送入输电线路，线路除了传送 50Hz 的工频电流同时还传输高频电流。传送高频信号可以用电力线路之一相与大地作为回路，称为"相地制"；也可用两相电力线路作为回路，称为"相相制"。相地制高频衰耗大，但简单、经济，目前国内多数高频保护采用"相地制"载波通道。

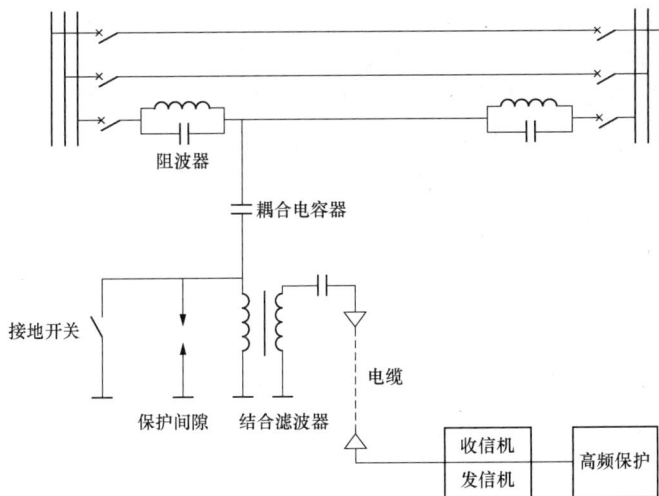

图 3-41　"相地制"电力线高频载波通道结构图

高频载波通道主要部件的名称与作用如下。

1) 高频阻波器。高频阻波器为一个 LC 并联电路，载波频率下并联谐振，呈现高阻抗，阻止高频电流流出母线以减小衰耗和防止与相邻线路的纵联保护形成相互干扰。对于 50Hz 工频阻波器则呈现低阻抗（0.04Ω），不影响工频电流的传输。

2) 耦合电容器。耦合电容器为高压小容量电容，与结合滤波器串联谐振于载波频率，允许高频电流流过，而对工频电流呈现高阻抗，阻止其流过。由于电容容量小，呈现容抗大，工频电压大部分降在耦合电容上，耦合电容后的设备承受的工频电压较低。

3) 结合滤波器。结合滤波器的作用是电气隔离与阻抗匹配。结合滤波器将高压部分与低压的二次设备隔离，同时与两侧的通道阻抗匹配以减小反射衰耗。结合滤波器线路一侧等效阻抗应与输电线路的波阻抗匹配，220kV 线路波阻抗一般为 400Ω，330kV 及 500kV 线路波阻抗为 300Ω；电缆一侧等效阻抗则与电缆波阻抗匹配，早期电缆波阻抗为 100Ω，目前电缆波阻抗为 45Ω。

4) 电缆。高频电缆一般为同轴电缆，电缆芯外有屏蔽层，为减小干扰，屏蔽层应可靠接地。

5) 保护间隙。当高压侵入时，保护间隙击穿并限制了结合滤波器上的电压，起到过压保护的作用。

6) 接地开关。检修时合上接地开关，保证人身安全，检修完毕，通道投入运行前必须打开接地开关。

7) 高频收、发信机是构成高频保护的重要组成部分，用于发送和接收两侧的高频信号。其中，高频发信机将保护信号进行调制后，通过高频通道送到对端的收信机中，同时也为自己的收信机所接收。高频收信机收到本端和对端发送的高频信号后进行解调，变为保护所需要的信号，作用于继电保护，使之决定是否动作。

（4）光纤通道。光纤通道是一种千兆位传输技术，目前已实现支持最高可达 10Gbps 的传输速率。它在传输中的特点也很明显：

1) 高速长距离的串行传输；

2) 较低的传输误码率；

3) 较低的数据传输延迟。

光纤通道既支持以光纤作为信息传递介质的通信方式，也支持以铜缆为信息传递介质的通信方式。由于光纤通道对噪音不敏感，并且光纤通道要达到比较高的传输速率仅支持光纤，所以用光纤来做传输介质是最好的。那么更适合于光纤通道的线缆类型便是光缆。利用光纤光缆传输光波信号的通信方式称为光纤通信。

光纤通信的原理是将电气量编码后送入光发送机控制发光的强弱，光在光纤中传送，光接收机则将收到的光信号的强弱变化转为电信号，如图 3 - 42 所示。

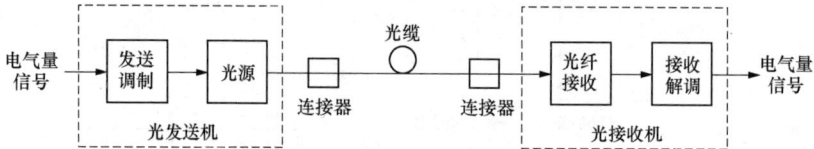

图 3 - 42　光纤通信原理

目前在不加中继设备的情况下，继电保护光纤通道传输距离已经达到 100km（64kb/s 速率），使用 2Mb/s 速率时衰耗大些，传输距离为 40km。光纤通道除了逐渐取代载波通道用于纵联保护外，更为广泛地用于电力系统通信领域。

光纤通信有以下几个方面的优点。

1) 频带宽，信息容量大。现在单模光纤的带宽可达 THz·km 量级，极大地扩大了通信容量。

2) 传输损耗低，传输距离远。光纤损耗已降至 0.2dB/km 以下，这是以往传输线所不能与之相比的。

3) 制造光纤、光缆的原材料资源丰富，可节约大量制造电缆所需要的铜和铅。

4) 光缆具有体积小、质量轻的优点，便于通信线路的敷设。

5) 光纤通信系统抗干扰能力强，使用安全。光纤将光波的能量约束在光纤之中沿光纤的轴向传播，不受电磁场的干扰，可在强电磁场环境中工作。

光纤通信有以下缺点。

1) 光纤弯曲半径不能过小，一般不小于 30mm。

2) 光纤的切断和连接工艺要求高。

3) 分路、耦合复杂。

3.4.3　纵联差动保护

（1）导引线保护。导引线保护又称纵联电流差动保护（简称纵差保护），是用导引线将被保护线路两侧的电气量连接起来，比较被保护线路首、末两端电流的大小和相位。纵联差动保护原理接线如图 3 - 43 所示。线路两侧电流互感器性能和变比完全相同，两侧电流互感器一次回路的正极性均置于靠近母线的一侧，二次回路用电缆同极性相连，差动继电器并联接在电流互感器的二次侧的环路上。

线路外部 K1 点短路时的电流分布如图 3 - 43（a）（正常运行时电流分布与其相同）所示。按照图中所给出的电流方向，正常运行或外部短路时，流入继电器的电流为

$$\dot{I} = \dot{I}_{\mathrm{I}2} - \dot{I}_{\mathrm{II}2} = \frac{1}{n_{\mathrm{TA}}}(\dot{I}_{\mathrm{I}} - \dot{I}_{\mathrm{II}}) \tag{3-31}$$

式中　$\dot{I}_{\text{I}2}$, $\dot{I}_{\text{II}2}$——电流互感器二次绕组电流；

　　　$\dot{I}_{\text{I}}$, $\dot{I}_{\text{II}}$——电流互感器一次绕组电流。

正常运行或外部短路时流经线路两侧的电流相等，即 $\dot{I}_{\text{I}} = \dot{I}_{\text{II}}$；若不计电流互感器的误差，则 $\dot{I}_{\text{I}2} = \dot{I}_{\text{II}2}$，流入继电器的电流 $\dot{I} = 0$，继电器不动作。

在保护范围出现内部故障时，即在两电流互感器之间的线路上出现故障（如 K2 点）时，电流分布如图 3 - 43（b）所示。两侧电源分别向短路点供给短路电流 $\dot{I}_{\text{I}}$ 和 $\dot{I}_{\text{II}}$，由图中可以看出流入继电器的电流为

$$\dot{I} = \dot{I}_{\text{I}2} + \dot{I}_{\text{II}2} = \frac{1}{n_{\text{TA}}}(\dot{I}_{\text{I}} + \dot{I}_{\text{II}}) = \frac{1}{n_{\text{TA}}}\dot{I}_{\text{k}}$$

$$(3 - 32)$$

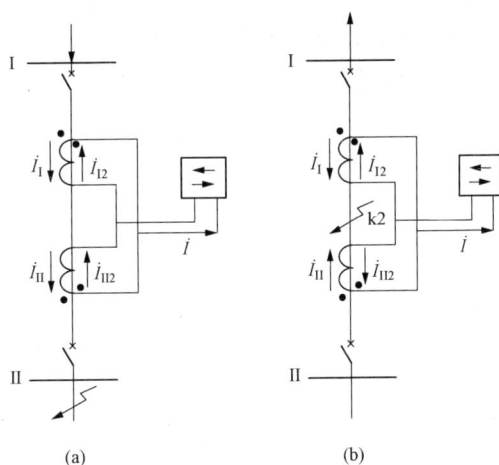

图 3 - 43　纵联差动保护原理

(a) 区外故障电流分布；(b) 区内故障电流分布

式中　$\dot{I}_{\text{k}}$——故障点短路电流。

流入继电器的电流为短路电流归算到二次侧的数值，当 $\dot{I}$ 大于继电器的动作电流时，继电器动作，瞬时跳开线路两侧的断路器。

纵差保护测量线路两侧的电流并进行比较，它的保护范围是两侧电流互感器之间的线路全长。在其保护范围出现内部故障时，保护瞬时动作快速切除故障。在其保护范围出现外部故障时，保护不动作。它不需要与相邻线路的保护在整定值上配合，这是比单端测量的电流保护及距离保护优越的地方。

实际上，线路正常运行及外部故障时，差动电流不为零，是一个较小的数值，原因是存在不平衡电流以及线路电容电流。所谓不平衡电流是指一次侧差动电流严格为零时，二次侧流入保护的差动电流。由于存在励磁电流，电流互感器有误差，当线路两侧 TA 励磁特性不完全一致时，两侧 TA 的误差也就存在差异，二次侧就会有不平衡电流流入保护，外部故障导致 TA 饱和时，情况尤为严重。

不平衡电流由以下经验公式计算

$$I_{\text{unb}} = K_{\text{ss}}K_{\text{er}}I_{\text{I}}/n_{\text{TA}} \tag{3 - 33}$$

式中　I_{unb}——不平衡电流；

　　　K_{ss}——TA 同型系数，TA 型号相同时取 0.5，否则取 1；

　　　K_{er}——TA 误差，取 10%；

　　　I_{I}——一次侧穿越电流；

　　　n_{TA}——TA 变比。

线路外部故障时穿过的电流大，形成的不平衡电流也大，差动保护整定时应能躲过外部故障情况下最大的短路电流所形成的最大不平衡电流，即

$$I_{\text{unb.max}} = K_{\text{ss}}K_{\text{er}}I_{\text{K.max}}/n_{\text{TA}} \tag{3 - 34}$$

$$I_{\text{act}} = K_{\text{rel}}I_{\text{unb.max}} \tag{3 - 35}$$

（2）光纤分相差动保护。光纤分相差动保护采用光纤通道，电流差动原理，性能优越，

目前广泛用于高压线路。

　　输电线路两侧电流采样信号通过编码变成码流形式后，转换成光信号经光纤送至对侧保护，保护装置收到对侧传来的光信号先解调为电信号，再与本侧保护的电流信号构成差动保护。使用导引线通道时为节省通道，将两侧三相电流先综合成一个综合电流后再进行比较；而光纤通道通信容量大，采用分相差动方式，即三相电流各自构成差动保护。

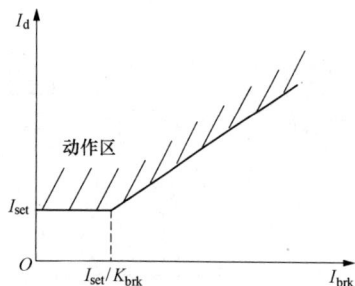

图 3-44　差动电流元件动作特性

　　电流差动元件动作特性如图 3-44 所示。图中差动电流为 $I_d = |\dot{I}_M + \dot{I}_N|$，即两侧电流相量和的幅值；制动电流 $I_{brk} = |\dot{I}_M - \dot{I}_N|$，即两侧电流相量差的幅值。图中 I_{set} 为整定电流，阴影部分为动作区，折线的斜率为制动系数 K_{brk}（0.45~0.5）。动作方程为

$$\begin{cases} I_d > K_{brk} I_{brk} \\ I_d > I_{set} \end{cases} \tag{3-36}$$

式（3-35）中两项条件"与"逻辑输出。判据不是简单的过电流判据 $I_d > I_{set}$，而是引入了"制动特性"，即制动电流增大时抬高动作电流。制动特性广泛用于各种差动保护，防止外部故障穿越性电流形成的不平衡电流导致保护误动。

　　图 3-45 所示为分相电流差动保护原理框图。

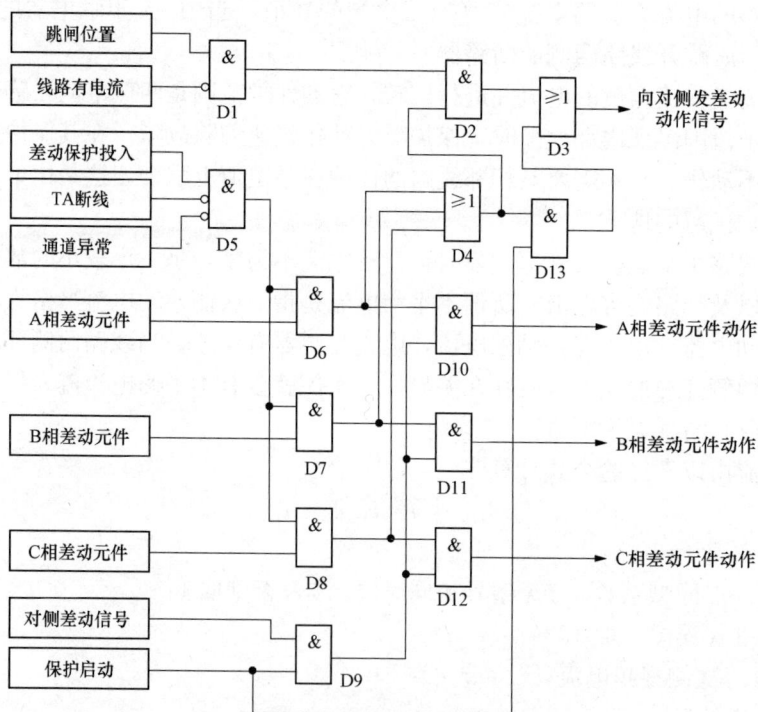

图 3-45　分相电流差动保护原理框图

　　1）内部故障情况。启动元件开放出口继电器正电源，故障相电流差动元件动作，同时向对侧保护发出"差动保护动作"信号。在本侧保护启动且收到对侧"差动保护动作"信号的情况下，故障相电流差动元件向跳闸逻辑部分发出分相电流差动元件动作信号。

　　2）外部故障情况。保护启动元件启动，但两侧分相电流差动元件均不会动作，也收不

到对侧保护的"差动保护动作"信号，保护不出口跳闸。

3）TA 断线情况。系统正常运行时，若 TA 断线，差动电流大小为负荷电流。TA 断线瞬间，断线侧的启动元件和差动继电器可能动作，但对侧的启动元件不动作，不会向本侧发差动保护动作信号，从而保证纵联差动不会误动。TA 断线元件判据为有自产零序电流（三相电流求和得到的零序电流）而无零序电压，延时 10s 动作。TA 断线元件动作后可以闭锁差动保护防止再发生外部故障时保护误动，同时发出"TA 断线"告警信号。

4）通道异常。通道异常时闭锁各分相电流差动元件出口，防止保护误动。

（3）纵联方向保护。纵联方向保护的原理是通过通道判明两侧保护均启动且判为正向故障时，判定故障为线路内部故障，立即动作于跳闸。纵联方向保护通道传输的信号反映两侧保护方向元件的动作情况，为逻辑量（见图 3-46），信号的"有""无"对应于"正向故障""反向故障"。纵联方向保护有独立的方向元件，既可以使用载波通道又可以使用光纤通道，既能构成"闭锁式"保护又能构成"允许式"保护。

闭锁式纵联方向保护启动后若判故障为反向故障，发出闭锁信号；反之，则停止发信号（称为保护停信）。外部故障时，近故障侧保护判明故障为反向故障，发出闭锁信号，由于采用"单频制"，两侧均收到闭锁信号，

图 3-46　纵联方向保护原理

保护不动作。闭锁式纵联方向保护原理如图 3-47 所示。内部故障时，两侧均不发闭锁信号，保护动作。

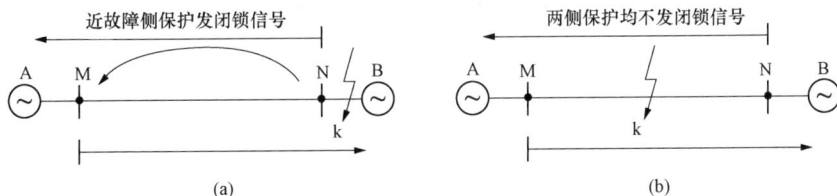

图 3-47　闭锁式纵联方向保护原理
（a）外部故障；（b）内部故障

允许式纵联方向保护启动后若判明故障为正向故障，发出允许信号；反之，则停止发信号，内部故障时，两侧均发允许信号，保护动作条件为本侧判为正向故障且收到对侧允许信号，两侧保护动作条件均满足，动作跳闸。外部故障时，近故障侧保护判明故障为反向故障，不发允许信号，两侧保护动作条件均不满足，保护不动作。允许式纵联方向保护原理如图 3-48 所示。

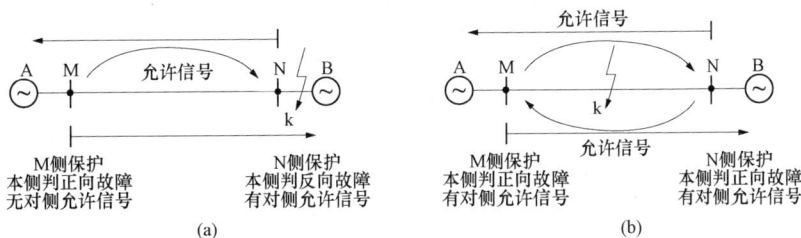

图 3-48　允许式纵联方向保护原理
（a）外部故障；（b）内部故障

习 题 3

一、填空题

1. 定时限过电流保护可作为_____近后备和_____远后备。

2. 为了确保方向过流保护在反向两相短路时不受_____相电流的影响，保护装置应采用_____启动的接线方式

3. 方向电流保护主要用于_____和_____线路上。

4. _____快速性最好，动作时间仅为毫秒级，_____快速性次之，动作时间为 0.5s 左右、_____快速性最差，动作时间长。

5. 对线路的方向过流保护，规定线路上电流的正方向由_____流向_____。

6. 计算最大短路电流时应考虑三个因素：_____、_____、_____。

7. 振荡时系统任何一点电流和电压之间的相位角都随着_____的变化而变化，而短路时，电流和电压间的_____基本不变。

8. 距离保护装置一般由_____部分、_____部分、_____部分、_____部分、_____部分组成。

9. 高频通道的构成包括_____、_____、_____、高频收发信机、工频电缆、输电线路。

10. 纵联方向保护是比较线路两端_____，当满足_____条件时，纵联方向保护动作。

二、选择题

1. 在三段式电流保护中各段之间的灵敏度大小的关系为（　　　）。

A. 瞬时速断最高，过流保护最低　　　　　B. 限时电流速断最高，瞬时速断最低

C. 过流保护最高，瞬时速断最低

2. 当限时电流速断保护的灵敏度不满足要求时，可考虑（　　　）。

A. 采用过电流保护　　　　　　　　　　　B. 与下一级过电流保护相配合

C. 与下一级电流速断保护相配合　　　　　D. 与下一级限时电流速断保护相配合

3. 方向电流保护是在电流保护的基础上，加装一个（　　　）。

A. 负荷电压元件　　　B. 复合电流元件　　　C. 方向元件　　　　D. 复合电压元件

4. 线路的过电流保护的启动电流是按（　　　）。

A. 该线路的负荷电流　　　　　　　　　　B. 最大的故障电流

C. 大于允许的过负荷电流　　　　　　　　D. 最大短路电流

5. 过电流保护在被保护线路输送最大负荷时，其动作行为是（　　　）。

A. 不应动作于跳闸　　　B. 动作于跳闸　　　C. 发出信号　　　　D. 不发出信号

6. 功率方向元件的电流和电压为 $\dot{I}_a$、$\dot{U}_{bc}$，$\dot{I}_b$、$\dot{U}_{ca}$，$\dot{I}_c$、$\dot{U}_{ab}$时，称为（　　　）。

A. 90°接线　　　　　B. 60°接线　　　　　C. 30°接线　　　　　D. 0°接线

7. 按 90°接线的相间功率方向元件，内角 α 值为（　　　）。

A. 30°　　　　　　　B. 45°　　　　　　　C. 60°　　　　　　　D. 30°或 45°

8. 距离保护是以距离（　　　）元件作为基础构成的保护装置。

A. 测量　　　　　　　B. 启动　　　　　　　C. 振荡闭锁　　　　　D. 逻辑

9. 距离保护的动作阻抗是指能使阻抗继电器动作的（　　　）。

A. 大于最大测量阻抗的一个定值

B. 最大测量阻抗

C. 介于最小测量阻抗与最大测量阻抗之间的一个值

D. 最小测量阻抗

10. 快速切除线路任意故障的主保护是（　　　）。

A. 距离保护 　　　　　　　　　　　B. 纵联差动保护

C. 零序电流保护 　　　　　　　　　D. 瞬时电流速断保护

11. 高频阻波器所起的作用是（　　　）。

A. 限制短路电流 　　　　　　　　　B. 补偿接地电流

C. 阻止高频电流向变电站母线分流

12. 纵联保护电力载波通道用（　　　）方式来传送被保护线路两侧的比较信号。

A. 卫星传输 　　　　　　　　　　　B. 微波通道

C. 相 - 地高频通道 　　　　　　　　D. 相 - 相高频通道

三、判断题

1. 距离保护就是反应故障点至保护安装处的距离，并根据距离的远近而确定动作时间的一种保护。（　　　）

2. 在最大运行方式下，电流保护的保护区大于最小运行方式下的保护区。（　　　）

3. 过电流保护可以独立使用。（　　　）

4. 双电源辐射形网络中，输电线路的电流保护均应加方向元件才能保证选择性。（　　　）

5. 对于反应电流升高而动作的电流保护来讲，能使该保护装置启动的最小电流称为保护装置的动作电流。（　　　）

6. 根据最大运行方式计算的短路电流来检验继电保护的灵敏度。（　　　）

7. 由于助增电流（排除外汲情况）的存在，使距离保护的测量阻抗增大，保护范围缩小。（　　　）

8. 接地距离保护不仅能反应单相接地故障，而且也能反应两相接地故障。（　　　）

9. 因为高频保护不反应被保护线路以外的故障，所以不能作为下一段线路的后备保护。（　　　）

10. 对于纵联保护，在被保护范围末端发生金属性故障时，应有足够的灵敏度。（　　　）

四、简答题

1. 用于相间短路的方向性电流保护为什么有死区？如何消除？

2. 向过流保护为什么必须采用按相启动方式？

3. 闭锁式保护和允许式保护在发信控制方面有哪些区别（以正、反向故障情况为例说明）？

五、计算题

如图 3 - 49 所示，断路器 1QF、2QF、3QF 均装设三段式相间电流保护 P1、P2、P3，等值电源的系统阻抗 $Z_{s.min} = 0.3\Omega$，$Z_{s.max} = 0.6\Omega$；线路正序阻抗 $z_1 = 0.4\Omega/km$。1QF 流过的最大负荷电流 $I_{L.max} = 120A$，保护 P3 的过电流保护动作时间为 0.5s，各段可靠系数取 $K_{rel}^{I} = 1.25$，$K_{rel}^{II} = 1.15$，$K_{rel}^{III} = 1.2$；自启动系数 $K_{Ms} = 1.5$，继电器返回系数 $K_{re} = 0.85$。

求：(1) Ⅰ段的动作电流、动作时间、保护范围及灵敏度。

　　(2) Ⅱ段的动作电流、动作时间及灵敏度。

　　(3) Ⅲ段的动作电流、动作时间及灵敏度。

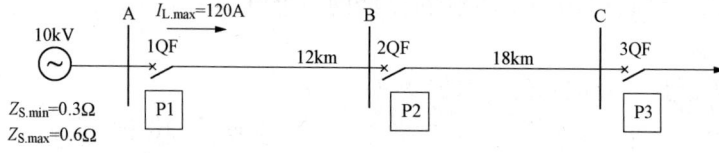

图 3 - 49　10kV 电流保护整定计算例图

第4章 电网的接地保护

4.1 中性点直接接地电网零序保护

4.1.1 电网中性点运行方式

星形联结变压器或发电机的中性点运行方式，即电网中性点的运行方式有以下几种：中性点不接地、中性点经消弧线圈接地和中性点直接接地。前两种接地电网系统称为小接地电流系统，后一种接地系统称为大接地电流系统，小接地电流系统和大接地电流系统的区分是根据电网中发生单相接地故障时，接地电流的大小来区分的。小接地电流系统和大接地电流系统的划分标准，是依据系统的零序电抗 X_0 与正序电抗 X_1 的比值，我国规定：凡是中性点 $X_0/X_1 > 4 \sim 5$ 的系统属于小接地电流系统，$X_0/X_1 \leqslant 4 \sim 5$ 的系统属于大接地电流系统。运行接地方式的选择，需要综合考虑电网的绝缘水平、电压等级、通信干扰、单相接地短路电流、继电保护配置、电网过电压水平、系统接线、供电可靠性和稳定性等因素。

在我国一般情况下 110kV 及以上的电压等级电网采用中性点直接接地运行方式，66kV 及以下的电压等级电网采用中性点不接地或经消弧线圈接地运行方式。

4.1.2 中性点直接接地电网零序保护

（1）单相接地时的零序电压、零序电流、零序功率的特点。在中性点直接接地电网中发生单相接地短路时，以图 4-1 所示为例进行说明，讨论零序电压、零序电流、零序功率的特点。假定零序电流的参考方向为母线指向线路，零序电压的参考方向指向大地，零序网络如图 4-1（b）所示，零序电流可看成是由故障点出现的零序电压 U_{k0} 产生的，它经过变压器中性点直接接地构成零序回路。图中 $Z_{T_1 0}$ 和 $Z_{T_2 0}$ 为两侧变压器零序阻抗，Z'_{k0} 和 Z''_{k0} 分别为故障点两侧线路零序阻抗。

1）零序电压。根据零序网络可写出故障点 k 处和母线 M 及母线 N 处的零序电压分别为

$$
\left.
\begin{aligned}
\dot{U}_{k0} &= -\dot{I}'_0 (Z_{T_1 0} + Z'_{k0}) \\
\dot{U}_{M0} &= -\dot{I}'_0 Z_{T_1 0} \\
\dot{U}_{N0} &= -\dot{I}'_0 Z_{T_2 0}
\end{aligned}
\right\} \quad (4-1)
$$

从式（4-1）可见，故障处的零序电压最高，母线处的零序电压为保护背后的

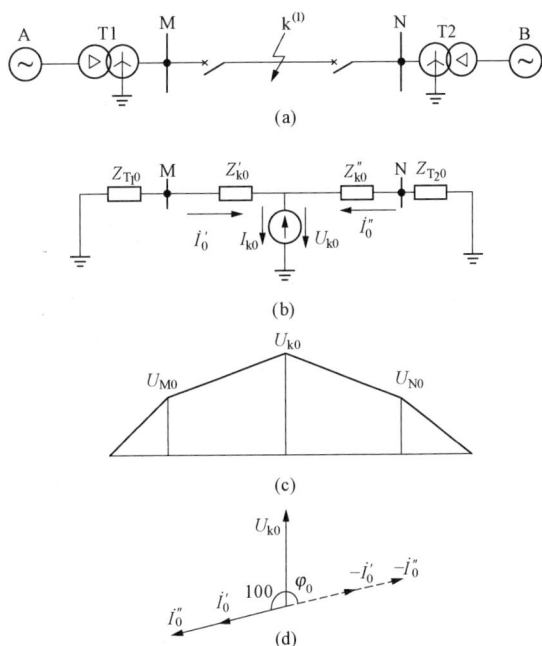

图 4-1 单相接地短路时零序分量特点图
(a) 网络图；(b) 零序网络图；(c) 零序电压分布；
(d) 零序电流、零序电压的相量图

等值零序阻抗与零序电流之乘积。画出零序电压分布如图 4-1（c）所示。

2）零序电流。故障点 k 处的零序电流为

$$\dot{I}_{k0} = \frac{\dot{E}_\Sigma}{Z_{1\Sigma} + Z_{2\Sigma} + Z_{0\Sigma}} \tag{4-2}$$

式中　$Z_{1\Sigma}$、$Z_{2\Sigma}$、$Z_{0\Sigma}$——系统综合正序、负序和零序阻抗；

　　　　$\dot{E}_\Sigma$——电源等效电动势。

M 侧的零序电流为

$$\dot{I}'_0 = \dot{I}_{k0} \frac{Z'_{k0} + Z_{T_2 0}}{Z'_{k0} + Z_{T_1 0} + Z'_{k0} + Z_{T_2 0}} \tag{4-3}$$

N 侧的零序电流为

$$\dot{I}''_0 = \dot{I}_{k0} - \dot{I}'_0 = \dot{I}_{k0} \frac{Z'_{k0} + Z_{T_1 0}}{Z'_{k0} + Z_{T_1 0} + Z'_{k0} + Z_{T_2 0}} \tag{4-4}$$

根据对称分量法可知故障点 k 处，正序、负序、零序电压和电流有下列关系

$$\left. \begin{array}{l} \dot{U}_{k1} + \dot{U}_{k2} + \dot{U}_{k0} = 0 \\ \dot{I}_{k1} = \dot{I}_{k2} = \dot{I}_{k0} = \dfrac{1}{3} \dot{I}_k \end{array} \right\} \tag{4-5}$$

由于正序、负序、零序电流的共轭复数相等，所以各序复数功率之间的关系为

$$\overline{S}_{k1} + \overline{S}_{k2} + \overline{S}_{k0} = 0 \tag{4-6}$$

根据以上零序网络的分析，可知接地故障时零序分量的特点如下。

a. 由图 4-1（b）零序网络和式（4-1）可知，故障点处的零序电压最高，离故障点越远，零序电压越低，变压器中点处的零序电压降为零。零序电压由故障点到接地中性点，按线性分布如图 4-1（c）所示。

b. 零序电流是由故障点零序电压 U_{k0} 产生的，零序电流的大小和分布，主要取决于输电线路的零序阻抗和中性点接地变压器的零序阻抗及其所处位置，也决定于中性点接地变压器的数目和分布。零序电流的分布与电源的数目和位置无关。零序电流的大小，与正序和负序阻抗 $Z_{1\Sigma}$、$Z_{2\Sigma}$ 有关，因此受系统的运行方式影响。

c. 零序电流仅在中性点接地的电网中流通，所以零序电流保护与中性点不接地的电网无关，即变压器 T2 不接地时，$\dot{I}''_0 = 0$。

d. 正方向故障时，保护安装处母线零序电压与零序电流的相位关系，取决于母线背后元件的零序阻抗（一般为 70°~80°），而与被保护线路的零序阻抗和故障点的位置无关。

e. 在线路正方向故障时，零序功率由故障线路流向母线（通常以母线流向线路的功率为正），所以正向故障时，$\arg \dot{U}_0 / \dot{I}_0 = -(180° - \varphi_0)$，零序功率为负。在线路反方向故障时，零序功率由母线流向故障线路，所以反向故障时，零序功率为正，且 $\arg \dot{U}_0 / \dot{I}_0 = \varphi_0$。

（2）变压器中性点接地方式的考虑。大电流接地电网中，中性点接地变压器的数目及分布，决定了零序网络结构，影响着零序电压和零序电流的大小和分布。

为了保持零序网络的稳定，有利于继电保护的整定，使接地保护有较稳定的保护区和灵敏性，希望中性点接地变压器的数目及分布基本保持不变；为防止由于失去接地中性点后发生接地故障时引起的过电压，应尽可能地使各个变电所的变压器保持有一台中性点接地；同

时为降低零序电流，应减少中性点接地变压器的数目。

综合上述要求，变压器中性点接地方式的选择原则如下。

1) 中间变电所母线有穿越电流或变压器低压侧有电源，因此至少要有一台变压器中性点接地，以防止由于接地短路引起的过电压。

2) 电厂并列运行的变压器，应将部分变压器的中性点接地。这样，当一台中性点接地的变压器由于检修或其他原因切除时，将另一台变压器中性点接地，以保持系统零序电流的大小和分布不变。

3) 终端变电所变压器低压侧无电源，为提高零序保护的灵敏性，变压器应不接地运行。

4) 对于双母线按固定连接方式运行的变电所，每组母线上至少应有一台变压器中性点直接接地。这样，当母联开关断开后，每组母线上仍然保留一台中性点直接接地的变压器。

5) 变压器中性点绝缘水平较低时，中性点必须接地。

(3) 中性点直接接地电网的零序电流保护。运行经验表明，在中性点直接接地系统中 $k^{(1)}$ 几率占总故障率的 70%～90%，所以如何正确设置接地故障的保护是该系统的中心问题之一。而在该系统中发生 $k^{(1)}$，系统中会出现零序分量，而正常运行时无零序分量，故可利用零序分量构成接地短路的保护。

1) 零序电流和零序电压的获取。

a. 零序电流的获取方法。微机保护根据数据采集系统得到的三相电流值再用软件进行相加得到 $3I_0$ 值，目前微机保护外接 $3I_0$（见图 4 - 2）与自采 $3I_0$ 两种方式都采用，通过两种方式得到的 $3I_0$ 值比较可以检测数据采集系统是否正常。

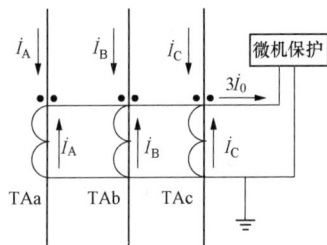

图 4 - 2　微机保护外接 $3I_0$ 的获取

b. 零序电压的获取方法。

a) 从 TV 开口三角处获取。零序电压可由三个单相电压互感器或三相五柱式电压互感器的次级绕组接成开口三角获取（即首尾相连得到的电压就是 $3U_0$ 电压），如图 4 - 3 所示。发电机中性点经电压互感器或消弧线圈接地时，可以通过它们的二次侧取得零序电压。

b) 自产 $3U_0$ 方式。微机保护根据数据采集系统得到的三相电压值再用软件进行矢量相加得到 $3U_0$ 值，在线路保护中 $3U_0$ 主要用于接地故障时判别故障方向。

目前零序电压的获取大多数采用自产 $3U_0$ 方式，只有在 TV 断线时才改用开口三角处的 $3U_0$。

2) 零序电流保护。零序电流保护能区分正常运行和接地短路故障，并且能区分短路点的远近，以便在近处接地短路时以较短的时间切除故障，满足选择性的要求。但对于两相短路故障和三相短路故障不能反应，因此只能作为接地短路保护的后备保护，一般配置三段式或四段式零序电流保护。零序电流 I 段为零序电流速断保护，零序电流 II 段为带时限零序电流速断保护，零序电流 III 段为零序过电流保护。

a. 零序电流速断保护（零序电流 I 段）。无时限零序电流速断保护工作原理，与反应相间短路故障的无时限电流速断保护相似，所不同的是无时限零序电流速断保护，仅反应电流中的零序分量。当在被保护线路 MN 上发生单相或两相接地短路时，故障点沿线路 MN 移动时，流过 M 处保护的最大零序电流变化曲线，如图 4 - 4 所示。为保证保护的动作选择性，零序电流 I 段保护区不能超出本线路。

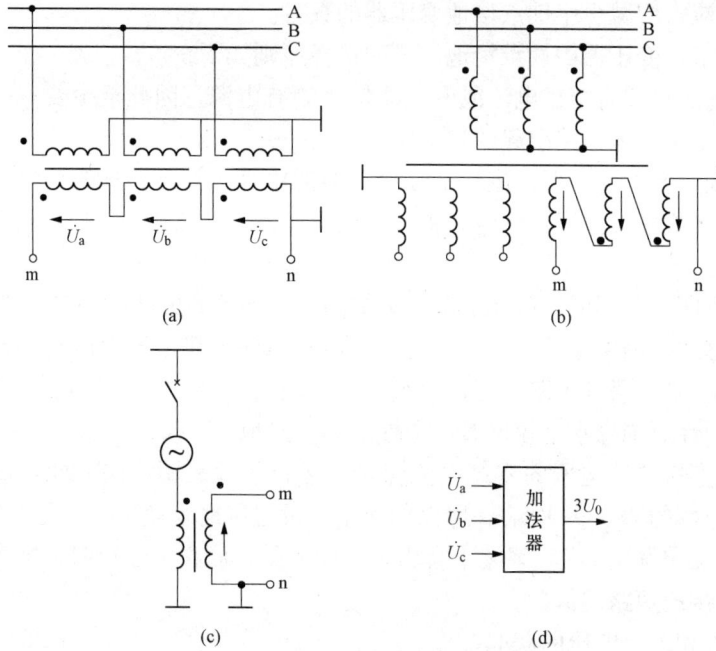

图 4 - 3　取得零序电压的电压互感器接线图

（a）三只单相式 TV；（b）三相五柱式 TV；（c）接于发电机中性点的 TV；（d）保护装置内部合成

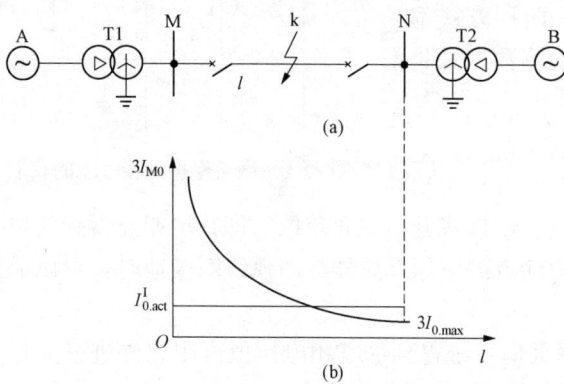

图 4 - 4　零序电流速断保护的动作电流整定说明图

（a）系统图；（b）动作电流与短路电流关系图

b. 带时限零序电流速断保护（零序电流Ⅱ段）。带时限零序电流速断保护动作电流的整定原则与相间短路的限时电流速断保护相似，整定时应注意将零序电流的分流因素考虑在内，动作时限应比下一条线路零序电流Ⅰ段的动作时限大一个时限级差 Δt。

应该指出的是，在所整定的零序Ⅱ段中，当本线路甚至在相邻线路单相重合闸过程中可能启动，故非全相运行时应当退出保护，或者设立不灵敏Ⅱ段以躲过非全相运行，或者适当提高动作时限（大于单相重合闸时间）。通常设立两个零序Ⅱ段的目的是提高上一级零序电流保护的灵敏度或降低动作时间，同时也能改善本线路在非全相运行时的保护功能。

当灵敏系数不能满足要求时，可采取以下措施。

a）与相邻线路零序Ⅱ段配合整定。其动作时限应较相邻线路零序Ⅱ段时限长一个时间级差 Δt。

b）改用接地距离保护。

c. 零序过电流保护（零序电流Ⅲ段）。零序过电流保护在正常时应当不启动，故障切除后应当返回，为保证选择性，动作时间应当与相邻线路零序电流Ⅲ段按照阶梯原则配合。零序电流Ⅲ段保护范围较长，对于本线路和相邻线路的接地故障，零序过电流保护都应能够反应。

作为本线路近后备的零序Ⅲ段，其灵敏度应按本线路末端接地短路时流过本保护的最小零序电流校验，要求灵敏系数大于 1.3～1.5。当作为相邻线路的远后备保护时，应按相邻线路末端接地短路时流过本保护的最小零序电流校验，要求灵敏系数大于 1.2。

（4）零序方向电流保护的原理和实现。

1）零序电流保护采用方向闭锁的必要性。如图 4-5 所示，在大接地电流系统中，线路两端都有中性点接地变压器，k 点发生接地故障时，对于保护 2 而言是反方向故障，如果 $t_{02} < t_{03}$，则零序电流保护 2 先于零序电流保护 3 动作，无选择性切除故障，扩大事故范围。在这种大接地电流系统中的零序电流保护，需加设零序方向元件构成零序方向电流保护，方能保证有选择地切除故障线路。

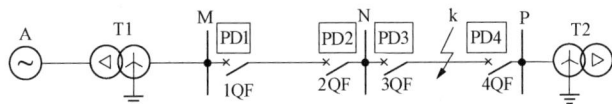

图 4-5 零序电流保护采用方向闭锁的说明图

2）零序功率方向继电器。与相间短路保护的功率方向继电器相似，零序功率方向继电器是通过比较接入继电器的零序电压 $3\dot{U}_0$ 和零序电流 $3\dot{I}_0$ 之间的相位差来判断零序功率方向的，其动作特性如图 4-6 所示。

可见，要使得零序功率方向继电器最灵敏，零序电压与零序电流需有一个反极性接入。图 4-7 为零序功率方向继电器 KW0 的实际接线，图中示出的是以 $-3\dot{U}_0$、$3\dot{I}_0$ 接入的方式，也可以 $3\dot{U}_0$、$-3\dot{I}_0$ 接入。

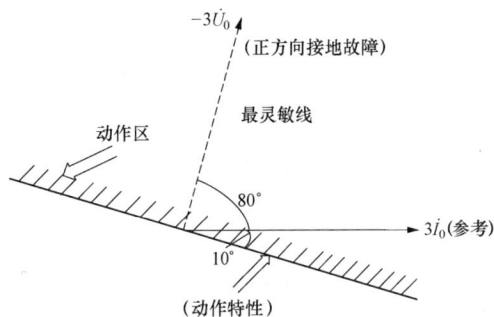

图 4-6 零序功率方向继电器动作特性

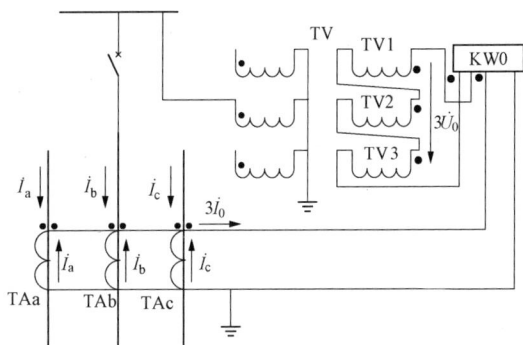

图 4-7 零序功率方向继电器的实际接线图

3）微机保护零序方向继电器及实现。

a. 按零序电压、零序电流的相位比较实现。微机保护选用软件自产 $3\dot{I}_0$ 和自产 $3\dot{U}_0$，由软件的算法实现

$$90° \leqslant \arg \frac{\dot{U}_0}{\dot{I}_0 e^{j80°}} \leqslant 270° \tag{4-7}$$

b. 按零序功率的幅值比较实现。零序正反方向元件（F_{0+}、F_{0-}）由零序功率 P_0 决定，P_0 为

$$P_0 = 3u_0(k) \cdot 3i_0(k) \tag{4-8}$$

式中　$3u_0(k)$、$3i_0(k)$——零序电压、电流的瞬时采样值。

$P_0 > 0$ 时，方向元件 F_{0-} 动作，判为反方向故障；$P_0 < 0$ 时，方向元件 F_{0+} 动作，判为正方向故障。

（5）零序方向电流保护框图。110kV 线路零序方向电流保护逻辑框图如图 4-8 所示。

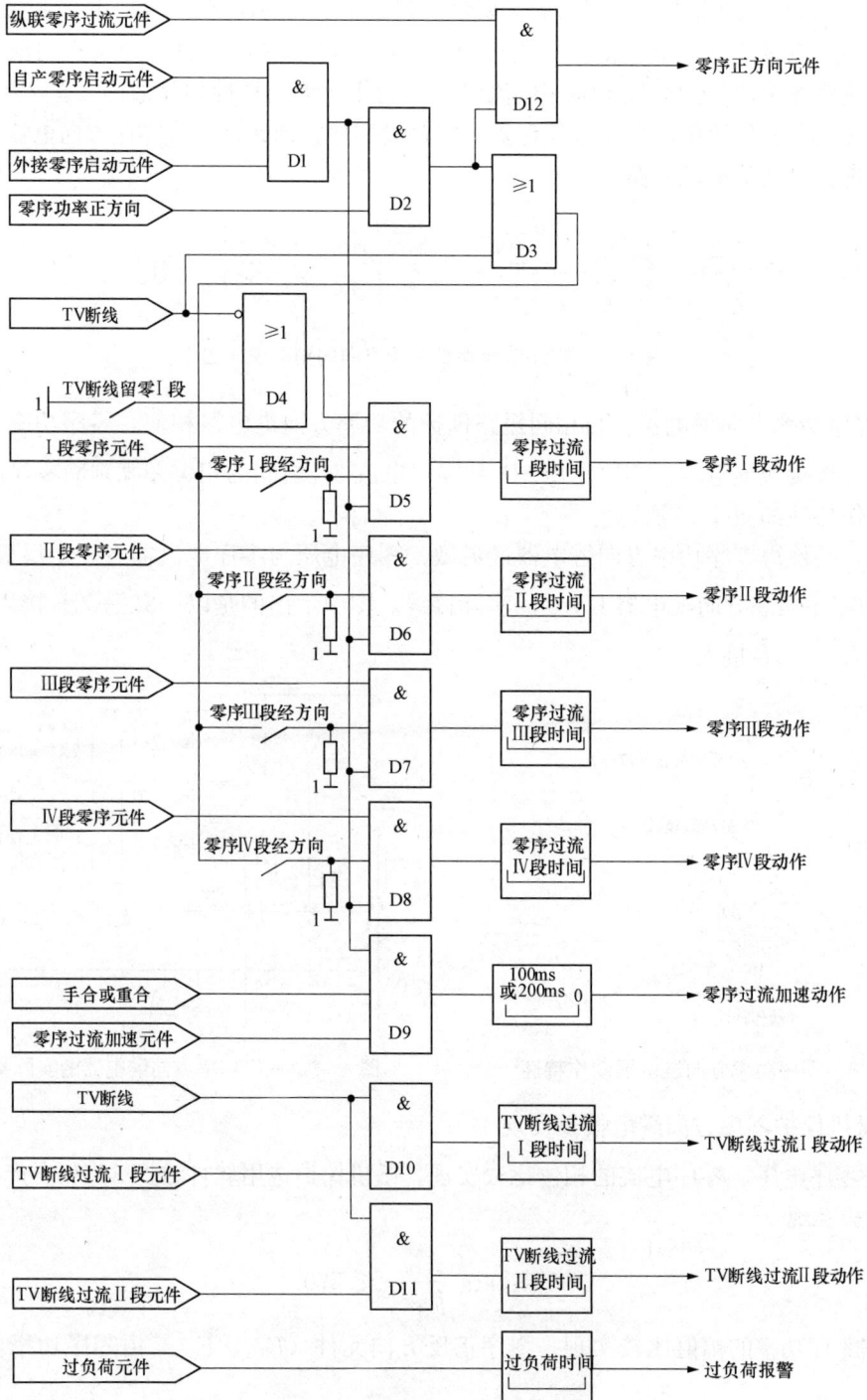

图 4-8　零序方向电流逻辑框图

上述零序方向电流保护框图中设置了四个带延时段的零序方向电流保护，各段零序保护可由用户选择经或不经零序方向元件控制。在 TV 断线时，零序Ⅰ段可由用户选择是否退出；四段零序电流保护均不经方向元件控制。所有零序电流保护都受启动过流元件控制，因此各零序电流保护定值应大于零序启动电流定值。当最小相电压小于 0.8U_N 时，零序加速延时为 100ms，当最小相电压大于 0.8U_N 时，加速时间延时为 200ms，其过流定值用零序过流加速段定值。TV 断线时，自动投入两段相过流元件，两个元件的延时可分别整定。

4.2　中性点不接地电网的接地保护

4.2.1　中性点非直接接地电网接地时零序分量的特点

中性点不接地系统中，发生接地故障时，由于中性点不接地，只能依靠对地电容构成回路，因此电流很小。由于线路阻抗相对于对地容抗很小，分析时可以忽略线路阻抗。如图 4-9 所示，在 k 点 A 相接地故障时，零序电流分布如图 4-9（a）所示。

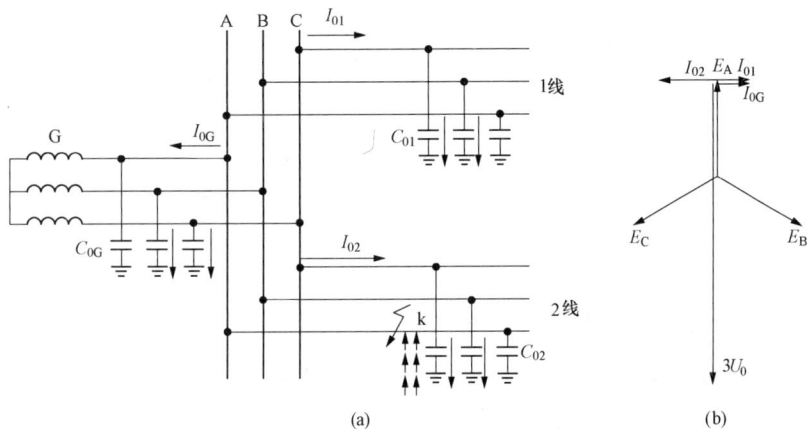

图 4-9　小接地电流电网的零序量分布

（a）A 相接地短路时零序电流分布图；（b）A 相接地短路时零序电压相量图

接地故障时，故障相电压为 0，非故障相电压为线电压，则零序电压大小计算如下。

$$3\dot{U}_0 = 0 + (\dot{E}_B - \dot{E}_A) + (\dot{E}_C - \dot{E}_A) = -3\dot{E}_A \tag{4-9}$$

线路 1 的零序电流为

$$3\dot{I}_{01} = 3\dot{U}_0 \cdot j\omega C_{01} \tag{4-10}$$

发电机的零序电流为

$$3\dot{I}_{0G} = 3\dot{U}_0 \cdot j\omega C_{0G} \tag{4-11}$$

故障线路 2 的零序电流为

$$3\dot{I}_{02} = -(3\dot{I}_{01} + 3\dot{I}_{0G}) = -3\dot{U}_0 \cdot j\omega(C_{01} + C_{0G}) \tag{4-12}$$

画出相量图如图 4-9（b）所示。

由此可见，系统各处零序电压相等，为 3 倍的相电压。零序电流为对地电容电流，因此零序电流很小；非故障线路的零序电流与零序电压夹角为 $\arg \dot{U}_0 / \dot{I}_0 = -90°$；故障线路的零序电流为所有非故障线路零序电流之和，故障线路的零序电流与零序电压夹角为 $\arg\dot{U}_0/\dot{I}_0=90°$。

4.2.2 中性点不接地电网的接地保护

由于零序电流很小，依靠零序电流构成保护，其灵敏度往往达不到要求。尤其在架空线与电缆混架的变电所，电缆线路的对地电容大，当架空线故障时，故障线路与电缆线路的故障电流接近，此时无法保证选择性。目前，还没有很完善的中性点不接地电网接地保护。一般采取如下措施。

（1）绝缘监视。如图 4-10 所示，通过对母线零序电压的监视，可以知道电网是否有接地故障。当零序电压较大时，值班人员轮流拉开各出线的断路器，如果零序电压消失，说明所拉线路就是故障线路；如果拉开线路后，零序电压依然存在，说明所拉线路不是故障线路，则把所拉开线路断路器合上，继续拉下一条线路，直到零序电压消失。

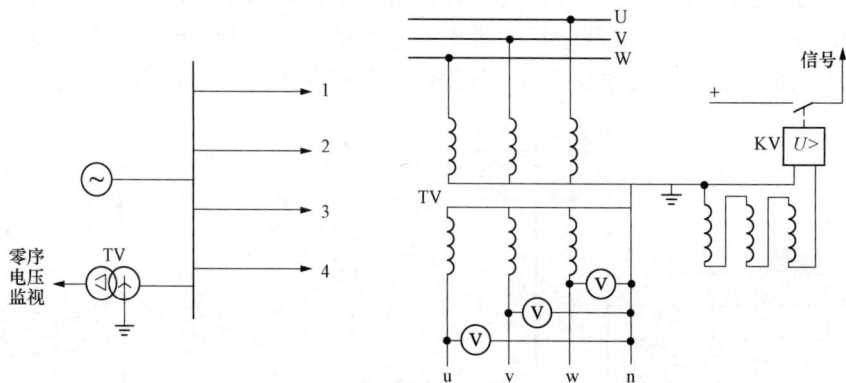

图 4-10 绝缘监视图

（2）零序方向保护。通过对零序电流与零序功率方向的综合判断来确定故障线路，判据如下。

$$\left.\begin{array}{c} 3I_0 \geqslant I_{0.\text{act}} \\ \arg\dot{U}_0/\dot{I}_0 = 90° \end{array}\right\} \tag{4-13}$$

式中 $I_{0.\text{act}}$——零序电流的动作值。

（3）小电流接地选线。小电流接地选线功能的实现采用的设计思路是"分散采集、集中判别"。在单相接地（出现零序电压）时启动选线功能。首先把各出线的零序电流计算出来，然后计算各出线的零序电压与零序电流夹角。然后通过零序电流大小与夹角大小选出故障线路。该方法需要收集各条出线的零序电流与母线的零序电压。

习 题 4

一、填空题

1. 在大接地电流系统中，当发生接地故障时，会出现＿＿＿＿＿＿，它是由故障点的＿＿＿＿＿产生的。

2. 零序电流的分布，决定于输电线路的＿＿＿＿和＿＿＿＿＿＿＿＿＿＿，与＿＿＿＿＿的数目和位置无关。

3. 大接地电流系统中，规定零序电流的方向为_____到_____，实际零序电流的方向为_____到_____。

4. 在大接地系统中，发生接地故障时，故障点的电压_____，中性点接地变压器的中性点为_____。

5. 将电流互感器接成_____，然后接入电流互感器二次侧的_____获得零序电流。

6. 中性点非直接接地系统中，发生接地故障时，零序电流为对地_____，是_____总合，系统中各处零序电压_____。

7. 中性点非直接接地系统中，非故障相的电流为_____流向_____，故障相的电流_____流向_____。

二、选择题

1. 电力系统中性点的工作方式主要有：中性点直接接地、（ ）两种。
   A. 中性点不接地
   B. 中性点不直接接地
   C. 中性点经大电抗接地
   D. 中性点经间隙接地

2. 一般 110kV 及以上电压等级的电网都采用（ ）的接地方式。
   A. 中性点直接接地
   B. 中性点不直接接地
   C. 中性点经消弧线圈接地
   D. 中性点经间隙接地

3. 电网在正常运行时，三相电流之和、三相对地电压之和均为零，（ ）零序分量。
   A. 不存在
   B. 存在很小的
   C. 存在很大的
   D. 不能确定

4. 在大电流接地系统中任意一点发生接地短路时，都将出现零序电流和零序电压，（ ）零序电压最高。
   A. 保护安装处
   B. 故障点
   C. 电源处
   D. 不能确定

5. 大电流接地系统中，发生接地故障时零序电流的大小和分布情况，主要取决于电网中线路的零序阻抗、中性点接地变压器的零序阻抗以及中性点接地变压器的（ ）。
   A. 容量
   B. 电压
   C. 数量和分布
   D. 绕组数

6. 在小电流接地系统中，某处发生单相接地时，母线电压互感器开口三角形的电压为（ ）。
   A. 故障点距母线越近，电压越高
   B. 故障点距母线越近，电压越低
   C. 不管距离远近，基本上电压一样高
   D. 不定

7. 中性点不接地电网的三种接地保护中，（ ）是无选择性的。
   A. 绝缘监视装置
   B. 零序电流保护
   C. 零序功率方向保护
   D. 零序电压保护

8. 在中性点直接接地电网中，发生单相接地短路时，故障点的零序电流与零序电压的相位关系是（ ）。
   A. 电流超前电压约 90 度
   B. 电压超前电流约 90 度
   C. 电流电压同相位
   D. 电压超前电流约 180 度

9. 当中性点采用经装设消弧线圈接地的运行方式后，如果接地故障时所提供的电感电流大于电容电流总和，则其补偿方式为（ ）。
   A. 全补偿方式
   B. 过补偿方式
   C. 欠补偿方式
   D. 零补偿方式

10. 正序功率与零序功率相差（　　）。

A. 90　　　　　　　　B. 0　　　　　　　　C. 180　　　　　　　　D. 以上均可能

三、判断题

1. 零序分量的特点是故障点的零序电压最高，系统中距离故障点越远零序电压越低。（　　）

2. 在零序保护中，不平衡电压的产生原因是三相系统对地不完全平衡。（　　）

3. 当电力系统发生故障时，利用对称分量可以将电流分为零序分量。（　　）

4. 对于发生故障的线路，零序功率的方向与正序功率的方向相同。（　　）

5. 零序电流保护受系统运行方式变化的影响小。（　　）

6. 零序功率方向与负序功率方向相同。（　　）

7. 不接地系统常用于 110kV 以下的电力系统。（　　）

8. 利用消弧线圈接地是直接接地系统。（　　）

9. 消弧线圈接地常用于 35kV 以下。（　　）

10. 非直接接地系统发生单向接地时的零序电流呈容性。（　　）

四、简答题

1. 在中性点直接接地电网中发生接地短路时，零序分量有何特点？

2. 在中性点不接地电网中，为什么单相接地短路时多数情况下只是用来发信号，而不动作于跳闸？

第5章 变压器保护

第5章数字化资源

5.1 电力变压器的保护配置及瓦斯保护

5.1.1 电力变压器的故障和不正常运行状态

电力变压器是电力系统中十分重要的供电元件，它的故障将对供电可靠性和系统的正常运行带来严重的影响。同时大容量的电力变压器也是十分贵重的元件，因此，必须根据变压器的容量和重要程度考虑装设性能良好、工作可靠的继电保护装置。

变压器的故障可以分为油箱内和油箱外故障两种。另外变压器还可能出现一些不正常运行状态。

(1) 油箱内故障。绕组的匝间短路、相间短路、接地短路以及铁芯的烧损等。这些故障将产生电弧，将引起绝缘物质的剧烈汽化，从而可能引起爆炸。后果十分严重。

(2) 油箱外的故障。变压器套管和引出线上发生相间短路和接地短路。

(3) 变压器的不正常运行状态。系统发生相间短路引起的过电流；中性点直接接地系统侧接地短路引起的过电流，中性点非直接接地系统接地故障引起的中性点过电压；过负荷；漏油引起的油面降低；过励磁；变压器各部分过热和冷却系统故障等。

5.1.2 电力变压器的保护配置

根据上述故障类型和不正常运行状态，对变压器应装设下列保护。

(1) 瓦斯保护。对变压器油箱内的各种故障以及油面的降低，应装设瓦斯保护，它反应油箱内部所产生的气体或油流而动作。少量气体和油流速度较小时，轻瓦斯保护动作于信号；故障严重、气体量大、油流速度高时，重瓦斯保护瞬时动作于跳闸。

800kV·A及以上的油浸式变压器和400kV·A及以上的车间内油浸式变压器，均应装设瓦斯保护。

(2) 纵差保护或电流速断保护。对变压器绕组、套管及引出线上的故障，应根据容量的不同，装设纵差保护或电流速断保护。电压在10kV以下，容量10000kV·A以下的变压器采用电流速断保护；电压在10kV以上，容量10000kV·A以上的变压器采用纵差保护。对于电压为10kV的变压器，当电流速断保护的灵敏性不满足要求时，也应装设纵差保护。上述各保护动作后，均应跳开变压器各电源侧的断路器。

(3) 外部相间短路引起的变压器过电流应采用的后备保护。

1) 过电流保护：一般用于降压变压器，保护装置的整定值应考虑事故状态下可能出现的过负荷电流。

2) 复合电压启动的过电流保护：一般用于升压变压器、系统联络变压器及过电流保护灵敏度不满足要求的降压变压器。

3) 负序电流及单相式低电压启动的过电流保护：一般用于容量为63MV·A及以上的升压变压器。

4) 阻抗保护：对于升压变压器和系统联络变压器，当采用第2)、3) 的保护不能满足灵敏性和选择性要求时，可采用阻抗保护。

（4）外部接地短路时应采用的保护。在中性点直接接地电力网内，由外部接地短路引起过电流时，如变压器中性点接地运行，应装设零序电流保护。

对自耦变压器和高、中压侧中性点都直接接地的三绕组变压器，当有选择性要求时，增设零序方向元件。

当电力网中部分变压器中性点接地运行，为防止发生接地短路时，中性点接地的变压器跳开后，中性点不接地的变压器（低压侧有电源）仍带接地故障继续运行，应根据具体情况装设专用的保护装置，如零序过电压保护，中性点装放电间隙加零序电流保护等。

（5）过负荷保护。对 400kV·A 以上的变压器，当数台并列运行或单独运行并作为其他负荷的备用电源时，应根据可能过负荷的情况装设过负荷保护。过负荷保护接于一相电流上，并延时作于信号。对于无经常值班人员的变电站，必要时过负荷保护可动作于自动减负荷或跳闸。

（6）过励磁保护。为反应变压器因频率降低和电压升高而引起的过励磁，应装设过励磁保护。在变压器允许的过励磁范围内，保护作用于信号，当过励磁超过允许值时，可动作于跳闸。

（7）其他保护。对变压器温度及油箱内压力升高和冷却系统故障，应按现行变压器标准的要求，装设作用于信号或动作于跳闸的装置。

5.1.3　变压器的瓦斯保护

在油浸式变压器油箱内部发生故障（包括轻微的匝间短路和绝缘破坏引起的经电弧电阻的接地短路）时，由于故障点电流和电弧的作用，将使变压器油及其他绝缘材料因局部受热而分解产生气体，因气体比较轻，它们将从油箱流向油枕的上部。当严重故障时，油会迅速膨胀并产生大量的气体，此时将有剧烈的气体夹杂着油流冲向油枕的上部。利用油箱内部故障的上述特点，可以构成反应于上述气体而动作的保护装置，称为瓦斯保护。

气体继电器是构成瓦斯保护的主要元件，它安装在油箱和油枕之间的连接管道上，如图 5-1 所示，这样油箱的气体必须通过气体继电器才能流向油枕。为了不妨碍气体的流通，变压器安装时应使顶盖沿气体继电器的水平面具有 1%～1.5% 的升高坡度，通过气体继电器的管道具有 2%～4% 的升高坡度。

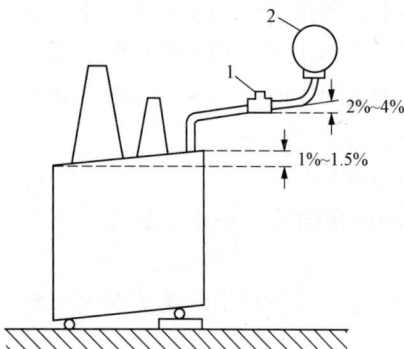

图 5-1　气体继电器的安装示意图

1—气体继电器；2—油枕

瓦斯保护的原理接线如图 5-2 所示，上面的触点表示"轻瓦斯保护"，动作后经延时发出报警信号。下面的触点表示"重瓦斯保护"，动作后启动变压器保护的总出口，使断路器跳闸。当油箱内部发生严重故障时，由于油流的不稳定可能造成干簧触点的抖动，此时为使断路器能可靠跳闸，应选用具有电流自保持线圈的出口中间继电器 KOM，动作后由断路器的辅助触点来解除出口回路的自保持。此外，为防止变压器换油或进行试验时引起重瓦斯保护误动作跳闸，可利用切换片 XS 将跳闸回路切换到信号回路。

瓦斯保护动作后，应从气体继电器上部排气口收集气体，进行分析。根据气体的数量、颜色、化学成分、可燃性等，判断保护动作的原因和故障的性质。

瓦斯保护能反应油箱内各种故障，且动作迅速、灵敏性高、接线简单，但不能反应油箱外的引出线和套管上的故障。故不能单独作为变压器的主保护，须与差动保护或电流速断配合共同作为变压器的主保护。

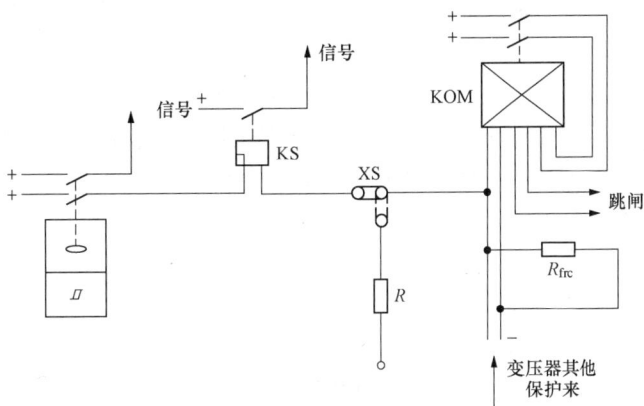

图 5-2 瓦斯保护原理接线图

轻瓦斯保护的动作值采用气体容积表示，一般气体容积的整定范围为 $250 \sim 300 cm^3$。对于容量在 $10 MV \cdot A$ 以上的变压器多采用 $250 cm^3$。气体容积的调整可以通过改变重锤位置来实现。重瓦斯保护的动作值采用油管内油流速度表示。一般整定范围在 $0.6 \sim 1.5 m/s$。

5.2 变压器的差动保护

5.2.1 变压器差动保护的特点

变压器差动保护是作为较大容量变压器的主保护，用来反映变压器绕组、套管及引出线的各种故障，且与瓦斯保护配合作为变压器的主保护，使保护性能更加全面和完善。

变压器差动保护的工作原理与线路纵差保护的原理相同，都是比较被保护设备各侧电流的相位和数值的大小。图 5-3 所示为其单相原理接线图，两侧 TA_1 和 TA_2 之间的区域为差动保护的保护范围，保护动作于跳开两侧的断路器 QF_1、QF_2。由于变压器高压侧和低压侧的额定电流不相等，再加上变压器各侧电流的相位往往不相等。因此，为了保证纵差动保护的正确工作，须适当选择各侧电流互感器的变比，对各侧电流相位进行补偿，使得正常运行和区外短路故障时，两侧二次电流相等。

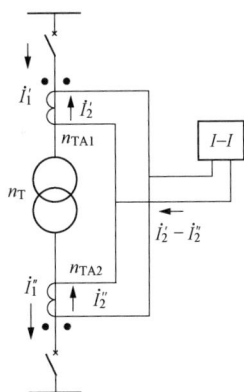

如在图 5-3 中的双绕组变压器，应使

$$I_2' = I_2'' = \frac{I_1'}{n_{TA1}} = \frac{I_1''}{n_{TA2}} \qquad (5-1)$$

或

$$\frac{n_{TA2}}{n_{TA1}} = \frac{I_1''}{I_1'} = n_T$$

式中　n_{TA1}——高压侧电流互感器的变比；

　　　　n_{TA2}——低压侧电流互感器的变比；

　　　　n_T——变压器的变比（高、低压侧额定电压之比）。

适当地选择两侧电流互感器的变比，使其比值等于变压器的变比 n_T，这是与前述线路的纵差动保护不同的。

变压器的纵差动保护在正常运行及区外短路时的不平衡电流比线路纵差保护的不平衡电流大。除此之外，变压器差动保

图 5-3　变压器纵差保护的原理接线图

护还将面临励磁涌流的影响。现对其励磁涌流和不平衡电流产生的原因和消除方法分别讨论如下。

（1）励磁涌流的特点及减小其对纵差保护影响的措施。电力变压器有铁芯，运行的变压器铁芯中有磁通，磁通是由一次绕组中的励磁电流产生的。当铁芯未饱和时，磁通与励磁电流呈线性关系，励磁电流小，磁通小；励磁电流增大，磁通按比例增大。变压器在额定电压条件下工作时，励磁电流占变压器额定电流的 1% 左右，对于小型变压器，铁芯质量高，励磁电流与额定电流的比例更小。

空载投入变压器或外部故障切除后恢复供电等情况下，变压器一次绕组可能产生很大的励磁电流，该电流的数值可达变压器额定电流 6～8 倍，称为励磁涌流。其涌流的大小相当于变压器内部故障时的短路电流，且只在变压器的其中一个绕组中存在，不是穿越性电流，这就可能导致变压器的差动保护误动作。因此，必须采取措施，闭锁励磁涌流引起的变压器差动保护误动作。

下面分析励磁涌流产生的原因与励磁涌流的特点。

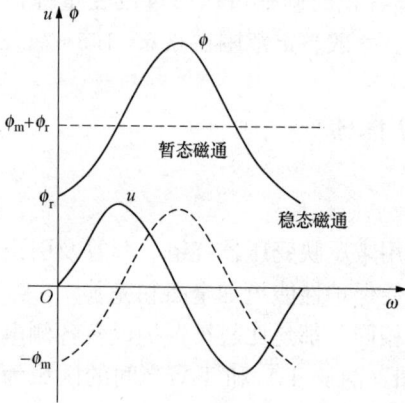

图 5-4　变压器空载投入时的电压和
磁通波形图

励磁涌流是变压器的铁芯严重饱和产生的。变压器稳态工作时，铁芯中的磁通应滞后于外加电压 90°，如图 5-4 所示，在电压瞬时值 $u=0$ 瞬间合闸，铁芯中的周期分量磁通应为 $-\phi_m$，但由于铁芯中的磁通不能突变，因此将出现一个非周期分量的磁通 $+\phi_m$，如果考虑剩磁 ϕ_r，忽略非周期分量的衰减，则经过半个周期后，铁芯中的磁通将达到其幅值为 $2\phi_m+\phi_r$，铁芯严重饱和，励磁涌流达到最大值 $i_{E \cdot max}$。如图 5-5（b）所示。显然在电压瞬时值最大时合闸就不会出现励磁涌流，而只有正常的励磁电流。但对于三相变压器，无论何时合闸，至少有两相会出现程度不等的励磁涌流。励磁涌流的变化曲线如图 5-6 所示，励磁涌流的特点如下。

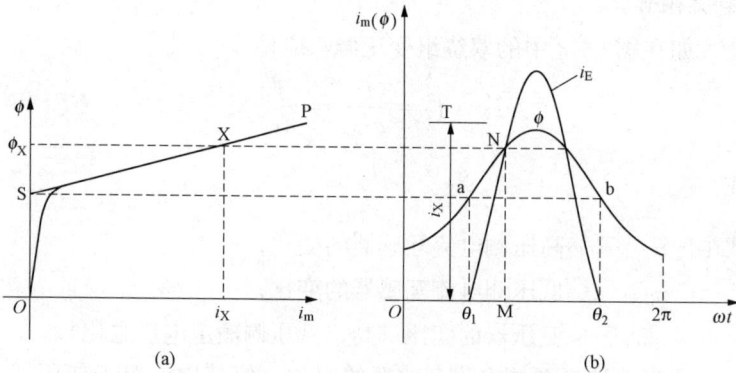

图 5-5　单相变压器励磁电流的图解法
（a）变压器铁芯的磁化曲线；（b）励磁涌流

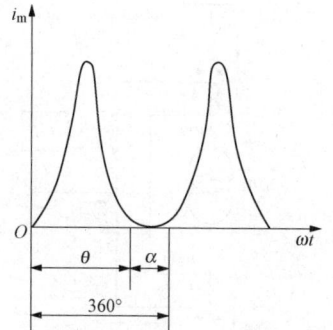

图 5-6　励磁涌流的波形

1）励磁涌流数值很大，并含有大量的非周期分量，其波形明显偏于时间轴的一侧。

 2）励磁涌流中含有明显的高次谐波，其中励磁涌流以二次谐波为主。表 5 - 1 示出了单相变压器励磁涌流和内部短路故障时短路电流的谐波分析结果。

 3）励磁涌流的波形出现间断角，如图 5 - 5（b）和图 5 - 6 所示，在一个周期中中断角为 α，而短路电流波形不出现间断角。

表 5 - 1   单相变压器励磁涌流和内部短路故障时短路电流的谐波分析结果

条件		谐波分量占基波分量的百分数（%）					
		直流分量	基波	二次谐波	三次谐波	四次谐波	五次谐波
励磁涌流	第一个周期	58	100	62	25	4	2
	第二个周期	58	100	63	28	5	3
	第八个周期	58	100	65	30	7	3
内部短路故障电流	电流互感器饱和	38	100	4	32	9	2
	电流互感器不饱和	0	100	9	4	7	4

 根据励磁涌流的特点，为了防止对差动保护的影响，变压器纵差保护常采用下述措施。

 1）利用二次谐波制动原理构成的差动保护。

 2）利用间断角原理构成的变压器差动保护。

 （2）变压器两侧接线组别不同引起的不平衡电流及消除措施。电力系统中变压器常采用 Y、d11 接线方式，因此，变压器两侧电流的相位差为 30°，如图 5 - 7 所示，Y 侧电流滞后 △侧电流 30°，若两侧的电流互感器采用相同的接线方式，则两侧对应相的二次电流也相差 30°左右，从而会产生很大的不平衡电流。

 为消除此不平衡电流，采用相位补偿法。即将变压器星形侧的电流互感器接成三角形，将变压器三角形侧的电流互感器接成星形，如图 5 - 8（a）所示，图 5 - 8（b）所示为有关的电流相量图。

 相位补偿后，变压器星形侧电流互感器二次回路侧差动臂中的电流分别为 $\dot{I}_{aY} = \dot{I}'_{aY} - \dot{I}'_{bY}$、$\dot{I}_{bY} = \dot{I}'_{bY} - \dot{I}'_{cY}$、$\dot{I}_{cY} = \dot{I}'_{cY} - \dot{I}'_{aY}$，它们刚好与三角形侧电流互感器二次回路中的电流 $\dot{I}_{a\triangle}$、$\dot{I}_{b\triangle}$、$\dot{I}_{c\triangle}$ 同相位。这样，差回路中两侧的电流的相位相同。但采用上述接线后，在电流互感器按三角形接线的每个差动臂中，电流又增大为 $\sqrt{3}$ 倍。此

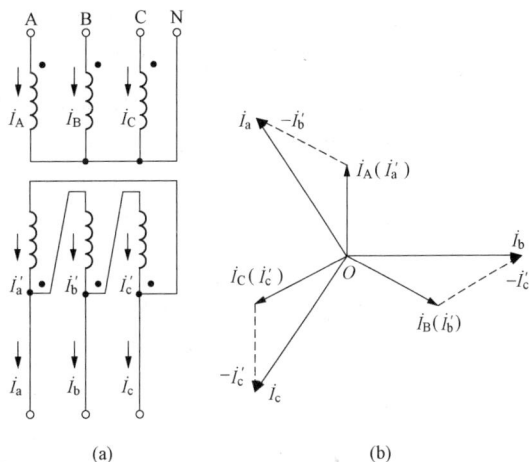

图 5 - 7   变压器 Y、d11 接线相量图
（a）绕组接线图；（b）相量图

时，为了保证在正常运行及外部故障情况下，即通过穿越性电流时，两侧流入差动臂的二次电流大小和相位均相同，需进行数值补偿，引入电流互感器的接线系数 K_c，即差动臂中的电流为 $K_c I_1 / n_{TA}$，其中 I_1 为一次电流。当电流互感器按三角形接线时，$K_c = \sqrt{3}$；按星形接线时，$K_c = 1$。电流互感器的计算变比如下。

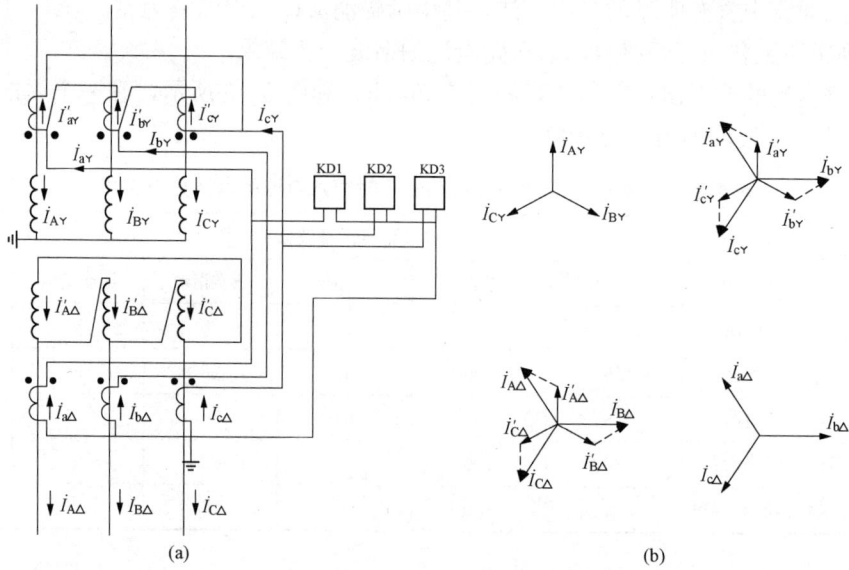

图 5-8　Y、d11 接线变压器差动保护接线图和相量图

变压器星形侧电流互感器变比

$$n_{TA(Y)} = \sqrt{3}I_{N(Y)} / 5 \qquad (5-2)$$

变压器三角形侧电流互感器变比

$$n_{TA(\triangle)} = I_{N(\triangle)}/5 \qquad (5-3)$$

式中　$I_{N(Y)}$——变压器星形侧额定电流；

　　　$I_{N(\triangle)}$——变压器三角形侧额定电流。

实际选择电流互感器变比时，应按式（5-3）算出的计算变比，选择一个接近且略大于计算值的标准变比为实际变比。这种选择消除了由于变压器两侧接线方式不同而使电流相位不同所产生的不平衡电流。在微机保护中通过软件对相位进行校正。

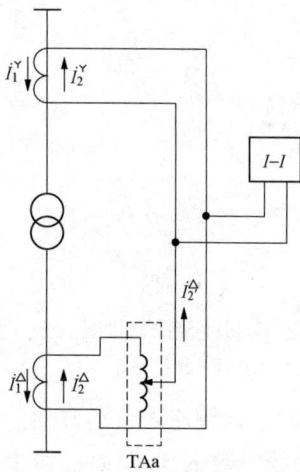

图 5-9　差动保护电流补偿法接线图

（3）电流互感器计算变比与标准变比不同引起的不平衡电流及消除措施。由于电流互感器是标准化的定型产品，所以选择电流互感器的计算变比与标准变比往往不相等。因此，在差动回路中会引起不平衡电流。这种不平衡电流的影响，可采用电流补偿法来消除。如图 5-9 所示，将电流互感器二次电流大的那一侧，经电流变换器 TAa 变换后，使 TAa 的输出与另一侧电流互感器二次电流的大小相等，从而消除电流互感器的实际变比与计算变比不等而引起的不平衡电流。

在微机型纵差动保护中，可以成比例地将二次电流小的那一侧进行放大，使两侧二次电流完全相等，彻底消除由于计算变比与实际变比不同引起的不平衡电流。

（4）变压器各侧电流互感器型号不同产生的不平衡电流及消除措施。由于变压器各侧电压等级和额定电流不同，所以变压器各侧的电流互感器型号不同，它们的饱和特性、励磁电流

（归算至同一侧）也就不同，从而在差动回路中产生较大的不平衡电流。

此不平衡电流应在保护的整定计算中予以考虑，适当增大保护的动作电流。其具体做法是在不平衡电流中引入电流互感器同型系数 K_{ss}：若同型，K_{ss} 取 0.5；若不同型，K_{ss} 取 1 [见式（5-4）]。

（5）变压器调压分接头改变产生的不平衡电流及解决方法。带负荷调压的变压器，在运行中常常需要改变分接头来调电压，这样改变了变压器的变比，原已调整平衡的差动保护又会出现新的不平衡电流。一般采用提高差动保护动作电流的方法来解决。

（6）暂态情况下的不平衡电流及解决措施。差动保护是瞬动保护，它是在一次系统短路暂态过程中发出跳闸脉冲的。因此，暂态过程中的不平衡电流对它的影响必须给予考虑。在暂态过程中，一次侧的短路电流含有非周期分量，它对时间的变化率（di/dt）很小，很难变换到二次侧，而主要成为互感器的励磁电流，从而使互感器的铁芯更加饱和。本来按 10% 误差曲线选择的电流互感器在外部短路稳态时，已开始处于饱和状态，加上非周期分量的作用后，则铁芯将严重饱和。电流互感器铁芯饱和后，电流互感器的励磁电流急剧增大，电流互感器二次电流将不能正确反映一次电流的大小，不平衡电流急剧增大。且不平衡电流的大小与外部短路电流不是线性关系，而是非线性地增大，并且没有确定的关系，受很多因素影响，一般通过运行经验估计。

要克服暂态过程中的不平衡电流，往往选用带制动特性的差动继电器或间断角原理的差动继电器等方法来解决暂态过程中非周期分量电流的影响问题。

根据上述分析，变压器的差动保护的最大不平衡电流 $I_{unb.\,max}$ 为

$$I_{unb.\,max} = (10\% K_{ss} K_{aper} + \Delta U + \Delta f) I_{K.\,max} / n_{TA} \qquad (5-4)$$

式中　10%——电流互感器容许的最大相对误差；

$\qquad K_{aper}$——非周期分量影响系数，一般取 1.3~1.5；

$\qquad K_{ss}$——电流互感器的同型系数（型号相同时取 0.5，否则取 1）；

$\qquad \Delta U$——由变压器带负荷调压所引起的相对误差，取电压调整范围的一半；

$\qquad \Delta f$——由所采用的中间互感器变比或平衡线圈的匝数与计算值不同时，所引起的相对误差，初算时取 0.05；

$I_{K.\,max} / n_{TA}$——保护范围外部最大短路电流归算到二次侧的数值。

5.2.2　变压器差动保护的整定计算

以双绕组变压器纵差保护为例，整定计算原则如下。

按平均电压及额定容量计算变压器各侧额定电流 I_N。

$$I_{NT} = S_{NT} / \sqrt{3} U_{NT} \qquad (5-5)$$

式中　S_{NT}——变压器的额定容量；

$\qquad U_{NT}$——该侧额定电压。

计算各差动臂的电流 I_{N2}，为

$$I_{N2} = K_C I_{NT} / n_{TA} \qquad (5-6)$$

式中　K_C——接线系数。

取差动臂电流 I_{N2} 值较大的一侧为基本侧。

计算外部短路时变压器两侧的最大短路电流，并归算至基本侧。

按以下三个条件确定保护装置的一次动作电流。

（1）躲过励磁涌流，即

$$I_{act} = K_{rel} \times (6 \sim 8) I_{NT} (K_{rel} \text{ 取 } 1.3) \tag{5-7}$$

式中　I_{NT}——变压器的额定电流。

（2）躲开电流互感器二次回路断线时差动回路的电流，即

$$I_{act} = K_{rel} I_{L.max} (K_{rel} \text{ 取 } 1.3) \tag{5-8}$$

式中　$I_{L.max}$——变压器的最大负荷电流。

（3）躲过外部故障时的最大不平衡电流，即

$$I_{act} = K_{rel} I_{unb.max.1} (K_{rel} \text{ 取 } 1.3) \tag{5-9}$$

式中　$I_{unb.max.1}$——归算至一次侧的差动回路最大不平衡电流。

上述计算中最大者为基本侧保护的计算动作电流。

变压器差动保护的动作电流按第（3）条整定时，为了能可靠地躲开外部故障时的最大不平衡电流，同时又能提高内部故障时的灵敏性，在变压器的差动保护中，广泛采用比例制动特性的差动保护。

5.2.3　微机型变压器差动保护

微机型变压器差动保护常采用二次谐波制动的比率制动的差动保护。该保护是在比率制动的差动保护中增设二次谐波识别元件构成的，当差动电流二次谐波分量超过定值时，二次谐波识别元件闭锁差动元件防止保护误动。

（1）比率制动原理。比率制动差动保护的动作电流是随外部短路电流按比率增大，既能保证外部短路不误动，又能保证内部短路有较高的灵敏性。微机型比率制动差动保护的比率制动原理一般采用和差式比率制动和复式比率制动两类。

1）和差式比率制动的差动保护原理。如图 5-10 所示，设变压器各侧电流流入变压器为正。差动保护的差动电流取变压器两侧二次电流之和的绝对值，即

$$I_d = |\dot{I}_H + \dot{I}_1| \tag{5-10}$$

制动电流取变压器两侧二次电流之差的绝对值的一半，即

$$I_{brk} = |\dot{I}_H - \dot{I}_1|/2 \tag{5-11}$$

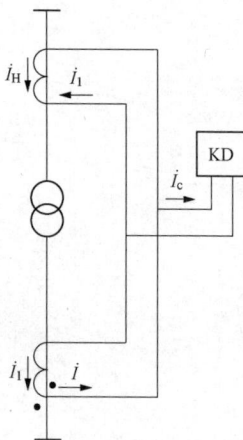

图 5-10　变压器差动保护
电流参考方向

外部故障时，因 $\dot{I}_H$ 与 $\dot{I}_1$ 反相，差动电流 I_d 为不平衡电流，而制动电流 I_{brk} 为短路电流二次值，有较强的制动作用。内部故障时，$\dot{I}_H$ 与 $\dot{I}_1$ 同相，差动电流 I_d 为短路电流二次值，制动电流 I_{brk} 较小。一般情况下，保护能灵敏动作。但必须指出，这时 I_{brk} 虽然为最小值，但不为零，即区内故障时仍带制动量。由于电流补偿存在一定误差，在正常运行时仍然有小量的不平衡电流 I_{unb}。所以差动保护动作必须使 I_d 大于一个启动定值 $I_{act.0}$，差动保护动作的第一判据应是满足式（5-12）。

$$I_d \geqslant I_{act.0} (I_{brk} < I_{brk0}) \tag{5-12}$$

差动继电器在区外故障时，动作电流 I_{act} 随短路电流 I_k 按比率增大，其制动比率系数 $K_{brk} = I_{act}/I_{brk}$。式（5-13）中制动电流 I_{brk} 随短路电流 I_k 增大。应注意的是，K_{brk} 是一个变量，要求在区内故障时，K_{brk} 大于固定的整定值，保护可靠动作。而在外

部故障时，K_{brk} 却小于该整定值，使保护可靠地不动作。即要求满足式（5-13）。

$$K_{brk} > D_2 (I_{brk} > I_{brk0})\qquad(5-13)$$

式中　　D_2——比率制动系数整定值。

　　在微机保护中，动作电流是取差动电流 I_d 作为保护的动作量。在内部故障时，差动电流是总故障电流的二次值，在外部故障时，差动电流反映了 TA 饱和产生的不平衡电流，虽然随着穿越性短路电流增大，但却比短路电流对应的二次值小得多。因此，式（5-13）中 I_{act} 可用 I_d 来替换，并在内部故障时能满足 $K_{brk} > D_2$，保护可靠动作，外部故障时 $K_{brk} < D_2$，保护可靠不动作。微机型差动保护动作的第二判据可用式（5-14）来表示。

$$I_d / I_{brk} = K_{brk} > D_2\qquad(5-14)$$

　　通常比率制动差动保护的比率制动系数整定值 D_2 不应选得过大，否则将使差动保护灵敏度下降，有损于差动保护对变压器区间短路的保护作用，一般 D_2 取 $0.3 \sim 0.5$。

　　根据式（5-12）～式（5-14），比率制动特性可以用图 5-11 表示。

　　图 5-11 中 $I_{act.0}$ 是保护的最小的动作电流，应按式（5-15）整定。

$$I_{act.0} = K_{rel}(2f_{i(n)} + \Delta U + \Delta m)I_{N.T}$$
$$(5-15)$$

式中　　K_{rel}——可靠系数，取 $1.3 \sim 1.5$；

　　　　$f_{i(n)}$——电流互感器在额定电流 $I_{N.T}$ 下的比值误差；

　　　　ΔU——变压器调压分接头调节引起的最大误差（相对于额定电压），取调节范围的一半；

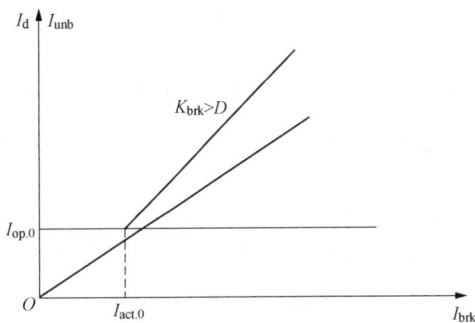

图 5-11　比率制动特性

　　　　Δm——由于数值补偿不完全产生的误差，在微机保护中，$\Delta m \approx 0$。

　　一般情况下，$I_{act.0} = (0.2 \sim 0.5)I_{NT}$。

　　拐点制动电流 I_{brk0} 可选取 $I_{brk0} = (0.8 \sim 1.0)I_{NT}$。

　　2）复式比率制动的差动保护原理。和差式比率制动的差动保护，在区内故障时，保护仍带制动量动作，这将降低差动保护的灵敏度，尤其是无法检测出变压器内部匝数很少的匝间短路或靠中性点侧的短路故障。为了提高保护内部故障的灵敏度，差动保护可能检测不出故障，形成保护死区。复式比率制动原理很好地解决了这个问题。

　　复式比率制动是指比率制动纵差保护的制动量由差动回路电流和变压器各侧二次电流复合而成，即在制动量中引入了差动量。

　　在复式比率制动的差动保护中，差动电流仍取变压器两侧二次电流之和的绝对值，如式（5-10）所示，制动电流则由式（5-16）计算，即

$$I_{brk} = |I_d - \sum |I_i||\qquad(5-16)$$

式中　　$\sum |I_i|$——变压器各侧经折算后的二次电流绝对值之和。

　　由于区外故障时，差动电流 I_d 为不平衡电流，而 $\sum |I_i|$ 为短路电流二次值的两倍，故复合制动电流 I_{brk} 很大，有很强的制动作用；区内故障时，因 I_d 与 $\sum |I_i|$ 基本相等，制动电流 $I_{brk} \approx 0$，差动保护基本上无制动作用，其动作具有很高的灵敏性。应当指出，采用 I_d 与 $\sum |I_i|$ 之差作为制动量，还能使电流补偿引起的误差得以消除。

（2）二次谐波制动原理。在变压器励磁涌流中含有大量的二次谐波分量，一般约占基波分量的 40% 以上。利用差电流中二次谐波所占的比率作为制动系数，可以鉴别变压器空载合闸时的励磁涌流，从而防止变压器空载合闸时保护的误动。

在差动保护中差电流的二次谐波幅值用 I_{d2} 表示，差电流 I_d 中二次谐波所占的比率 K_2 可表示为

$$K_2 = I_{d2}/I_d \qquad (5-17)$$

如选二次谐波制动系数为定值 D_3，那么只要 K_2 大于定值 D_3，就可以认为是励磁涌流出现，保护不应动作。当 K_2 值小于 D_3，同时满足比率差动其他判据时才允许保护动作。所以，比率差动保护的第三判据应满足

$$K_2 < D_3 \qquad (5-18)$$

二次谐波制动系数 D_3，有 0.15、0.2、0.25 三种系数可选。根据变压器动态试验，典型取值为 0.15 一般不宜低于 0.15。应当指出二次谐波制动的原理是有缺陷的，在变压器剩磁较大的情况下，励磁涌流的二次谐波占基波分量的比率，有时小于 0.15，但这种情况的出现机会较少。

（3）差动速断保护。一般情况下比率制动原理的差动保护能作为电力变压器主保护，但是在严重内部故障时，短路电流很大的情况下，TA 严重饱和使交流暂态传变严重恶化，TA 的二次侧基波电流为零，高次谐波分量增大，反应二次谐波的判据误将比率制动原理的差动保护闭锁，无法反应区内短路故障，只有当暂态过程经一定时间，TA 退出暂态饱和，比率制动原理的差动保护才动作，从而影响比率差动保护的快速动作。所以变压器比率制动原理的差动保护还应配有差动速断保护，作为辅助保护以加快保护在内部严重故障时的动作速度。差动速断保护是差动电流过电流瞬时速动保护。差动速断的整定值按躲过最大不平衡电流和励磁涌流来整定见式（5-19），动作判据式为式（5-20）。

$$I_{act.s} = K_{rel}(4 \sim 8)I_{NT} = D_4 \qquad (5-19)$$

$$I_d > D_4 \qquad (5-20)$$

（4）变压器比率差动保护逻辑框图。变压器差动保护逻辑框图，如图 5-12 所示。

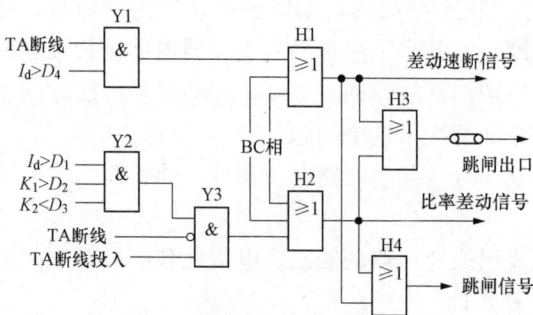

图 5-12 变压器差动保护逻辑图

在逻辑框图中 D_1 为最小启动值 $I_{act.0}$，D_2 为比率制动系数整定值，D_3 为二次谐波制动系数整定值。可见比率差动保护动作的三个判据是"与"的关系（如图 5-12 中所示的与门 2），必须同时满足才能动作于跳闸。而差动速断保护是作为比率差动保护的辅助保护。在比率差动保护不能快速反应严重区内故障时，差动速断保护应无时延地快速出口跳闸。因此这两种保护是"或"的逻辑关系（如图 5-12 中 H3）。比率差动保护在 TA 二次回路断线时会产生很大的差电流而误动，所以必须经 TA 断线闭锁的非门 &Y3 才能出口动作。当 TA 断线时，Y3 被闭锁住，不能出口动作。

5.3　变压器相间短路的后备保护

为了防止外部短路引起的过电流和作为变压器纵联差动保护、瓦斯保护的后备,变压器还应装设后备保护。变压器相间短路的后备保护既是变压器主保护的后备保护,又是相邻母线或线路的相间短路故障的后备保护。根据变压器容量的大小、变压器的性质、在系统中的地位及系统短路电流的大小,变压器相间短路的后备保护可采用过电流保护、低电压启动的过电流保护、复合电压启动的过电流保护、负序电流保护或阻抗保护等。下面主要介绍复合电压过电流保护。

(1) 复合电压过电流保护的原理。复合电压过电流保护一般用于升压变压器或过流保护灵敏度达不到要求的降压变压器上,适用于大多数中、小型变压器,保护原理接线如图 5 - 13 所示。

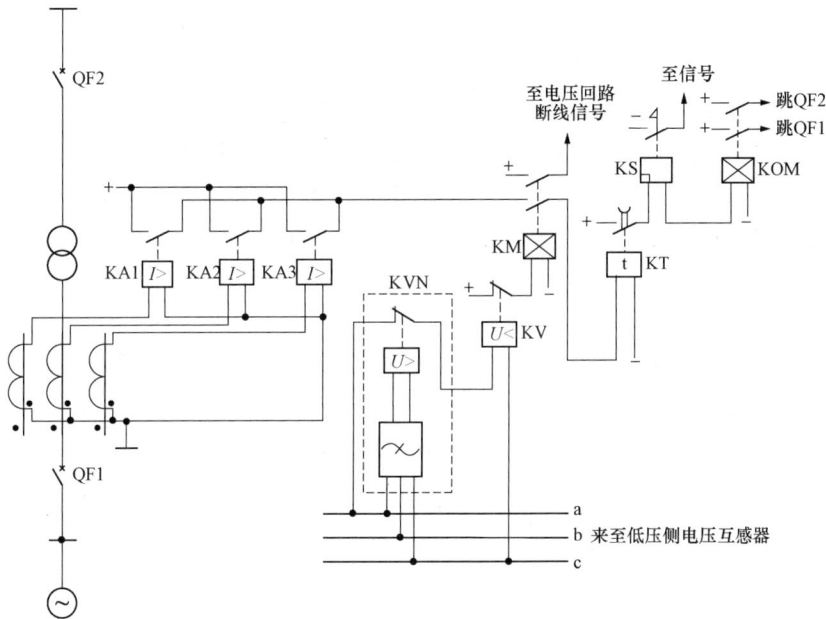

图 5 - 13　复合电压过电流保护原理接线

这种保护的电压启动元件由反应不对称短路的负序电压继电器 KVN(内附有负序电压滤过器)和反应对称短路接于相间电压的低电压继电器 KV 组成;电流元件由接于相电流的继电器 KA1~KA3 组成;时间元件由时间继电器 KT 构成。

装置动作情况如下:当发生不对称短路时,故障相电流继电器动作,同时负序电压继电器动作,其动断触点断开,致使低电压继电器 KV 失压,动断触点闭合,启动中间继电器 KM,相电流继电器通过 KM 常开触点启动时间继电器 KT,经整定延时启动信号和出口继电器,将变压器两侧断路器断开。当发生对称短路时,由于短路初始瞬间也会出现短时的负序电压,KVN 也会动作,使 KV 失去电压。因此,当负序电压消失后,KVN 返回,动断触点闭合,此时加于 KV 线圈上的电压已是对称短路时的低电压,只要该电压小于低电压继电器的返回电压,KV 不至于返回,而且 KV 的返回电压是其启动电压的 K_{re}(大于 1,其值为 1.15~1.2)倍,因此,电压元件的灵敏度可提高 K_{re} 倍。复合电压启动的过流保护在对称短路和不对称短路时都有较高的灵敏度。

普通的过电流保护的动作值是按躲过变压器可能出现的最大负荷电流整定，因此保护灵敏度不够。复合电压启动的过流保护由于采用了复合电压元件，因此必须当电流元件和复合电压元件都启动时，才能启动时间元件，经延时去跳闸，因此过电流继电器的动作电流只需躲过变压器的额定电流整定，即

$$I_{act} = (K_{rel}/K_{re})I_{NT} \qquad (5-21)$$

式中 I_{NT}——变压器的额定电流；K_{re} 取 0.85；K_{rel} 取 1.2～1.3。

因此，电流元件的灵敏度比过流保护高，电流元件的灵敏度校验与过流保护相同。

低电压元件的动作值应小于正常情况下母线上可能出现的最低工作电压，还要保证在外部故障切除后电动机自启动时，低电压元件能可靠返回，根据运行经验取

$$U_{act} = (0.5 \sim 0.6)U_{N.T} \qquad (5-22)$$

负序电压继电器的启动电压按躲开正常运行情况下负序电压滤过器输出的最大不平衡电压整定。根据运行经验，取

$$U_{2.act} = (0.06 \sim 0.12)U_{N.T} \qquad (5-23)$$

复合电压过电流保护在不对称短路时，电压元件有较高的灵敏度。

（2）微机型复合电压闭锁的方向过电流保护的逻辑分析。微机型复合电压闭锁方向过电流保护通过整定控制字可选择是否经复合电压闭锁。保护主要由复合电压元件、过电流元件和电压回路断线闭锁元件组成。其逻辑框图如图 5-14 所示。

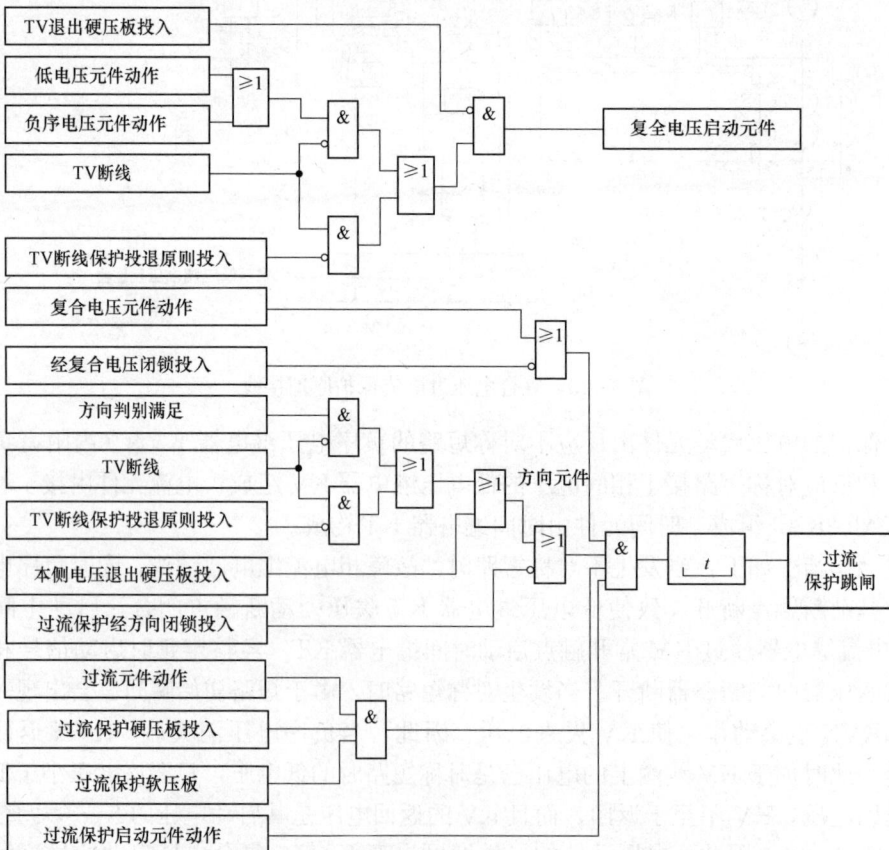

图 5-14 变压器复合电压闭锁方向过流保护逻辑框图

1）复合电压元件。相间低电压和负序电压经"或门"构成复合电压元件。低电压元件将 A、B 两相电压采样值计算出线电压 U_{ab} 与整定电压 U_{set} 比较，其动作判据为 $U_{ab} < U_{set}$。负序电压元件取由三相电压采样值的计算出的负序电压 U_2 与负序电压整定电压 U_{2set} 比较，其动作判据为 $U_2 > U_{2set}$。低电压元件反应对称短路故障，负序电压元件反应不对称短路故障。

2）功率方向判别元件。微机型保护可由记忆作用消除功率方向元件的电压死区，故功率方向判别元件可采用 0°接线的功率方向继电器算法来实现故障方向的判别。功率方向判别元件的动作方向可由控制字设定。当"过流方向指向"控制字为"1"时，动作方向指向变压器，最灵敏角为 45°；当"过流方向指向"控制字为"0"时，动作方向指向系统，最灵敏角为 225°。其动作特性如图 5-15 所示。

3）过电流元件。过电流元件将采样值计算出的相电流有效值与动作电流整定值进行比较，以判别故障电流，其动作判据为 $I_{act} > I_{set}$，过流元件动作后，需经延时逻辑出口跳闸，确保动作的选择性。

4）TV 断线闭锁元件。当电压互感器回路断线时，会直接影响复合电压元件、功率方向判别元件的正确动作。因此，在复合电压元件和功率方向判别元件的动作逻辑中，设置了 TV 断线闭锁元件。TV 断线时，闭锁可能误动的元件。

图 5-15 功率方向判别元件动作特性
（a）方向指向变压器；（b）方向指向系统

TV 断线闭锁元件可由控制字设定，通过"与"逻辑分别对复合电压元件和功率方向判别元件的闭锁功能实现投退。

复合电压元件和功率方向判别元件可分别由"经复合电压闭锁投入"闭锁和"过流经方向闭锁投入"控制字灵活的投退，以实现不同的保护功能。

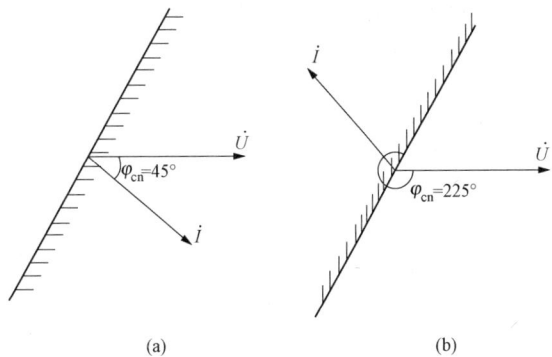

5.4 变压器零序保护

在大接地电流系统中，接地故障的几率较大，因此大接地电流电网中的变压器，应装设零序保护，作为变压器主保护的后备保护及相邻元件接地故障的后备保护。

大接地电流系统发生单相或两相接地短路时，零序电流的分布和大小与系统中变压器中性点接地的数目和位置有关。通常，对只有一台变压器的升压变电所，变压器都采用中性点直接接地的运行方式。对有若干台变压器并联运行的变电所，则采用一部分变压器中性点接地运行的方式，以保证在各种运行方式下，变压器中性点接地的数目和位置尽量维持不变，从而保证零序保护有稳定的保护范围和足够的灵敏度。

110kV 以上变压器中性点是否接地运行，还与变压器中性点绝缘水平有关。对于 220kV 及以上的大型电力变压器，高压绕组一般都采用分级绝缘，其中性点绝缘有两种类型：一种是绝缘水平很低，例如，500kV 系统的中性点绝缘水平为 38kV，这种变压器，中性点必须直接接地运行，不允许将中性点接地回路断开。另一种则绝缘水平较高，例如，220kV 变压器的中性点绝缘水平为 110kV，其中性点可直接接地，也可在系统中不失去接地点的情况下不接地运行。当系统发生单相接地短路时，不接地运行的变压器，应能够承受加到中性点与地之间的电压。因此，采用这种变压器，可以安排一部分变压器接地运行，另一部分变压器不接地运行，从而可把电力系统中接地故障的短路容量和零序电流水平限制在合理的范围内，同时也是为了接地保护本身的需要。故变压器零序保护的方式就与变压器中性点的绝缘水平和接地方式有关，应分别予以考虑。

5.4.1 中性点直接接地变压器的零序电流保护

发电厂或变电所单台或并列运行的变压器中性点接地运行时，其接地保护一般采用零序电流保护。该保护的零序电流由变压器中性点处电流互感器的二次侧取得。为了缩小接地故障的影响范围及提高后备保护动作的快速性和可靠性，一般配置两段式零序电流保护，每段还各带两级延时，如图 5-16 所示。

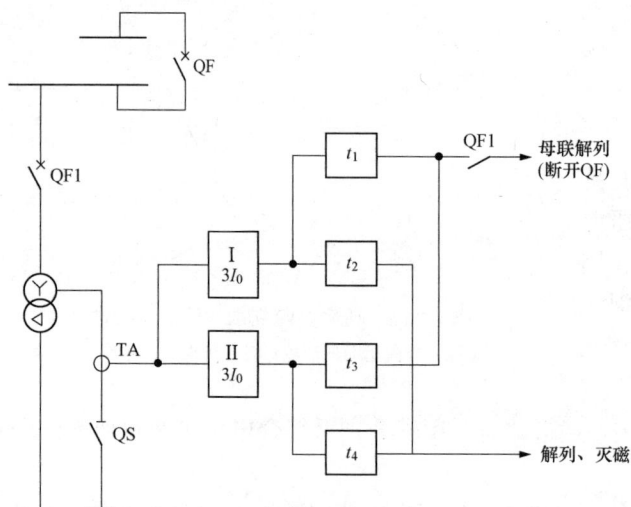

图 5-16　中性点直接接地运行变压器零序
电流保护原理接线图

零序电流保护 I 段作为变压器及母线的接地故障后备保护，其启动电流和延时 t_1 应与相邻元件单相接地保护 I 段相配合，通常以较短延时 $t_1 = 0.5 \sim 1s$ 动作于母线解列，即断开母联断路器或分段断路器，以缩小故障影响范围；以较长的延时 $t_2 = t_1 + \Delta t$ 有选择地动作于断开变压器高压侧断路器。

由于母线专用保护有时退出运行，而母线及附近发生短路故障时对电力系统影响又比较严重，所以设置零序电流保护 I 段，用以尽快切除母线及其附近的故障。

零序电流保护 II 段作为引出线接地故障的后备保护，其动作电流和延时 t_3 应与相邻元件接地后备段相配合。通常 t_3 应比相邻元件零序保护后备段最大延时大一个 Δt，即 $t_3 = t + t_{max}$，以断开母联断路器或分段断路器，$t_4 = t_3 + \Delta t$，动作于断开变压器高压侧断路器。

零序 I 段启动电流按与相邻元件零序电流 I 段配合整定，即

$$I_{act} = K_{met} K_{bra} I_{0.\,act.\,L}^{I} \tag{5-24}$$

式中　K_{met}——配合系数，取 $1.1 \sim 1.2$；

K_{bra}——零序电流分支系数，其值等于最大运行方式下在相邻元件 I 段保护范围末端发生单相接地短路时，流过本线路的零序电流与流过相邻元件的零序电流之比；

$I_{0.\,act.\,L}^{I}$——相邻元件零序电流 I 段启动电流。

零序电流 II 段的启动电流按与相邻元件零序后备保护动作电流配合整定，即

$$I_{0.\,act}^{II} = K_{met} K_{bra} I_{0.\,act.\,L}^{II} \tag{5-25}$$

式中　K_{met}——配合系数，取 1.1～1.2；

　　　K_{bra}——零序电流分支系数，其值等于最大运行方式下在相邻元件零序电流后备保护范围末端发生单相接地短路时，流过本线路的零序电流与流过相邻元件的零序电流之比；

　　　$I_{0.act.L}^{II}$——相邻元件零序后备保护启动电流。

为防止变压器与系统并列之前，在变压器高压侧发生单相接地而误将母线联络断路器断开，所以在零序电流保护动作于母线解列的出口回路中串入变压器高压侧断路器辅助接点 QF1。当断路器 QF1 断开时，QF1 的辅助接点将把该辅助接点所串联接入的出口回路——母线解列回路闭锁。

5.4.2　中性点可能接地或不接地运行时变压器零序电流电压保护

中性点直接接地系统发生接地短路时，零序电流的大小和分布与变压器中性点接地的数目和位置有关。如前所述，为了使零序保护有稳定的保护范围和足够的灵敏度，在发电厂和变电所中，将部分变压器中性点接地运行。因此，这些变压器的中性点，有时接地运行，有时不接地运行。

（1）全绝缘变压器。由于变压器绕组各处的绝缘水平相同，因此，在系统发生接地故障时，允许后断开中性点不接地运行的变压器。图 5-17 所示为全绝缘变压器零序保护原理接线图。图中除装设与如图 5-16 所示相同的零序电流保护外，还应装设零序电压保护作为变压器不接地运行时的保护。

零序电压元件的动作电压应按躲过在部分接地的电网中发生接地短路时，保护安装处可能出现的最大零序电压来整定。由于零序电压保护仅在系统中发生接地短路，且中性点接地的变压器已全部断开后才动作，因此保护的动作时限 t_5 不需与其他保护的动作时限相配合，为避开电网单相接地短路时暂态过程影响，一般取 $t_5 = 0.3～0.5s$。

（2）分级绝缘变压器。分级绝缘变压器的中性点有较高绝缘水平时，其中性点可直接接地运行，也可在系统不失去中性点接地的情况下不接地运行。对于中性点可能接地或不接地运行的变压器，其中性点接地的形式可采用如图 5-

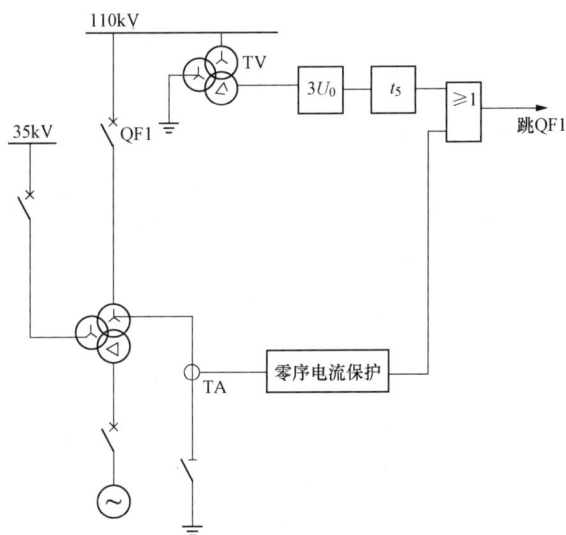

图 5-17　全绝缘变压器零序保护原理接线图

18 所示的形式。变压器高压侧中性点与地之间有接地开关 QES、放电间隙或同时装设避雷器和放电间隙。其中放电间隙的设置目的是当发生冲击电压和工频过电压时，用它们来保护变压器中性点的绝缘。然而放电间隙一般是一种比较粗糙的设施，气象条件、调整的精细程度以及连续放电的次数等，都对其动作电压有影响，可能会出现该动作不能作的情况。此外，一旦间隙放电，还应避免放电时间过长。因此，对于这种接地方式，仍应装设专门的零序电流电压保护，其任务是及时切除变压器，防止间隙长时间放电，并作为放电间隙拒动的后备，如图 5 - 18 所示。

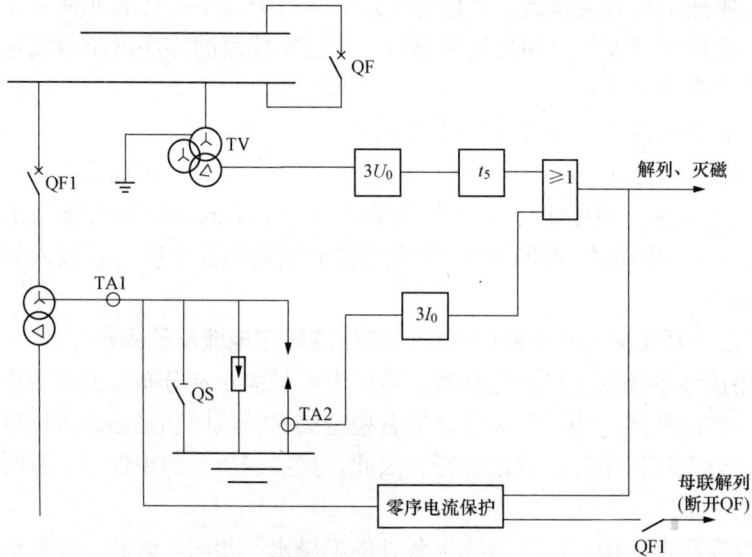

图 5 - 18　分级绝缘变压器零序保护原理接线图

　　变压器除装设上述中性点经常接地运行的变压器零序电流保护外，还增设了一套反应间隙放电电流的零序电流保护和一套零序电压保护，作为变压器中性点不接地运行时的保护。其中零序电压保护作为间隙放电电流保护的后备。当系统发生一点接地短路时，中性点接地运行的变压器由其零序电流保护动作于切除。若高压母线上已没有中性点接地运行的变压器，而故障仍然存在时，中性点电位将升高，发生过电压而导致放电间隙击穿，此时中性点不接地运行的变压器将由反应间隙放电电流的零序电流保护瞬时动作于切除。如果中性点过电压值不足以使放电间隙击穿，则可由零序电压保护带 0.3~0.5s 的延时将中性点不接地运行的变压器切除。

　　零序电压元件的启动电压，应低于变压器中性点工频耐受电压（1.8 为暂态系数），即

$$U_{\text{k. 0. act}} = 3K_{\text{rel}}U_{\text{n. max}}/1.8n_{\text{TV}} \tag{5 - 26}$$

式中　K_{rel}——可靠系数，取 0.9；

　　　$U_{\text{n. max}}$——中性点工频耐受电压；

　　　n_{TV}——电压互感器一次侧相电压与开口三角侧电压之比值。

　　此外，启动电压还应躲过在电网存在中性点的情况下单相接地短路时的最大零序电压，即

$$U_{\text{k. 0. act}} = \frac{3\beta U_{\text{K(0)}}}{(2+\beta)n_{\text{TV}}} \tag{5 - 27}$$

式中　β——系数，$\beta = Z_{\text{Z0}}/_{\Sigma_1}$，$Z_{\text{Z0}}$、$_{\Sigma_1}$ 分别为母线上系统的零序和正序综合阻抗；

　　　$U_{\text{k(0)}}$——短路故障前母线上的最大运行电压。

　　在工程上，应注意到启动电压不应大于电压互感器的饱和电压，而开口三角形侧的饱和电压为 220V，故 $U_{\text{k. 0. act}} = 180V$。

　　放电间隙零序电流保护的启动电流根据间隙击穿电流的经验数据整定，一般一次值

为 100A。

可见，在发生单相接地故障时，具有中性点放电间隙的变压器接地故障的零序电压零序电流后备保护，首先切除中性点接地的变压器，然后根据故障实际情况再切除中性点不接地变压器。当系统中没有中性点接地时，依靠放电间隙保护变压器的中性点绝缘十分简单方便。但是应当注意的是：放电间隙的击穿电压受众多因素的影响，可能动作特性不甚稳定，如果放电间隙拒动，变压器完全靠零序过电压保护，后者有 0.5s 左右延时，因此，变压器中性点可能在 0.5s 期间承受内部过电压，对于间歇性弧光接地故障，此内部过电压值可达相电压的 3～3.5 倍，有可能损坏变压器绝缘。

若变压器中性点只装避雷器，不装设放电间隙时，对于冲击过电压，用避雷器可保护变压器中性点绝缘。但是，当单相接地且电网失去中性点接地时，在弧光接地或断路器非同期跳合闸等原因引起工频过电压作用下，避雷器放电后将不能灭弧以至自身难保，因而不能保证变压器中性点绝缘。此时，变压器零序保护的任务是设法防止电网失去接地的中性点，即当发生接地短路后，必须先切除中性点不接地运行的变压器，后切除中性点接地运行的变压器。

5.4.3　微机型变压器零序保护

（1）零序过流保护。零序过流保护作为主变压器中性点接地运行时的后备保护。与常规的零序电流保护一样，设有两段两时限。零序过流保护可选择是否经零序电压闭锁。为防止涌流时零序电流保护误动，零序电流Ⅱ段也可经谐波闭锁，零序Ⅰ段一般不经谐波闭锁。变压器零序电流保护的原理框图如图 5-19 所示。

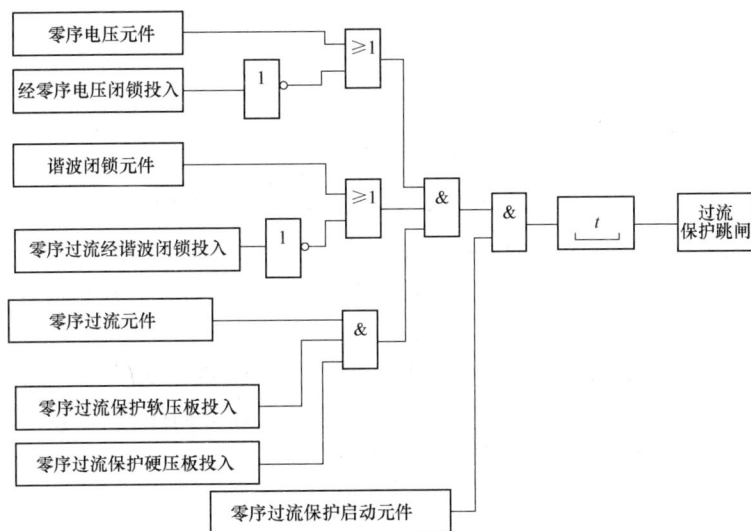

图 5-19　变压器零序电流保护原理框图

（2）零序方向过流保护。零序方向过流保护，主要作为变压器中性点接地运行时接地故障后备保护。通过整定控制字可控制各段零序过流是否经方向闭锁，是否经零序电压闭锁，是否经谐波闭锁，是否投入。零序方向过流保护的逻辑框图如图 5-20 所示。

1）方向元件所采用的零序电流：装置设有"零序方向判别用自产零序电流"控制字来选择方向元件所采用的零序电流。若"零序方向判别用自产零序电流"控制字为"1"，方向

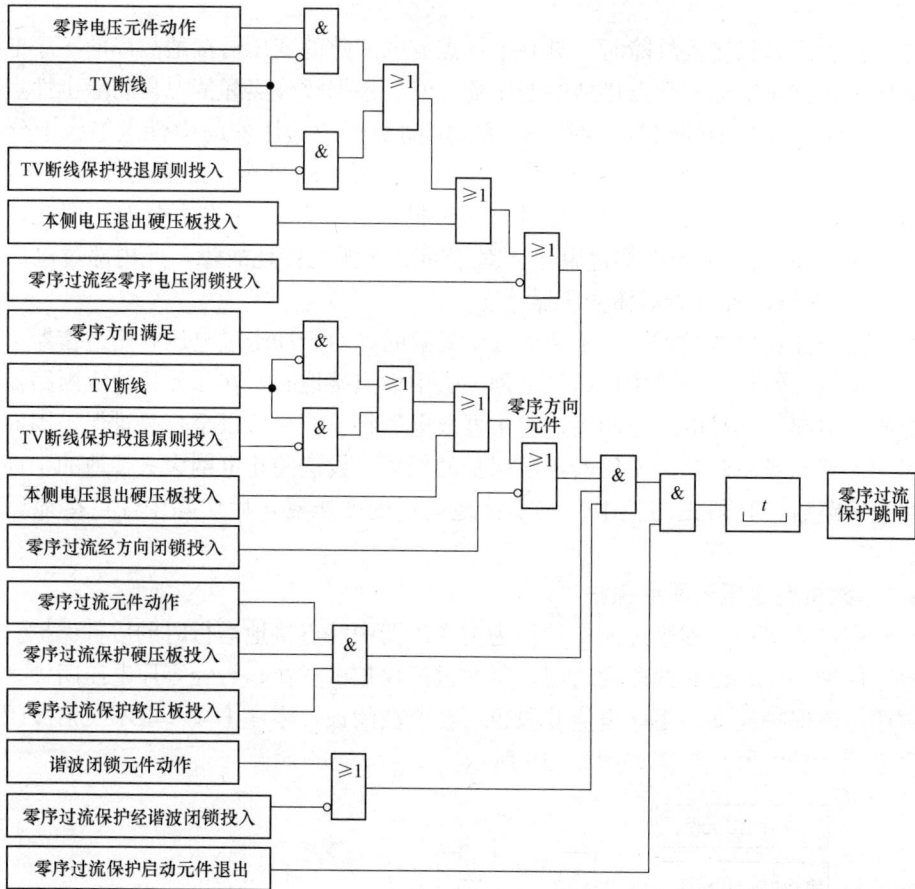

图 5 - 20 零序方向过流保护逻辑框图

元件所采用的零序电流是自产零序电流；若"零序方向判别用自产零序电流"控制字为"0"，方向元件所采用的零序电流为外接零序电流。

2）方向元件：装置分别设有"零序方向指向"控制字来控制零序过流各段的方向指向。当"零序方向指向"控制字为"1"时，方向指向主变压器，方向灵敏角为 255°；当"零序方向指向"控制字为"0"时，表示方向指向系统，方向灵敏角为 75°。同时装置分别设有"零序过流经方向闭锁"控制字来控制零序过流各段是否经方向闭锁。当"零序过流经方向闭锁"控制字为"1"时，本段零序过流保护经过方向闭锁。零序方向元件的动作特性如图 5 - 21 所示。

（3）间隙零序过流过压保护。间隙零序过流过压保护作为主变压器中性点不接地或经间隙接地运行时的后备保护。装置设有一段两时限零序过压保护和一段两时限间隙零序过流保护。

考虑到在间隙击穿过程中，零序过流和零序过压的交替出现，一旦零序过压或零序过流元件动作后装置就相互展宽，使保护可靠动作。

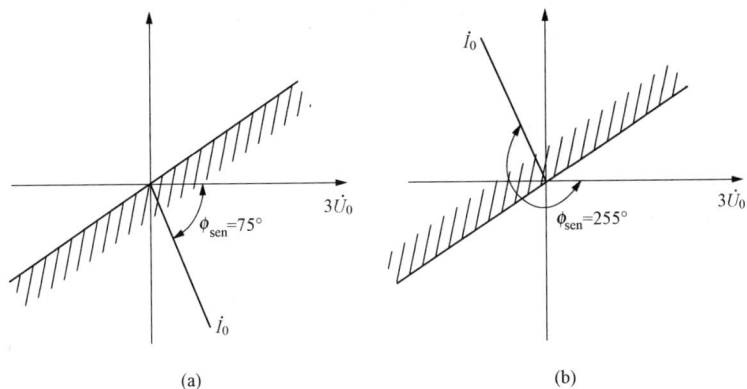

图 5-21 零序方向元件的动作特性

(a) 方向指向系统；(b) 方向指向变压器

习 题 5

一、填空题

1. 电力变压器的内部故障分_____和_____。

2. 瓦斯保护分为_____，动作于_____；_____，动作于_____。

3. 电力变压器装设的主保护有_____、_____。

4. 变压器安装时沿气体继电器的升高坡度为_____，安装气体继电器的管道升高坡度为_____。

5. 复合电压过电流保护一般用于_____变压器或_____灵敏度达不到要求的降压压器上。

6. 复合电压过电流保护中，负序电压继电器反应_____，低电压继电器反应_____。

7. 采用_____、_____、_____防止励磁涌流引起保护误动。

二、选择题

1. 瓦斯保护是变压器的（   ）。

A. 主后备保护   B. 内部故障的主保护

C. 外部故障的主保护   D. 外部故障的后备保护

2. 变压器瓦斯保护的瓦斯继电器安装在（   ）。

A. 油箱和油枕之间的连接导管上   B. 变压器保护屏上

C. 油箱内部   D. 油箱外部

3. 当变压器外部故障时，有较大的穿越性短路电流流过变压器，这时变压器的差动保护（   ）。

A. 立即动作   B. 延时动作

C. 不应动作   D. 视短路时间长短而定

4. 变压器的励磁涌流可达变压器额定电流的（   ）。

A. 6～8 倍   B. 1～2 倍   C. 10～12 倍   D. 14～16 倍

5. 变压器的励磁涌流中，含有大量的直流分量及高次谐波分量，其中以（　　）次谐波所占的比例大。

A. 二　　　　　　　　B. 三　　　　　　　　C. 四　　　　　　　　D. 五

6. 变压器差动保护中，为了减少不平衡电流，常选用一次侧通过较大短路电流时铁芯也不至于饱和的（　　）电流互感器。

A. 0.5 级　　　　　　B. D 级　　　　　　　C. TPS 级　　　　　　D. 1 级

7. 不属于变压器异常工作的情况是（　　）。

A. 过电流　　　　　　B. 过负荷　　　　　　C. 过励磁　　　　　　D. 相间短路

8. 根据变压器励磁涌流特点，当保护鉴别不是励磁涌流时应（　　）。

A. 开放保护　　　　　B. 闭锁保护　　　　　C. 启动合闸　　　　　D. 发闭锁信号

9. 变压器励磁涌流中含有明显的（　　）分量，使波形偏向时间轴的一侧。

A. 周期　　　　　　　B. 非周期　　　　　　C. 矩形波　　　　　　D. 基波

10. 变压器气体保护用于反应变压器油箱内部的各种故障以及（　　）。

A. 过负荷　　　　　　　　　　　　　　　　B. 引出线的套管闪络故障

C. 引出线上的相间故障　　　　　　　　　　D. 油箱漏油等造成油面降低

三、判断题

1. 变压器的重瓦斯保护的出口方式是不能改变的。（　　）

2. 变压器的纵差保护是变压器的主保护。（　　）

3. 变压器的瓦斯保护范围在纵差保护范围内，由于这两种保护均为瞬动保护，所以可用差动保护来代替瓦斯保护。（　　）

4. 变压器纵差保护不能反应变压器绕组的匝间短路故障。（　　）

5. 变压器的内部故障分为油箱内部故障和油箱外部故障两种。（　　）

6. 在变压器的纵差动保护中可以不考虑不平衡电流的影响。（　　）

7. 对于变压器绕组、套管及引出线上的故障，应根据容量不同装设纵差保护或电流速断保护。（　　）

8. 变压器的励磁涌流中含有大量的高次谐波，其中以五次谐波为主。（　　）

9. 当两侧电流互感器型号不同时，同型系数应取 0.5。（　　）

10. 瓦斯保护应反应变压器油箱内的各种故障以及油面的降低，其中轻瓦斯动作于信号，重瓦斯动作于跳闸。（　　）

四、简答题

1. 电力变压器可能出现哪些故障和不正常工作状态？应装设哪些保护？

2. 试比较线路、变压器纵差动保护有哪些异同。

3. 说明变压器励磁涌流的产生原因和主要特征。为减少或消除励磁涌流对变压器保护的影响，目前采取的措施有哪些？

4. 变压器相间后备保护可采用哪些方案？

第 6 章　发 电 机 保 护

第 6 章数字化资源

6.1　发电机故障和不正常运行状态及其相应的保护方式

发电机是电力系统中十分重要和贵重的电气设备，它的安全运行对保证电力系统的正常工作、用户的不间断供电和电能质量起着决定性的作用。但由于发电机是一个长期连续旋转运行的设备，它在运行过程中既要承受短路电流和过电压的冲击，同时还要承受原动机械力矩的作用和轴承摩擦力的作用，所以，发电机在运行过程中出现故障和不正常运行状况就不可避免。因此，应该针对各种不同的故障和不正常运行状态，装设性能完善的继电保护装置。一旦发电机发生故障，保护装置能够有选择地快速将其从系统中切除，并将发电机励磁开关跳开灭磁。当同步发电机处于异常工况状态时，保护装置应及时发出信号，以便运行人员快速处理。在电力系统中运行的发电机，由于容量相差悬殊，在设计、结构、工艺、励磁乃至运行等方面都有很大差异，这就使得发电机及其励磁回路发生的故障、故障的几率和异常工作状态有所不同，进而所装设的保护也有差异。

6.1.1　发电机故障类型及不正常运行状态

发电机时电力系统中最重要的设备之一，它的安全运行，对电力系统工作的稳定性，起着决定性的影响。为了使发电机在故障时能有选择地从系统中切除，在不正常工作情况下，能发出信号，必须对发电机不同的故障和不正常工作情况，装设各种专门的继电保护装置。

（1）发电机故障类型及危害。发电机结构主要由转子与定子两大部分组成，因而发电机故障包括定子与转子故障。其故障类型主要如下。

1）定子绕组相间短路。由于短路电流大，所以是发电机最危险的一种故障。短路电流及其所产生的电弧，可能会破坏绝缘，烧坏铁芯和绕组，以致毁坏机组。

2）定子绕组匝间短路。匝间短路这种故障虽然发生的几率较小，但由于短路点电流较大，使故障处温度升高，会破坏绝缘，进而发展为单相接地或相间短路。

3）定子绕组单相接地。发生单相接地故障时，发电机电压网络的电容电流，或补偿后的电容电流将流过故障点，当电容电流较大时，可能将铁芯局部熔化，给检修工作带来很大的困难。

4）转子绕组一点接地或两点接地。当转子一点接地时，由于没有电流通过绕组，所以没有直接危害，但如果不及时处理，再发生另外一点接地就造成两点接地，则造成短路，不但会烧坏励磁绕组和铁芯，而且由于转子磁通对称性破坏，将引起发电机的机械振动，对于水轮发电机和同步调相机，危害更大。

5）转子励磁回路励磁电流急剧下降或消失。由于励磁绕组断线或自动灭磁装置误动作等原因造成失磁故障，发电机从系统吸取大量的无功功率，引起定子过电流，同时发电机可能失去同步而进入异步运行，若系统无功储备不足，将引起电压下降，严重时会危及系统的稳定运行。

（2）发电机不正常运行状态。发电机不正常运行状态主要有以下几种。

1）由于外部短路引起的定子绕组过电流。

2）由于负荷等超过发电机额定容量而引起的三相对称过负荷；过电流与过负荷将造成定子温度升高，绝缘加速老化，机组寿命缩短。

3）由于外部不对称短路或不对称负荷而引起的发电机负序过电流和过负荷；在转子中感应出 100Hz 的倍频电流，可使转子局部灼伤或使护环受热松脱，而导致发电机重大事故。此外，引起发电机的 100Hz 的振动。

4）由于突然甩负荷引起的定子绕组过电压；调速系统惯性较大发电机，在突然甩负荷时，可能出现过电压，造成发电机绕组绝缘击穿。

5）由于励磁回路故障或强励时间过长而引起的转子绕组过负荷。

6）由于汽轮机主气门突然关闭而引起的发电机逆功率；当机炉保护动作或调速控制回路故障以及某些人为因素造成发电机转为电动机运行时，发电机将从系统吸收有功功率，即逆功率。

6.1.2 发电机保护类型

针对上述故障类型及不正常运行状态，发电机应装设以下继电保护装置。

1）对于 1MW 以上发电机的定子绕组及其引出线的相间短路，应装设纵联差动保护。

2）对于直接联于母线的发电机定子绕组单相接地故障，当发电机电压网络的接地电容电流大于或等于 5A 时（不考虑消弧线圈的补偿作用），应装设动作于跳闸的零序电流保护；当接地电容电流小于 5A 时，则装设作用于信号的接地保护。

对于发电机变压器组，一般在发电机电压侧装设作用于信号的接地保护；当发电机电压侧接地电容电流大于 5A 时，应该装设消弧线圈。

容量在 100MW 及以上的发电机，应装设保护区为 100% 的定子绕组接地保护。

3）对于发电机定子绕组的匝间短路，当绕组接成星形且每相中有引出的并联支路时，应装设单继电器式的横联差动保护。

4）发电机转子一点接地或两点接地，对于水轮发电机、大容量发电机和转子水内冷的汽轮发电机，应装设一点接地保护，对于小容量机组，可采用定期绝缘检测装置。针对转子两点接地故障，还应装设转子两点接地的保护装置。

5）对于发电机励磁消失的故障，在发电机不允许失磁运行时，应在自动灭磁开关断开时连锁断开发电机的断路器；对采用半导体励磁以及 100MW 及其以上的电机励磁的发电机，应增设直接反应发电机失磁时电气参数变化的专用失磁保护。

6）对于发电机外部短路引起的过电流，可采用下列保护方式：

a. 负序过电流及单相式低电压启动过电流保护，一般用于 50MW 及以上的发电机；

b. 复合电压（负序电压及线电压）启动的过电流保护；

c. 过电流保护，用于 1MW 以下的小发电机。

7）对于由不对称负荷或外部不对称短路而引起的负序过电流，一般在 50MW 及以上的发电机上装设负序电流保护。

8）对于由对称负荷引起的发电机定子绕组过电流，应装设接于一相电流的过负荷保护。

9）对于水轮发电机定子绕组过电压，应装设带延时的过电压保护。

10）对于发电机励磁回路的接地故障，应采用以下保护措施：

a. 水轮发电机一般装设一点接地保护，小容量机组可采用定期绝缘检测装置；

 b. 对汽轮发电机励磁回路的一点接地，一般采用定期检测装置；对大容量机组则可以装设一点接地保护；对两点接地故障，应装设两点接地保护，在励磁回路发生一点接地后投入。

 11）对于转子回路的过负荷，在 100MW 及以上并采用半导体励磁系统的发电机机上应装设转子过负荷保护。

 12）对于汽轮发电机主气门突然关闭，为防止汽轮机遭到损坏，对大容量的发电机组可考虑装设逆功率保护。

 13）其他的异常工况保护。

 如当电力系统振荡影响机组安全运行时，在 300MW 及以上机组上宜装设失步保护；当汽轮机低频运行造成机械振动，叶片损伤对汽轮机危害极大时，可装设低频保护；当水冷却发电机断水、漏水时，可装设断水或漏水保护；防止出口断路器断口闪络而装设断路器断口闪络保护等。

 为了快速消除发电机内部的故障，在保护动作于发电机断路器跳闸的同时，还必须动作于自动灭磁开关，断开发电机励磁回路，以使转子回路电流不会在定子绕组中再感应电势，继续供给短路电流。

6.2 发电机的纵联差动保护

 发电机定子绕组相间短路是发电机内部最严重的故障，要求装设快速动作的保护装置。当发电机中性点侧有分相引出线时，可装设纵差保护作为发电机定子绕组及其引出线相间短路的主保护。它能快速而灵敏地切断内部所发生的故障，同时在正常运行及外部故障时，又能保证动作的选择性和工作的可靠性。

6.2.1 保护接线与构成原理

 发电机纵联差动保护是发电机内部及引出线上短路故障的主保护，它是利用比较发电机中性点侧和引出线侧电流幅值和相位的原理构成的，为此，在发电机中性点侧与靠近发电机出口断路器处各装一组型号、变比相同的电流互感器，其二次侧按环流法连接。第 5 章中所讲差动保护理论完全可用于发电机纵差保护，保护的单相原理接线如图 6-1 所示。

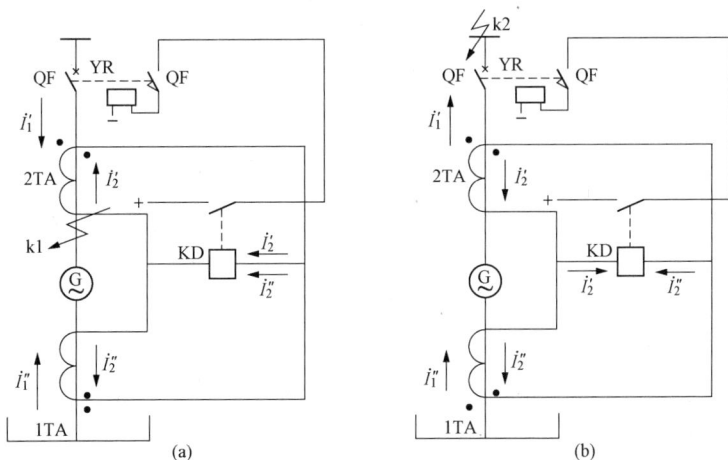

图 6-1　发电机纵差保护单相原理接线
（a）发电机内部故障；（b）发电机正常运行或区外故障

发电机内部故障时，如图 6-1（a）中的 K1 点短路，两侧电流互感器的一、二次侧电流如图 6-1（a）所示，差动继电器 KD 中的电流为两侧电流之和，当 I_K 大于继电器的整定电流 I_{act} 时，继电器动作。在正常运行或保护区外故障时，如图 6-1（b）所示的 K2 点短路，此时流过差动继电器 KD 的电流为两侧电流之差，而在循环电流回路两臂引线阻抗相同、两侧电流互感器特性完全一致和铁芯剩磁一样的理想情况下，两侧二次电流相等，即流过差动继电器 KD 的电流为零。但实际上差动继电器中流过不大的电流，此电流称为不平衡电流。

纵差保护在原理上不反应负荷电流和外部短路电流，只反应发电机两侧电流互感器之间保护区内的故障电流。因此，纵差保护在时限上不必与其他时限配合，可以瞬时动作于跳闸。

根据接入发电机中性点电流的份额（即接入全部中性点电流或只取一部分电流接入），可分为完全纵差保护和不完全纵差保护。完全纵差保护能反应发电机内部及引出线上的相间短路（但不能反应发电机内部匝间短路及分支开焊）、大电流系统侧的单相接地短路故障。不完全纵差保护，适用于每相定子绕组为多分支的大型发电机。它除了能反应发电机相间短路故障，还能反应定子线棒开焊及分支匝间短路。另外，根据算法不同，可以构成比率制动特性差动保护和标积制动式差动保护。

发电机纵差保护，按比较发电机中性点 TA 与机端 TA 二次同名相电流的大小及相位构成。以一相差动为例，并设两侧电流的正方向指向发电机内部。图 6-2 为发电机完全纵差保护交流接入回路示意图；图 6-3 为发电机定子绕组每相二分支的不完全纵差保护交流接入回路示意图。

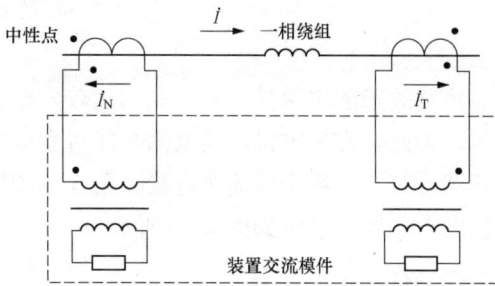

图 6-2　发电机完全纵差保护交流接入回路
示意图

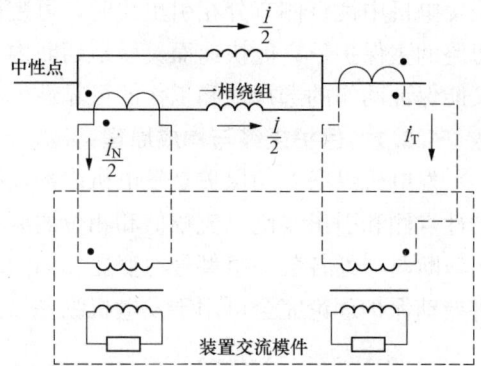

图 6-3　发电机定子绕组每相二分支的不完全
纵差保护交流接入回路示意图

6.2.2　完全差动保护动作值整定

（1）保护启动电流整定。对于中、小容量的发电机完全差动保护的整定原则按以下条件进行：

1）保护装置的启动电流按躲开外部故障时的最大不平衡电流整定。此时，纵联差动继电器的启动电流应为

$$I_{act} \geqslant K_{rel} I_{urb.\,max} \tag{6-1}$$

根据对不平衡电流的分析，代入式（6-1），则

$$I_{act} \geqslant 0.1 K_{rel} K_{aper} K_{SS} I_{k.\,max} / n_{TV} \tag{6-2}$$

式中　0.1——电流互感器 10% 误差；

$I_{k.max}$——外部短路时发电机提供的最大短路电流;

K_{aper}——非周期分量影响系数,当采用措施去掉非周期分量影响时 $K_{aper}=1$;

K_{SS}——电流互感器同型系数,当电流互感器型号相同时 $K_{SS}=0.5$;

K_{rel}——可靠系数一般取为 1.3;

n_{TV}——电流互感器变比。

2)对于汽轮发电机,其出口处发生三相短路的最大短路电流 $I_{k.max}\approx 8I_{N.G}$(发电机额定电流),代入式(6-2),则差动继电器的启动电流为

$$I_{act}\geqslant (0.5\sim 0.6)I_{N.G}/n_{TA} \tag{6-3}$$

3)对于水轮发电机,由于电抗 Z''_d 的数值比汽轮发电机的大,其出口处发生三相短路的最大短路电流 $I_{k.max}\approx 5I_{N.G}$,则差动继电器的启动电流为

$$I_{act}\geqslant (0.3\sim 0.4)I_{N.G}/n_{TA} \tag{6-4}$$

对于水内冷的大容量发电机组,其电抗数值也较上述汽轮发电机大。因此,差动继电器的启动电流也较汽轮发电机的小。

按躲开不平衡电流条件整定的差动保护,在正常运行情况下发生电流互感器二次回路断线时,在负荷电流的作用下,差动保护就可能误动作,必须足够重视严加防范,如采用断线闭锁等措施。

(2)发电机差动保护灵敏度校验。发电机纵联差动保护的灵敏性以灵敏系数来衡量,其值为

$$K_{sen}=I_{k.min}/I_{act} \tag{6-5}$$

式中,$I_{k.min}$ 为发电机内部故障时流过保护装置的最小短路电流。实际上应考虑下面两种情况:

1)发电机与系统并列运行以前,在其出线端发生两相短路,此时,差动回路中只有由发电机供给的短路电流。

2)发电机采用自同期并列时(此时发电机先不加励磁,因此,发电机的电势 E≈0),在系统最小运行方下,发电机出线端发生两相短路,此时,差动回路中只有由系统供给的短路电流。

对于灵敏系数的要求一般不应低于 2。

应该指出,上述灵敏系数的校验,都是以发电机出口处发生两相短路为依据的,此时短路电流较大,一般都能满足灵敏系数的要求。但当内部发生轻微的故障,例如经绝缘材料过渡电阻短路时,短路电流的数值往往较小,差动保护不能启动,此时只有等故障进一步发展以后,保护方能动作,而这时可能已对发电机造成更大的危害。因此,尽量减小保护装置的启动电流,以提高差动保护对内部故障的反应能力,还是很有意义的。

发电机的纵联差动保护可以无延时地切除保护范围内的各种故障,同时又不反应发电机的过负荷和系统振荡,且灵敏系数一般较高。因此,纵联差动保护毫无例外地用作容量在 1MW 以上发电机的主保护。

为提高发电机差动保护的灵敏度,减小其死区目前普遍采取的措施如下:

对 100MW 及以上大容量发电机,一般采用具有制动特性的差动继电器,即利用外部故障时的穿越电流实现制动,这样能保证发生区外故障时可靠地避开最大不平衡电流的影响,动作值可只按躲过发电机正常运行时的不平衡电流来整定,与前面介绍的变压器比率制动式

差动保护一样提高了区内故障时的灵敏性。

6.2.3 发电机比率制动式差动保护动作方程与动作特性

（1）动作方程。

$$I_d \geqslant I_{act0} \qquad\qquad\qquad I_{brk} < I_{brk0}$$

$$I_d \geqslant K_{brk}(I_{brk} - I_{brk0}) + I_{act0} \qquad I_{brk} > I_{brk0}$$

$$I_d \geqslant I_s \qquad\qquad\qquad\qquad (6-6)$$

式中 I_d——动作电流（即差流）（电流的参考方向如图 6-2 所示）。

完全纵差时：
$$I_d = |\dot{I}_T + \dot{I}_N| \qquad\qquad (6-7)$$

不完全纵差时：
$$I_d = |\dot{I}_T + K\dot{I}_{NF}| \qquad\qquad (6-8)$$

比率制动特性的完全纵差时：
$$I_{brk} = \frac{|\dot{I}_T - \dot{I}_N|}{2} \qquad\qquad (6-9)$$

比率制动特性的不完全纵差时：$I_{brk} = \dfrac{|\dot{I}_T - K\dot{I}_{NF}|}{2} \qquad (6-10)$

式中 K——分支系数，发电机中性点全电流与流经不完全纵差 TA 一次电流之比，如果两
组 TA 变比相同，则 $K=2$；

I_s——差动速断电流定值；

I_{brk}——制动电流；

I_T——发电机机端 TA 二次电流；

I_{NF}——发电机中性点侧分支 TA 二次电流。

（2）动作特性。由式（6-6）作出发电机纵差保护动作特性，如图 6-4 所示。可以看
出，上述各种类型的发电机纵差保护，其动作特性均由两部分组成：即无制动部分和比率制
动部分。这种动作特性的优点是：在区内故障电流小时，它具有较高的动作灵敏度；而在区
外故障时，它具有较强的躲过暂态不平衡差流的能力。

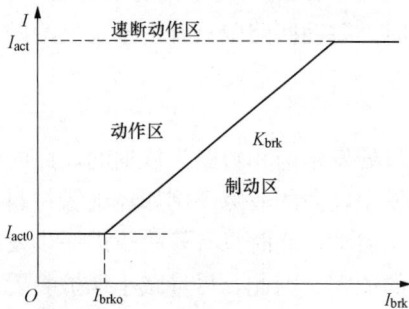

图 6-4 发电机纵差保护动作特性

长期运行实践表明：正确的整定保护的各定值，
如图 6-4 所示的发电机纵差保护动作特性完全满足
动作灵敏度及可靠性的要求。

（3）保护动作逻辑框图。发电机纵差保护的出
口方式有两种设置：单相出口方式及循环闭锁出口
方式。当采用循环闭锁出口方式时，为提高发电机
内部及外部不同相同时接地故障（即两相接地短路）
时保护动作的可靠性，采用负序电压解除循环闭锁
（即改成单相出口方式）。对于单相出口方式，设置
专门的 TA 断线判别，并当差电流大于解除 TA 断线
闭锁电流 I_{ct} 时可解除 TA 断线判别功能。

两种出口方式的逻辑框图，分别如图 6-5 和图 6-6 所示。

在图 6-5 和图 6-6 中：

$\dot{I}_{AT}$、$\dot{I}_{BT}$、$\dot{I}_{CT}$ 为发电机机端 TA 三相二次电流；$\dot{I}_{AN}$、$\dot{I}_{BN}$、$\dot{I}_{CN}$ 为发电机中性点 TA
三相二次电流；U_2 为机端 TV 二次负序电压。

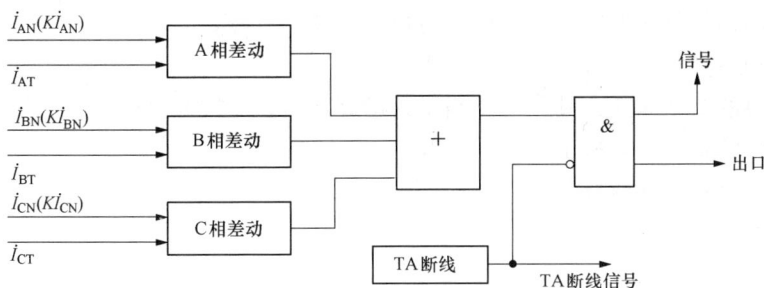

图 6 - 5　单相出口方式发电机纵差保护逻辑框图

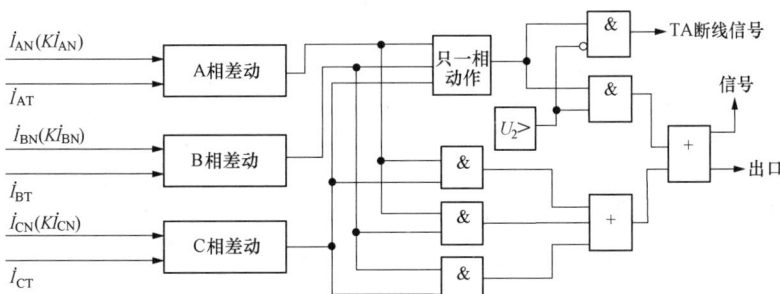

图 6 - 6　循环闭锁出口方式发电机纵差保护逻辑框图

注：在图 6 - 5 和图 6 - 6 中括弧内的数值用于不完全纵差保护。

发电机完全纵差动保护推荐使用循环闭锁出口方式。发电机不完全纵差动保护一般使用单相出口方式。对于 100MW 及以上的大容量发电机，我国目前均推荐采用有制动特性的差动继电器，即利用外部故障时的穿越电流实现制动，这样既能保证发生区外故障时可靠地避开最大不平衡电流的影响，又能达到提高区内故障时的灵敏性目的。

（4）比率制动式发电机纵差保护定值整定。

1）比率制动系数 K_{brk}。

K_{brk} 应按躲过区外三相短路时产生的最大暂态不平衡差流来整定。通常，对发电机完全纵差 $K_{brk} = 0.3 \sim 0.5$。

对于不完全纵差保护，当两侧差动 TA 型号不同时，取 $K_{brk} = 0.5$，以躲过区外故障因两侧 TA 暂态特性不同及转子偏心而造成的不平衡差流等。

2）启动电流 I_{act0}。

按躲过正常工况下最大不平衡差流来整定。不平衡差流产生的原因：主要是差动保护两侧 TA 的变比误差平衡，一般

$$I_{act0} = (0.3 \sim 0.4) I_{N.G} \tag{6 - 11}$$

3）拐点制动电流 I_{brk0}。

I_{brk0} 的大小，决定保护开始产生制动作用的电流大小，建议按躲过外部故障切除后的暂态过程中产生的最大不平衡差流整定。不完全纵差取值要大一点，一般

$$I_{brk0} = (0.5 \sim 0.8) I_{N.G} \tag{6 - 12}$$

4）负序电压 U_2。

解除循环闭锁的负序电压（二次值）可取 $U_2 = (9 \sim 12)\text{V}$。

5）差动速断定值 I_s。

对于发电机的差动速断，其作用相当于差动高定值，应按躲过区外三相短路时产生的最大不平衡差流来整定，一般取 $I_s = (4 \sim 8)I_{N.G}$。

6）解除 TA 断线功能差流定值 I_{ct}。

$$I_{ct} = (0.8 \sim 1.2)I_{N.G} \tag{6-13}$$

7）发电机额定电流 $I_{N.G}$。

$I_{N.G}$（或 I_e）可按式（6-14）计算：

$$I_e = I_{N.G} = \frac{P_e}{\sqrt{3}U_e n_{TA} \cos\Phi} \tag{6-14}$$

式中　P_e——发电机额定功率，kW；

　　　U_e——发电机额定电压，kV；

　　　n_{TA}——差动 TA 变比；

　　　$\cos\Phi$——发电机的额定功率因数。

8）差动保护灵敏度校验

按 GB 14285—2006《继电保护和安全自动装置技术规程》规定，发电机纵差动保护的灵敏度必须满足机端两相金属性短路时，灵敏系数 $K_{sen} \geqslant 2$。

灵敏系数 K_{sen} 定义为机端两相金属性短路时，短路电流与差动保护动作电流之比值，K_{sen} 越大，保护动作越灵敏，可靠性越高。

【注意】发电机纵差保护（具体工程上）应用注意事项：

发电机组可根据机组结构、容量及有关特点，合理地选用发电机纵差保护的类型（完全纵差、不完全纵差、比率制动式等）。

当采用完全纵差时，机端和中性点的电流互感器，应选用同型号、同变比的；当采用不完全纵差时，机端和中性点电流互感器仍可采用同型号、同变比的，而由软件引入平衡系数调平衡。

TA 二次回路开路会引起高电压的危险，特别是大型发电机组。为此，一般采用 TA 断线不闭锁差动保护方案。

6.3　发电机定子绕组匝间短路保护

容量较大的发电机每相都有两个或两个以上的并联支路，定子绕组的匝间故障包括同相同分支绕组匝间短路、同相不同分支间的短路，不同相不同分支间短路及其分支开焊（断线）等。由于发电机纵联差动保护不反应定子绕组一相匝间短路，当发电机定子绕组一相匝间短路时，如不及时处理，故障处就会温度升高，使绝缘损坏，很可能发展成相间短路或单相接地故障造成发电机严重损坏。因此，在发电机上（尤其是大型发电机）应装设定子匝间短路保护。发电机定子匝间短路保护可以有多种方案，应根据发电厂一次设备接线情况进行选择。

对于双星形接线而且中性点侧引出 6 个端子的发电机，如图 6-7 所示，通常装设单元件式横联差动保护。但对于一些大型机组，出于技术上和经济上的考虑，发电机中性点侧常常只引出三个端子，更大的机组甚至只引出一个中性点，如图 6-8 所示，这就不可能装设常用的单元件式横差保护，而是采用反应纵向零序电压的匝间保护。

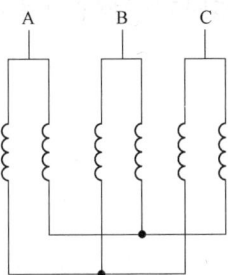

图 6-7   定子绕组中性点引出 6 个端子的
发电机示意图

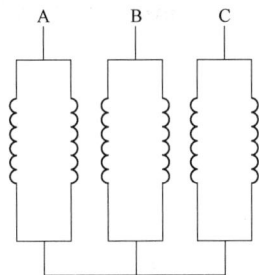

图 6-8   定子绕组引出一个中性点的
发电机示意图

发电机横差保护，是发电机定子绕组匝间短路（同分支匝间短路及同相不同分支之间的匝间短路）、线棒开焊的主保护，也能保护定子绕组相间短路。

发电机横差保护，有单元件横差保护（又称高灵敏度横差保护）和裂相横差保护两种。

（1）单元件横差保护。单元件横差保护，适用于每相定子绕组为多分支，且有两个或两个以上中性点引出的发电机。

1）构成原理。发电机单元件横差保护的输入电流，为发电机两个中性点连线上的 TA 二次电流。以定子绕组每相两分支的发电机为例，其交流输入回路示意如图 6-9 所示。

其动作方程为

$$I_{hc} > I_{act} \qquad (6-15)$$

式中 I_{hc}——发电机两中性点之间的基波
电流（TA 二次值）；

I_{act}——横差保护动作电流整定值。

2）逻辑框图。横差保护是发电机内部故障的主保护，动作应无延时。但考虑到在发电机转子绕组两点接地短路时发电机气隙

图 6-9   单元件横差保护交流输入回路示意

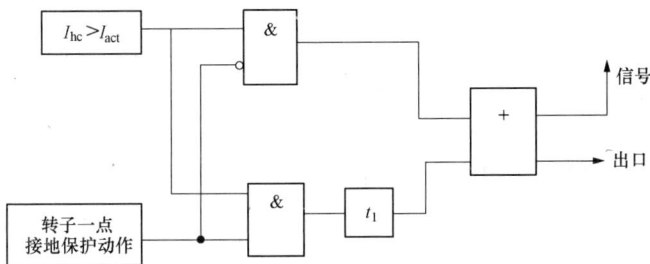

磁场畸变可能致使保护误动，故在转子一点接地后，使横差保护带一短延时动作。单元件横差保护的逻辑框图如图 6-10 所示。

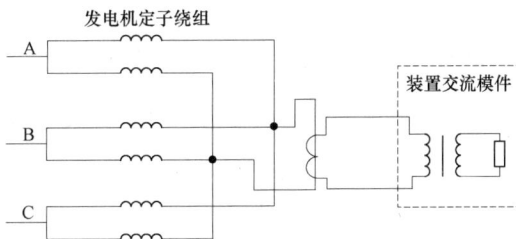

图 6-10   单元件横差保护逻辑框图

3）定值整定原则。

a. 动作电流 I_{act}。

在发电机单元件横差保护中，有专用的滤过三次谐波的措施。因此，单元件横差保护的动作电流，应躲过系统内不对称短路或发电机失磁失步时转子偏心产生的最大不平衡电流。

$$I_{act} = (0.3 \sim 0.4)I_{N.G} \qquad (6-16)$$

式中　$I_{N.G}$——发电机二次额定电流。

b. 动作时间 t_1。

与转子两点接地保护动作延时相配合。一般取 $t_1 = 0.5 \sim 1.0s$。

（2）裂相横差保护。裂相横差保护，又称三元件横差保护，实际上是分相横差保护。

1）构成原理及动作特性。以每相定子绕组有二分支的发电机为例，发电机裂相横差保护的交流输入回路示意如图 6-11 所示。

裂相横差保护的实质是：将每相定子绕组的分支回路分成两组，并通过两组 TA 将各组分支电流之和，反极性引到保护装置中计算差流。当差流大于整定值时，保护动作。

保护的动作特性，可采用比率制动特性，也可采用标积制动特性。具有比率制动特性的动作方程为式（6-17），动作特性如图 6-12 所示。

$$\begin{aligned} I_{hd} &\geqslant I_{act0} & I_{brk} &< I_{brk0} \\ I_{hd} &\geqslant K_{brk}(I_{brk} - I_{brk0}) + I_{act0} & I_{brk} &> I_{brk0} \\ I_{hd} &\geqslant I_s & & \end{aligned} \qquad (6-17)$$

式中　I_{hd}——动作电流（即横差流）$I_{hd} = |\dot{I}_1 + \dot{I}_2|$；

$\quad\quad I_{brk}$——制动电流 $I_{brk} = \dfrac{|\dot{I}_1 - \dot{I}_2|}{2}$；

$\dot{I}_1$、$\dot{I}_2$——分别为某相 1 分支和 2 分支的电流。

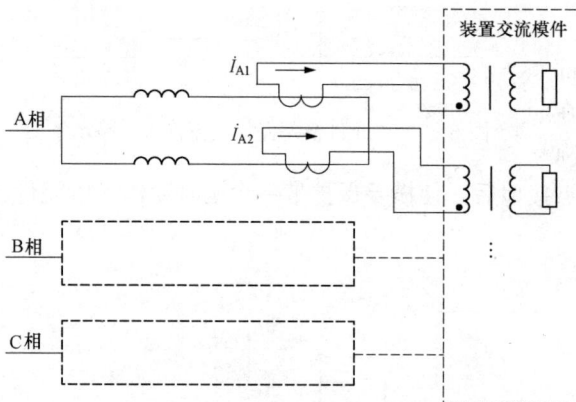

图 6-11　裂相横差保护交流输入回路示意

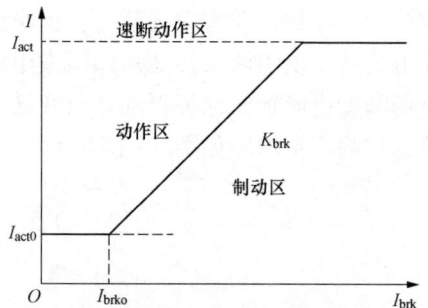

图 6-12　比率制动式裂相横差保护的动作特性

2）逻辑框图。裂相横差保护的逻辑框图如图 6-13 所示。

3）整定原则。

a. 启动电流 I_{act}。按躲过正常工况下不平衡差流来整定。

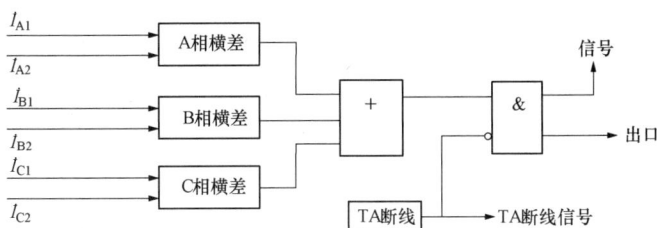

图 6-13　裂相横差保护逻辑框图

$\dot{I}_{A1}$、$\dot{I}_{B1}$、$\dot{I}_{C1}$—分别为 A、B、C 三相第一分支（或第一组）TA 二次电流；

$\dot{I}_{A2}$、$\dot{I}_{B2}$、$\dot{I}_{C2}$—分别为 A、B、C 三相第二分支（或第二组）TA 二次电流

在正常工况下，差回路中的不平衡电流由以下原因产生：差动 TA 变比误差，两分支（或两组分支）参数有差异及通道调整误差，即

$$I_{act} = (0.3 \sim 0.5) I_{N.G} \tag{6-18}$$

式中　$I_{N.G}$——发电机的额定相电流（TA 二次值）。

b. 拐点电流 I_{brk0}。躲过发电机失磁失步运行时由于转子偏心产生的不平衡差流：

$$I_{brk0} = (0.2 \sim 0.5) I_{N.G} \tag{6-19}$$

c. 比率制动系数 K_{brk}。按躲过区外故障时产生的最大暂态差流来整定：$K_{brk} = 0.4 \sim 0.5$。

（3）纵向零序电压式匝间保护。发电机纵向零序电压式匝间保护，是发电机同相同分支匝间短路及同相不同分支之间匝间短路的主保护。

1）构成原理。该保护反映的是发电机纵向零序电压的基波分量，并用其三次谐波增量作为制动量。

发电机正常运行或相间短路时，无零序电压。定子绕组单相接地时，故障相对地电压等于零，中性点对地电压为相电压，三相定子绕组对中性点电压仍然对称，不出现机端对绕组中性点的零序电压。当定子绕组发生匝间短路时，便出现机端三相对中性点电压不对称。如图 6-14（a）所示的 A 相绕组发生匝间短路，设被短路的绕组匝数与每相总绕组匝数之比为 α，则故障相电动势为 $\dot{E}_{AN} = (1-\alpha) \dot{E}_A$，而未发生匝间短路的其他两相电动势不变［见图 6-14（b）］。因此，出现了机端对中性点的零序电压，纵向零序电压取自机端专用 TV 的开口三角输出端。TV 应全绝缘，其一次中性点不允许接地，而是通过高压电缆与发电机中性点连接起来。

零序电压基波通道与三次谐波通道相互独立，并采用硬件滤波回路和软件付氏

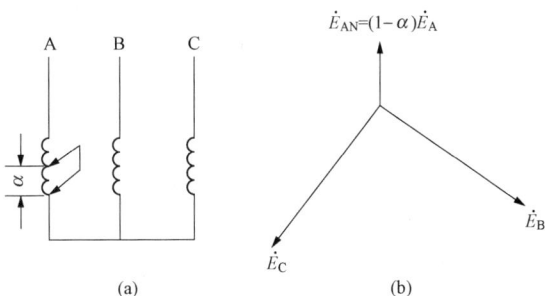

图 6-14　发电机定子绕组匝间短路及其向量图
(a) 匝间短路；(b) 三相电势相量图

滤波算法滤去零序电压基波通道的三次谐波分量，滤去三次谐波电压通道的基波分量，保护的交流接入回路示意如图 6-15 所示。

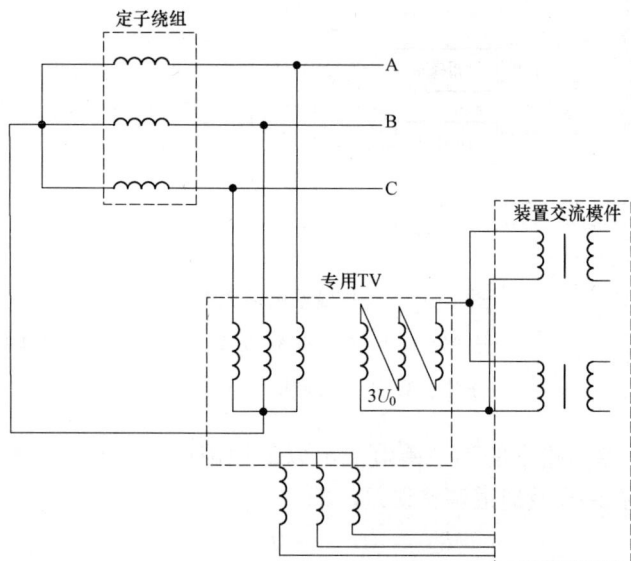

图 6-15　纵向零序电压式匝间保护交流接入回路示意

保护采用两段式：Ⅰ段为次灵敏段，Ⅱ段为灵敏段。动作方程为

$$3U_0 > 3U_{0h} \tag{6-20}$$

$$\begin{cases} 3U_0 > 3U_{01} \\ (3U_0 - 3U_{01}) > K_Z(U_{03\omega} - U_{03\omega n}) \end{cases} \tag{6-21}$$

式（6-20）和式（6-21）中　$3U_0$、$3U_{03\omega}$——零序电压基波和三次谐波计算值；

$3U_{01}$、$3U_{0h}$、K_Z、$U_{03\omega n}$——纵向零序电压式匝间保护整定值。

2）TV 断线闭锁与功率方向闭锁。为防止专用 TV 一次断线时保护误动，引入 TV 断线闭锁；另外，为防止区外故障或其他原因（例如，专用 TV 回路有问题）产生的纵向零序电压使保护误动，引入负序功率方向闭锁。负序功率方向判据采用开放式（即允许式）闭锁。

保护的逻辑框图如图 6-16 所示。

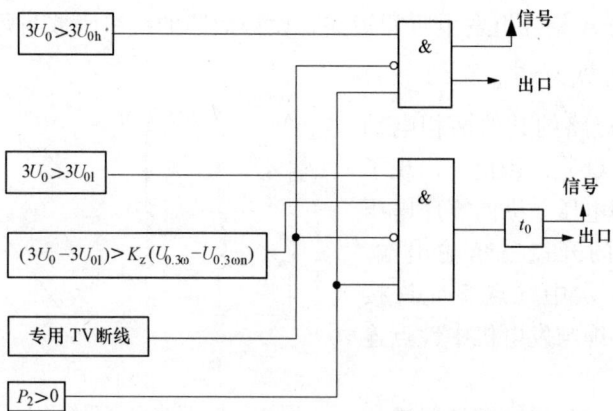

图 6-16　纵向零序电压式匝间保护逻辑框图

P_2—负序功率方向判据；t_0—短延时

若专用 TV 断线判别采用电压平衡式原理，构成框图如图 6-17 所示。

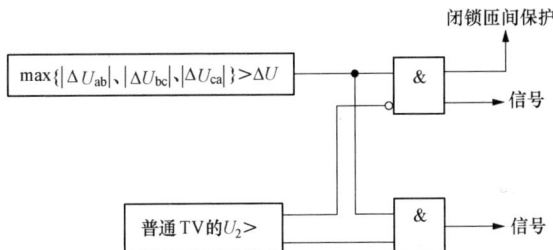

图 6-17 电压平衡式 TV 断线逻辑框图

ΔU_{ab}、ΔU_{bc}、ΔU_{ca}—专用 TV 与普通 TV 二次同名相间电压之差;

max{ | ΔU_{ab} | 、 | ΔU_{bc} | 、 | ΔU_{ca} | }—取 ΔU_{ab}、ΔU_{bc}、ΔU_{ca} 中的最大者;

ΔU—整定压差;U_2—普通 TV 负序电压

【注意】

3U_0 回路应满足有关"反措"要求:回路中不能有保险及辅助接点;不能有多点接地;更不能与 TV 二次的 B 相(指 B 相接地系统)公用电缆芯连。

若有负序功率方向判据,在机组启动试验过程中,应校验 TA、TV 的极性是否正确。可模拟机端外部发生二相短路故障,装置计算出的负序功率 P2 应为负,从而闭锁匝间保护。而当机组内部发生匝间短路时,保证计算出的 P2 为正,开放匝间保护。

6.4　发电机定子绕组接地保护

根据安全要求,发电机的外壳都是接地的,因此,定子绕组因绝缘破坏而引起的单相接地故障比较普遍。当接地电流比较大,能在故障点引起电弧时,将使绕组的绝缘和定子铁芯损坏,并且也容易发展成相间短路,造成更大的危害。我国规定,当接地电容电流等于或大于 5A 时,应装设动作于跳闸的接地保护,当接地电流小于 5A 时,一般装设作用于信号的接地保护。

6.4.1　发电机定子绕组单相接地的特点

现代的发电机,其中性点都是不接地或经消弧线圈接地的,因此,当发电机内部单相接地时,流经接地点的电流仍为发电机所在电压网络(即与发电机直接电联系的各元件)对地电容电流之总和,而不同之处在于故障点的零序电压将随发电机内部接地点的位置而改变。

如图 6-18(a)所示,假设 A 相接地发生在定子绕组距中性点 α 处,α 表示由中性点到故障点的绕组占全部绕组匝数的百分数,则故障点各相电势为 $\alpha\dot{E}_A$,$\alpha\dot{E}_B$ 和 $\alpha\dot{E}_C$,而各相对地电压分别为

$$\begin{cases} \dot{U}_{AD} = 0 \\ \dot{U}_{BD} = \alpha\dot{E}_B - \alpha\dot{E}_A \\ \dot{U}_{CD} = \alpha\dot{E}_C - \alpha\dot{E}_A \end{cases} \tag{6-22}$$

因此,故障点的零序电压为

$$\dot{U}_{KO(a)} = \frac{1}{3}(\dot{U}_{AD} + \dot{U}_{BD} + \dot{U}_{CD}) = -\alpha\dot{E}_A \tag{6-23}$$

式（6-23）表明，故障点的零序电压将随着故障点的位置不同而改变。由此可作出发电机内部单相接地的零序等效网络，如图6-18（b）所示。图中 C_{0G} 为发电机每相的对地电容，C_{01} 为发电机以外电压网络每相对地的等效电容。由此即可求出发电机的零序电容电流和网络的零序电容电流分别为

$$3\dot{I}_{0G} = j3\alpha C_{0G}\dot{U}_{KO(a)} = -j3\alpha C_{0G}\alpha\dot{E}_A$$

$$3\dot{I}_{01} = j3\alpha C_{0G}\dot{U}_{KO(a)} = -j3\alpha C_{01}\alpha\dot{E}_A \qquad (6-24)$$

则故障点总的接地电流即为

$$\dot{I}_{K(a)} = -j3\omega(C_{0G}+C_{01})\alpha\dot{E}_A \qquad (6-25)$$

其有效值为 $3\omega(C_{0G}+C_{01})\alpha\dot{E}_A$，式（6-25）中 $\dot{E}_A$ 为发电机的相电势，一般在计算时，常用发电机网络的平均额定相电压 U_Φ 来代替，即表示为 $3\omega(C_{0G}+C_{01})\alpha E_\Phi$。

流经故障点的接地电流也与 α 成正比，因此当故障点位于发电机出线端子附近时，$\alpha\approx 1$，接地电流为最大，其值为 $3\omega(C_{0G}+C_{01})E_\Phi$。

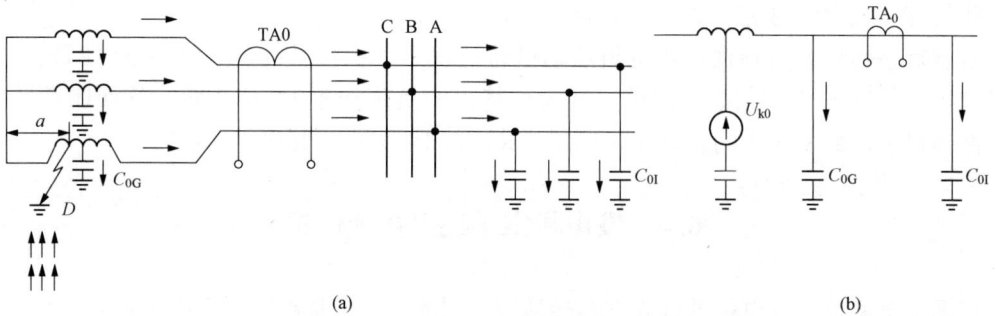

图6-18 发电机内部单相接地时电流分布
（a）三相网络接线；（b）零序等效网络

发电机定子绕组单相接地故障电流的允许值，应采用制造厂的规定值，如无规定值时，可参照表6-1所列的数据。

当发电机内部单相接地时，流经发电机零序电流互感器 TA₀ 一次侧的零序电流如图6-18（b）所示，为发电机以外电压网络的对地电容电流 $3\omega C_{01}\alpha U_\phi$，而当发电机外部单相接地时，如图6-18（b）所示，流过 TA₀ 的零序电流为发电机本身的对地电容电流。

6.4.2 利用零序电流构成的定子接地保护

对直接连接在母线上的发电机，当发电机电压网络接地电容电流大于表6-1的允许值时，不论该网络是否装有消弧线圈，均应装设动作于跳闸的接地保护。当接地电容电流小于允许值，则装设作用于信号的接地保护。

表6-1 发电机单相接地电流允许值

发电机额定电压（kV）	发电机额定容量（MW）	接地电流允许值（A）
6.3	<50	4
10.5	50～100	3
13.10～15.75	125～200	2①
110～20	300	1

注 对于氢冷发电机，允许值为2.5A。

根据前面分析，发电机定子接地时会产生较大的零序电流，因此可利用零序电流构成定子接地保护。

接于零序电流互感器上的发电机零序电流保护，其整定值的选择原则如下。

1）避开外部单相接地时发电机本身的电容电流，以及由于零序电流互感器一次侧三相导线排列不对称而在二次侧引起的不平衡电流。

2）保护装置的一次动作电流应小于表 6-1 中所规定的允许值。

3）为防止外部相间短路产生的不平衡电流引起的接地保护误动作，应在相间保护动作时将接地保护闭锁。

4）保护装置一般带有 1～2s 的时限，以避开外部单相接地瞬间，发电机暂态电容电流（其数据远较稳态时的大）的影响。因为，如果不带时限，则保护装置的启动电流就必须按照大于发电机的暂态电容电流来整定。

当发电机定子绕组的中性点附近接地时，由于接地电流很小，保护将不能启动，因此零序电流保护不可避免地存在一定的死区。为了减小死区的范围，就应该在满足发电机外部接地时动作选择性的前提下，尽量降低保护的启动电流。

6.4.3　利用零序电压构成的定子接地保护（可用于发电机 - 变压器组）

一般大、中型发电机在电力系统中大都采用发电机变压器组的接线方式。在这种情况下，发电机电压网络中，只有发电机本身、连接发电机与变压器的电缆，以及变压器的对地电容（分别以 C_{0G}、C_{0X}、C_{0T} 表示），其分布可用图 6-19 来说明。当发电机单相接地后，接地电容电流一般小于允许值。对于大容量的发电机变压器组，若接地后的电容电流大于允许值，则可在发电机电压网络中装设消弧线圈予以补偿。由于上述三项电容电流的数值基本上不受系统运行方式变化的影响，因此，装设消弧线圈后，可以把接地电流补偿到很小的数值。在上述两种情况下，均可装设作用于信号的接地保护。

发电机内部单相接地的信号装置，一般是反应于零序电压而动作，过电压继电器连接于发电机机端电压互感器二次侧接成开口三角形的输出电压上。

在正常运行时，发电机相电压中含有三次谐波，因此，在机端电压互感器接成开口三角形的一侧也有三次谐波电压输出。此外，当变压器高压侧发生接地故障时，由于变压器高、低压绕组之间有电容存在，因此在发电机端也会产生零序电压。为了保证动作的选择条件，保护装置的整定值应避开正常运行时的不平衡电压（包括三次谐波电压），以及变压器高压侧接地时在发电机端所产生的零序电压，根据运行经验，继电器的启动电压一般整定为 15～30V。

按以上条件的整定保护，由于整定值较高，因此，当中性点附近发生接地时，保护装置不能动作，因而出现 15%～30% 的死区。为了减小死区，可采取如下措施来降低启动电压。

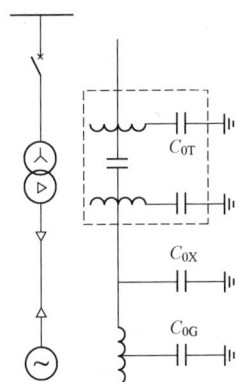

图 6-19　发电机对地
电容分布

（1）加装三次谐波带阻过滤器。

（2）高压侧中性点直接接地电网，利用保护装置的延时来躲过高压侧的接地故障。

（3）在高压侧中性点非直接接地电网中，利用高压侧的零序电压将发电机接地保护闭锁或利用它对保护实现制动。

采取以上措施后，继电器的动作电压有所降低，零序电压保护范围有所提高，但在中性点附近仍有 5%～10% 的死区。

由此可见，利用零序电流和零序电压的接地保护，对定子绕组都不能达到 100% 的保护范围。对于大容量的机组而言，由于振动较大而产生的机械损伤或发生漏水（指水内冷的发电机）等原因，都可能使靠近中性点附近的绕组发生接地故障。如果这种故障不能及时发现，一种可能是进一步发展成匝间或相间短路；另一种可能是如果又在其他地点发生接地，则形成两点接地短路。这两种结果都会造成发电机的严重损坏。因此，对大型发电机组，特别是定子绕组用水内冷的机组，应装设能反应 100% 定子绕组的接地保护。

6.4.4　利用基波零序电压和三次谐波电压构成的 100% 定子接地保护

发电机 100% 定子绕组的接地保护种类很多。目前，用得较多的是利用三次谐波电压构成的 100% 定子接地保护。该保护装置一般由两部分组成，第一部分是零序电压保护，如上所述它能保护定子绕组的 85% 以上；第二部分保护则利用发电机三次谐波电压构成，用来消除零序电压保护不能保护的死区。为提高可靠性，两部分的保护区应相互重叠。

1. 发电机三次谐波电势的分布特点

由于发电机气隙磁通密度的非正弦分布和铁磁饱和的影响，在定子绕组中感应的电势除基波分量外，还含有高次谐波分量。其中三次谐波电势虽然在线电势中可以将它消除，但在相电势中依然存在。因此，每台发电机总约有百分之几的三次谐波电势，设以 E_3 表示。

如果把发电机的对地电容等效地看作集中在发电机的中性点 N 和机端 S 处，每端为 $1/2C_{0G}$，并将发电机端引出线、升压变压器、厂用变压器以及电压互感器等设备的每相对地电容 C_{0S} 也等效地放在机端，则正常运行情况下的等值电路如图 6 - 20 所示，由此即可求出中性点及机端的三次谐波电压分别为

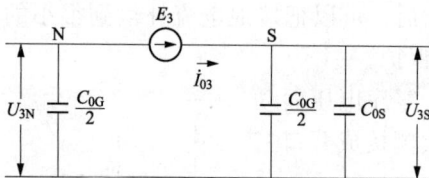

图 6 - 20　发电机三次谐波电势和对地电容的等值电路

$$\left. \begin{array}{l} U_{3N} = \dfrac{C_{0G} + 2C_{0S}}{2(C_{0G} + C_{0S})} E_3 \\[3mm] U_{3S} = \dfrac{C_{0G}}{2(C_{0G} + C_{0S})} E_3 \end{array} \right\} \qquad (6 - 26)$$

此时，机端三次谐波电压与中性点三次谐波电压之比为

$$\frac{U_{3S}}{U_{3N}} = \frac{C_{0G}}{C_{0G} + 2C_{0S}} < 1 \qquad (6 - 27)$$

由式（6 - 27）可见，在正常运行时，发电机中性点侧的三次谐波电压 U_{3N} 总是大于发电机端的三次谐波电压 U_{3S}。极限情况是当发电机出线端开路时（$C_{0S} = 0$）：$U_{3S} = U_{3N}$。

当发电机中性点经消弧线圈接地时，其等值电路如图 6 - 21 所示，假设基波电容电流得到完全补偿，则

$$\omega L = \frac{1}{3\omega(C_{0G} + C_{0S})} \qquad (6 - 28)$$

此时发电机中性点侧对三次谐波的等值电抗为

$$-X_{3N} = j \frac{3\omega(3L)\left(\dfrac{-2}{3\omega C_{0G}}\right)}{3\omega(3L) - \dfrac{2}{3\omega C_{0G}}} \qquad (6 - 29)$$

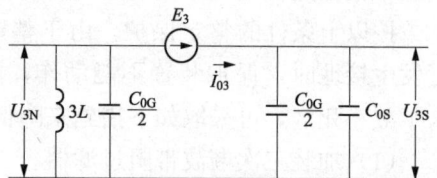

图 6 - 21　发电机中性点接有消弧线圈时三次谐波电势及对地电容的等值电路

将式（6-28）代入式（6-29），整理后可得

$$X_{3N} = -\mathrm{j}\,\frac{6}{\omega(7C_{0G} - 2C_{0S})} \tag{6-30}$$

发电机端对三次谐波的等值电抗为

$$X_{3S} = -\mathrm{j}\,\frac{2}{3\omega(C_{0G} + 2C_{0S})} \tag{6-31}$$

因此，发电机端三次谐波电压和中性点三次谐波电压之比为

$$\frac{U_{3S}}{U_{3N}} = \frac{X_{3S}}{X_{3N}} = \frac{7C_{0G} - 2C_{0S}}{9(C_{0G} + 2C_{0S})} \tag{6-32}$$

式（6-32）表明，接入消弧线圈以后，中性点的三次谐波电压 U_{3N} 在正常运行时比机端三次谐波电压 U_{3S} 更大。在发电机出线端开路时，$C_{0S} = 0$，则

$$\frac{U_{3S}}{U_{3N}} = \frac{7}{9} \tag{6-33}$$

在正常运行情况下，尽管发电机的三次谐波电势 E_3 随着发电机的结构及运行状况而改变，但是其机端三次谐波电压与中性点三次谐波电压的比值总是符合以上关系的。

当发电机定子绕组发生金属性单相接地时，设接地发生在距中性点 α 处，其等值电路如图 6-22 所示。此时不管发电机中性点是否接有消弧线圈，恒有：

$$\left.\begin{array}{c} U_{3N} = \alpha E_3 \\ U_{3S} = (1-\alpha)E_3 \\ \dfrac{U_{3S}}{U_{3N}} = \dfrac{1-\alpha}{\alpha} \end{array}\right\} \tag{6-34}$$

U_{3S}，U_{3N} 随 α 而变化的关系如图 6-23 所示。当 $\alpha < 50\%$ 时，恒有 $U_{3S} > U_{3N}$。

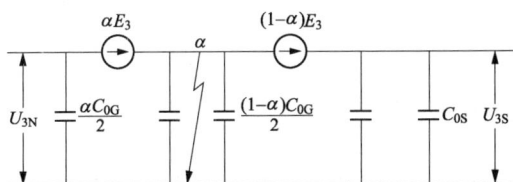

图 6-22　发电机内部单相接地时三次谐波
电势分布的等值电路

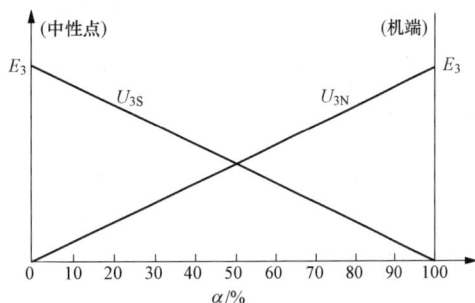

图 6-23　U_{3S}，U_{3N} 随 α 而变化的关系

因此，如果利用机端三次谐波电压 U_{3S} 作为动作量，而用中性点侧三次谐波电压 U_{3N} 作为制动量来构成接地保护，且当 $U_{3S} > U_{3N}$ 时为保护的动作条件，则在正常运行时保护不可能动作，而当中性点附近发生接地时，则具有很高的灵敏性。利用这种原理构成的接地保护，可以反应定子绕组中性点侧约 50% 范围以内的接地故障。

2. 基波零序电压和三次谐波电压构成的定子单相接地保护

（1）保护原理。该保护由基波零序电压和三次谐波电压共同完成 100% 定子接地故障的保护任务。由基波零序电压保护发电机距机端 95% 范围内定子绕组单相接地故障（中性点附近有 5% 的死区）；三次谐波电压保护发电机中性点附近定子绕组的单相接地。动作判

据为

$$
\left.\begin{aligned}
3U_0 &> U_{set} \\
\frac{U_{3S}}{U_{3N}} &> K
\end{aligned}\right\}
\tag{6-35}
$$

式中　$3U_0$——发电机零序电压；

$\qquad U_{set}$——基波零序电压整定值；

$\quad U_{3S}$，U_{3N}——发电机机端 TV 开口三角形绕组和中性点 TV 输出中的三次谐波分量；

$\qquad K$——三次谐波比例定值。

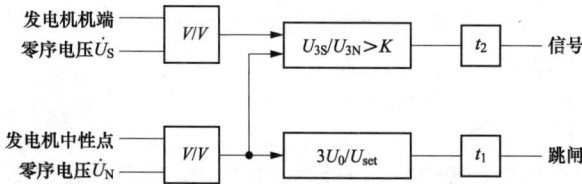

图 6-24　100%定子接地保护逻辑框图

零序电压判据和三次谐波判据各有独立的出口回路，以满足不同配置的要求（如零序判据作用于直接跳闸，三次谐波判据作用于发信号等）。逻辑框图如图 6-24 所示。

（2）三次谐波电压比的整定。若实测发电机正常运行时的最大三次谐波电压比值设为 K_0，则取 $K=(1.05\sim1.15)K_0$。

若发电机机端电压互感器变比为 $\dfrac{U_{N.G}}{\sqrt{3}}\Big/\dfrac{100}{\sqrt{3}}\Big/\dfrac{100}{3}$，不管发电机中性点接地方式如何，中性点电压互感器变比应满足 $\dfrac{U_{N.G}}{\sqrt{3}}\Big/100V$。

综上所述，利用三次谐波电压构成的接地保护可以反应发电机绕组中 $\alpha<50\%$ 范围内的单相接地故障，且当故障点越接近中性点，保护的灵敏度越高；而利用基波零序电压构成的保护，则可以反应 $\alpha>15\%$ 以上范围的单相接地，且当故障点越接近发电机出线端时，保护的灵敏性越高。因此，利用三次谐波电压比值和基波零序电压的组合，可构成 100% 的定子绕组接地保护。

6.5　发电机相间短路后备保护

发电机的最大负荷电流通常比较大，采用一般过电流保护时，保护的动作电流较大，致使保护反应外部故障时的灵敏系数往往不能满足要求。为了提高保护的灵敏性．可采用低电压或复合电压启动的过电流保护或负序电流保护（兼起转子表层过热主保护作用）。当对灵敏系数与时限的配合要求更高时，也可采用阻抗保护。

对于 100MW 及以下机组，一般主保护只有一套，当保护或出口断路器拒动时，应装设近后备/远后备保护。常用的保护方案有过电流保护（容量 1MW 及以下）、复合电压启动的过电流保护（1～50MW）、负序电流和单相式低电压启动的过电流保护（50～100MW）。但对于 200～600MW 及以上的发电机，由于一般均采用单元接线，主保护都是双重化甚至多重化，因此就近后备保护来讲大型发电机已没有必要装设，但作为相邻元件（如母线、线路）的后备还是有必要的，保护一般利用复合电压过流保护或低阻抗保护。

发电机相间短路的后备保护，应在下列情况下动作：

（1）发电机外部故障，而故障元件的保护或断路器拒动时。

（2）发电机电压母线上发生短路而该母线又末装设专用保护时。

（3）发电机内部发生相间短路，纵差动保护拒动时。

同步发电机的相间短路后备保护原理与接线同于变压器相间短路后备保护，其整定计算也与变压器相间短路后备保护完全相同，这里不再重复。本节主要关注大型单元机组的后备保护。

1. 同步发电机复合电压过流保护

保护反映发电机电压、负序电压和电流大小。电流电压一般取自发电机的同一侧 TA 和 TV；发电机 - 变压器组 TA 取自发电机中性点侧。

复合电压过电流保护出口逻辑如图 6 - 25 所示。

2. 低阻抗保护

当电流、电压保护不能够满足灵敏度要求或根据网络保护间配合要求，发电机 - 变压器组相间故障后备保护可采用低阻抗保护。保护反应测量阻抗的大小，测量阻抗小于整定值，保护动作。

保护动作逻辑框图如图 6 - 26 所示。

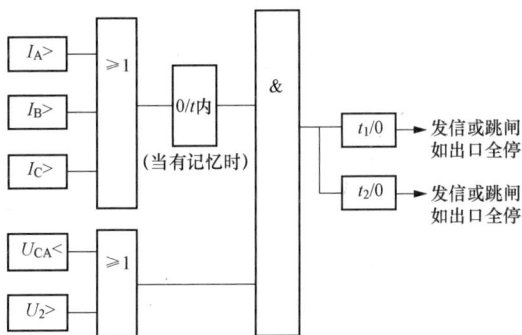

图 6 - 25　发电机复合电压过电流保护出口逻辑框图　　图 6 - 26　发电机低阻抗保护动作逻辑框图

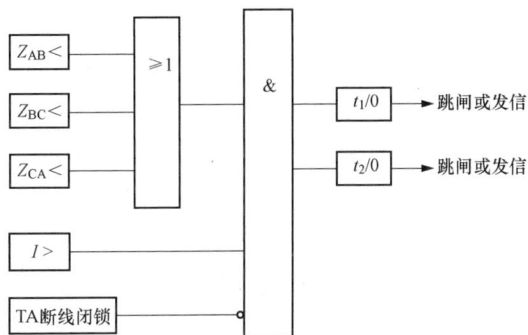

6.6　发电机的负序电流保护和过负荷保护

6.6.1　负序过电流产生原因及其危害

当电力系统中发生不对称短路或在正常运行情况下三相负荷不平衡时，在发电机定子绕组中将出现负序电流。此电流在发电机空气隙中建立的负序旋转磁场相对于转子为两倍的同步转速，因此将在转子绕组、阻尼绕组以及转子铁芯等部件上感应 $100Hz$ 的倍频电流，该电流使得转子上电流密度很大的某些部位（如转子端部、护环内表面等），可能出现局部的灼伤，甚至可能使护环受热松脱，从而导致发电机的重大事故。此外，负序气隙旋转磁场与转子电流之间，以及正序气隙旋转磁场与定子负序电流之间所产生的 $100Hz$ 交变电磁转矩，将同时作用在转子大轴和定子机座上，从而引起 $100Hz$ 的振动。

负序电流在转子中所引起的发热量，正比于负序电流的平方及所持续时间的乘积。在最严重的情况下，假设发电机转子为绝热体（即不向周围散热），为了不使转子过热所允许的负序电流和时间的关系，可用式（6 - 36）表示：

$$\int_0^t i_2^2 \mathrm{d}t = I_2^2 \cdot t = A \tag{6-36}$$

$$I_2 = \sqrt{\frac{\int_0^t i_2^2 \mathrm{d}t}{t}} \tag{6-37}$$

式中　i_2——流经发电机的负序电流值；

　　　t——i_2 所持续的时间；

　　　I_2^2——在时间 t 内 I_2^2 的平均值，使用中应采用以发电机额定电流为基准的标幺值；

　　　A——与发电机型式和冷却方式有关的常数。

关于 A 的数值，应采用制造厂所提供的数据。其参考值为：对凸极式发电机或调相机可取 $A=40$；对于空气或氢气表面冷却的隐极式发电机可取 $A=30$；对于导线直接冷却的 $100\sim300\mathrm{MW}$ 汽轮发电机可取 $A=6\sim15$；等等。

随着发电机组容量的不断增大，它所允许的承受负序过负荷的能力也随之下降（A 值减小）。例如取 $600\mathrm{MW}$ 汽轮发电机 A 的设计值为 4，其允许负序电流与持续时间的关系如图 6-27 中的曲线（abcde）所示。曲线表明，发电机允许负序电流持续的时间 t 是随负电流大小而变化的。I_{2*} 越大，允许的时间就越短；I_{2*} 越小，允许的时间就越长，即所谓的反时限特性。这给保护的性能也提出了更高的要求。

6.6.2　同步发电机的负序电流保护原理

鉴于以上原因，发电机应装设负序电流保护，反应发电机定子绕组的电流大小。保护按其动作时限一般分为定时限和反时限两种。前者主要用于中小型发电机，后者主要用于大型发电机。

1. 负序定时限过流保护

目前大部分负序电流保护都采用两段式负序定时限过电流保护，原理如图 6-27 所示。

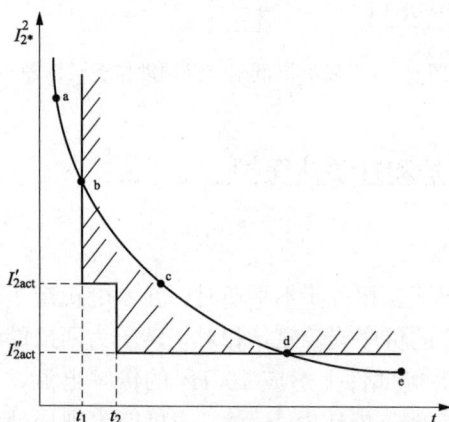

图 6-27　两段式负序定时限过电流保护原理

保护由两段式构成：

Ⅰ段 $I'_{2\mathrm{act}}=0.5I_{\mathrm{N.G}}$ 经 t_1 延时动作于跳闸；

Ⅱ段 $I''_{2\mathrm{act}}=0.1I_{\mathrm{N.G}}$ 经 t_2 延时动作于信号。

保护动作行为分析如下：

（1）在 ab 段内：负序电流较大，允许时间很短，负序电流超过第Ⅰ段动作电流，保护启动，但保护要到 t_1 才动作，由于 t_1 大于允许时间，对发电机不安全。

（2）在 bc 段内：发电机允许过电流时间较长，而在 t_1 时保护已经动作，保证了发电机的安全，但由于 t_1 小于允许时间，即在不该切除发电机时将发电机切除了，未充分利用发电机承受负序电流能力。

（3）在 cd 段内：保护装置Ⅰ段不会动作，只能由Ⅱ段动作发出信号，由运行人员处理。而此时，允许时间和保护动作时间相差很小，实际上来不及处理，靠近 d 点时，已大于允许时间，对发电机安全来讲不安全。

（4）在 de 段内：负序电流很小，保护根本不反应。

由以上分析可知，两段式负序定时限过电流保护的动作特性与发电机允许的负序电流发热曲线不能很好配合，且不能反应负序电流变化时发电机转子的热积累的过程。为此，对于现代大型发电机，要求装设与发电机允许的负序电流特性相适应的反时限负序过流保护。

2. 负序反时限过流保护

负序反时限过流保护是一种动作时间随通过电流增大而减小的保护。保护用于防止发电机因过负荷而引起发电机定子绕组过热，图 6-28 反应了反时限的负序电流保护动作特性与负序电流配合关系，由于动作特性曲线在允许曲线之下，对发电机的安全来讲是有利的。但是由长期的运行实践经验表明 $I_2^2 \cdot t \leqslant A$ 在长时间区域内是偏于保守，实际持续允许的负序电流比 $I_2^2 \cdot t = A$ 所确定的值要大。因此负序反时限过流保护的动作特性通常可以在允许电流曲线之上，如图 6-29 所示。其间的距离按转子温升裕度决定。这样配合可以避免发电机还没有达到危险状态时就把发电机切除。此时保护装置的动作特性可表示为 $t = \dfrac{A}{I_2^2 - \alpha}$ 或 $I_2^2 \cdot t = A + \alpha t$，$\alpha$ 为修正常数（考虑到转子的散热条件）。

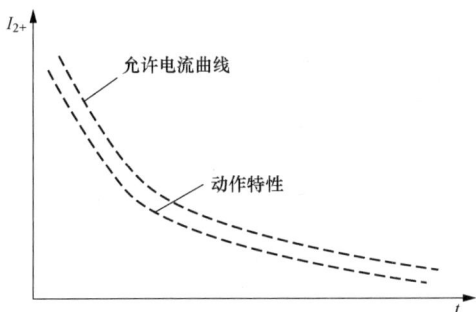

图 6-28 反时限的负序电流保护动作特性与
负序电流配合关系

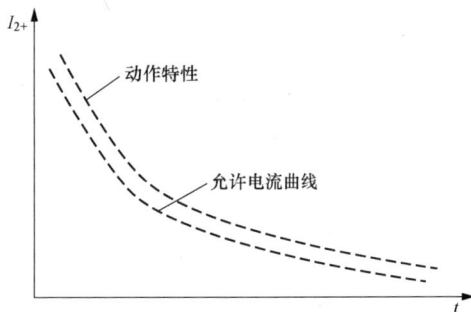

图 6-29 负序反时限过流保护动作特性与
允许电流曲线

3. 过流保护逻辑框图

保护反应发电机定子绕组的电流大小，保护由两部分组成，即两段定时限过负荷和反时限过流。电流取自发电机中性点（或机端）TA 某相（如 B 相）。

当发电机电流大于上限整定值时，则按上限定时限动作；如果电流低于下限整定值，但不足以启动反时限部分时，则按下时限动作；电流在上限与下限之间则反时限动作。

保护逻辑作框图如图 6-30 所示：

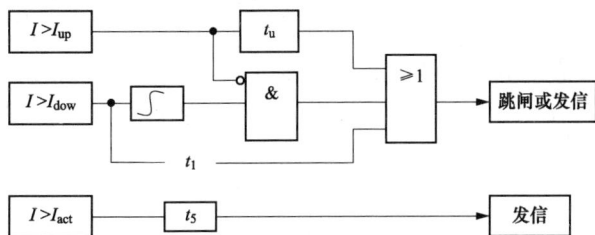

图 6-30 发电机定子过流保护逻辑框图
I_{up}—上限整定值；I_{dow}—下限整定值；I_{act}—保护定值

6.6.3　过负荷保护

一般中、小型发电机的过负荷保护都是采用定时限的过负荷保护作用于信号。但对于大型发电机，由于有效材料利用率的提高，机组体积的增大小于容量的增大，使发电机的热容量与铜损、铁损之比显著下降，从而使发电机的过负荷能力大大下降。因此，为了大型发电机组的安全，同时又能发挥它的过负荷能力，过负荷保护应做成反时限特性。

发电机过负荷保护包括定子对称过负荷保护、定子不对称过负荷保护、励磁绕组过负荷保护。下面仅以定子不对称过负荷保护为例加以说明。

定子不对称过负荷保护用于保护发电机转子以防转子表面过热。

1. 保护原理

保护反应发电机定子的负序电流大小，电流取自发电机中性点或机端 TA 三相电流。

反时限动作方程为
$$(I_2^{*2} - I_{2.\infty}^{*2})t \geqslant A \qquad (6-38)$$

2. 保护逻辑动作逻辑框图

保护逻辑动作逻辑框图如图 6-31 所示。

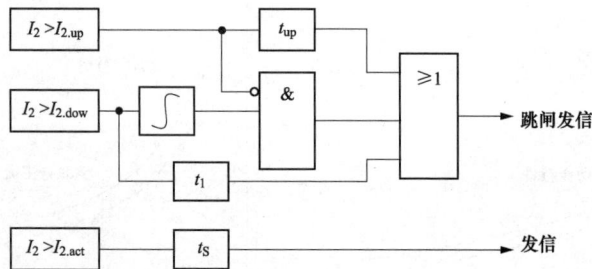

图 6-31　定子不对称过负荷保护逻辑框图

$I_{2.up}$—上限整定值；$I_{2.dow}$—下限整定值；$I_{2.act}$—负序电流保护定值

6.7　励磁回路接地保护

6.7.1　发电机励磁回路故障原因及危害

发电机转子在生产、运输及启停机过程中，可能会造成转子绕组绝缘或匝间绝缘破坏，从而引起转子绕组匝间短路和励磁回路接地故障。

转子绕组匝间短路多发生在沿槽高方向的上层线匝，对于气体冷却的转子，这种匝间短路不会直接引起严重后果，也无需立即消除缺陷，所以并不要求装设转子绕组匝间短路保护。但对于水内冷的转子，由于匝数少、电流密度大，不允许带匝间短路故障长期运行。因此，转子绕组匝间短路的处理没有统一的标准，一旦发现这类故障，发电机是否继续运行应综合考虑现有的运行经验、故障的特点、故障的发生时间（如在运行期间或预防试验中或机组安装时）等诸多因素。

发电机励磁回路一点接地故障，也是常见的故障形式之一，两点接地故障也时有发生。励磁回路一点接地故障对发电机并不造成危害，但若再相继发生第二点接地将严重威胁发电机的安全。当发生两点接地故障时，由于故障点流过相当大的故障电流将烧伤转子本体；由于绕组部分短接，励磁绕组中电流增加，可能因过热而烧伤；由于部分绕组被短接，使气隙磁通失去平衡，从而引起振动，特别是多极机会引起更加严重的振动，甚至会因此造成灾难性后果。此外，汽轮发电机励磁回路两点接地，还可能使轴系和汽轮机的汽缸磁化。因此，励磁回路两点接地故障的后果是严重的。

6.7.2 发电机励磁回路接地保护现状

对于1MW以上的水轮发电机，都装设一点接地保护，动作于信号，不装设两点接地保护。中小型汽轮发电机，只装设可供定期检测用的绝缘检查电压表和正常不投入运行的两点接地保护，不装设一点接地保护。当用绝缘检查电压表检出一点接地故障后，再把两点接地保护装置投入。转子水内冷汽轮发电机和100MW及以上汽轮发电机，应装设一点接地保护，并根据情况可装设两点接地保护装置。

大型汽轮发电机的励磁回路一点接地故障无直接严重后果，相应保护动作于信号，避免毫无必要的大机组突然跳闸。在发生一点接地信号后，积极转移负荷，并尽快安排停机。否则发展成励磁回路两点接地故障后其后果相当严重。

大型发电机的转子绕组及其外部励磁回路，对地电容比较大，而且机组容量不同、结构不同时，其对地电容值也不同。任何原理的励磁回路一点、两点接地保护，均应采取技术措施，减少甚至完全消除对地电容对转子接地保护的不良影响。

由于目前尚缺少选择性好、灵敏度高、经常投运且运行经验成熟的励磁回路两点接地保护装置，所以国内外也有不装设此保护的意见。目前国内进口大型机组，都没有装设两点接地保护。

6.7.3 励磁回路一点接地保护

励磁回路一点接地保护原理有定期检测电路、电桥式和外加电压式，它们能反应励磁回路故障和对地绝缘的降低。下面简单介绍几种。

1. 励磁回路一点接地检查装置

图6-32（a）表示了应用两只相同电压表检测励磁回路一点接地电路。正常时，电压表PV_1和PV_2读数相等，等于励磁电压$U_m/2$，励磁绕组发生一点接地后，PV_1和PV_2读数不再相等，读数小的一侧即判定为接地侧。应当指出，励磁绕组中部接地时PV_1和PV_2读数仍然相等，故这种检测电路存在死区。

在现场也可用一只电压表PV借助切换开关SA来检测励磁回路对地绝缘状况电路，如图6-32（b），与切换开关SA触点相对应的测量电压如表6-2所示。

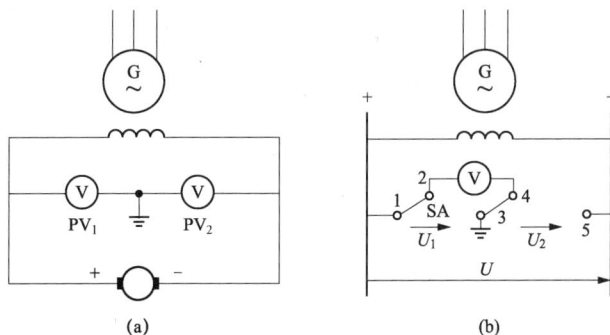

图6-32 励磁回路一点接地定期检测装置
(a) 两表法；(b) 单表法

表 6-2 SA 触点与相对应的测量电压关系

SA 触点号	正极对地电压 U_1	负极对地电压 U_2	励磁绕组两端电压 U_m
1-2	+	-	+
2-3	-	+	-
3-4	+	-	-
4-5	-	+	+

注 "+" 表示接通；"-" 表示断开。

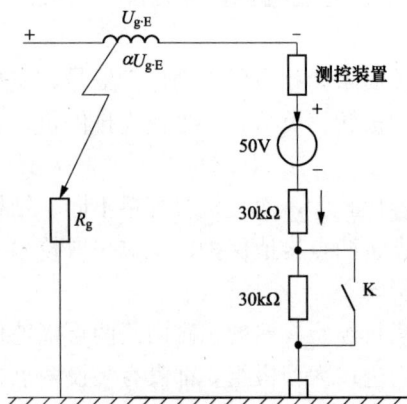

图 6-33 叠加直流电压式一点接地保护

$U_{g \cdot E}$—发电机转子绕组的励磁；

当 K 接通时，电流为：$\dot{I}_1 = \dfrac{\alpha U_{g \cdot E} + 50}{R_g + 30}$；

当 K 断开时，电流为：$\dot{I}_2 = \dfrac{\alpha U_{g \cdot E} + 50}{R_g + 60}$；

解上两式得：$R_g = \dfrac{60 I_2 - 30 I_1}{I_1 - I_2}$

励磁回路绝缘完好时，$U_1 = 0$，$U_2 = 0$（或数值很小）；若正极接地，则 $U_1 = 0$，$U_2 = U$；若接地点靠近负极，则 $U_1 > U/2$，$U_2 < U/2$，$U_1 + U_2 = U$；若接地点在励磁绕组中点，则 $U_1 = U_2 = U/2$，$U_1 + U_2 = U$。根据测量结果，可判断励磁回路是否接地。显然这种电路没有死区。

2. 叠加直流电压式一点接地保护

（1）保护原理。这种保护采用了新型的叠加直流方法，叠加源电压一般为 50V，内阻 $>50 \text{k}\Omega$。利用微机智能化测量，克服了传统保护中绕组正负极灵敏度不均匀的缺点，能准确地计算出转子对地的绝缘电阻值，范围可达 $200 \text{k}\Omega$。转子分布电容对测量无影响。发电机启动过程中，转子无电压时，保护并不失去作用，保护引入转子负极与大轴接地线。叠加直流电压式一点接地保护如图 6-33 所示。

（2）保护动作逻辑框图。对地电阻小于保护动作电阻整定值，保护动作，转子一点接地经延时动作发信号或跳闸。叠加直流电压式一点接地保护动作逻辑框图如图 6-34 所示。

3. 微机型切换采样式一点接地保护

基于切换采样原理的励磁回路一点接地微机保护原理如图 6-35 所示。

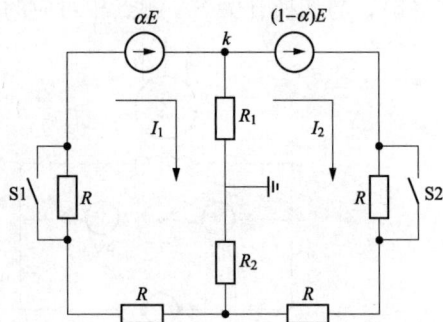

图 6-35 基于切换采样原理的励磁回路
一点接地微机保护原理

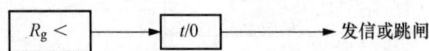

图 6-34 叠加直流电压式一点接地
保护动作逻辑框图

接地故障点 k 将转子绕组分为 α 和 $1-\alpha$ 两部分（α 为转子绕组的百分数），R_f 为故障点过渡电阻，由四个电阻 R 和一个信号电阻 R_1 组成两个网孔的直流电路。如图 6-35 所示，两个电子开关 S1 和 S2。当 S1 接通、S2 断开时，可得到一组电压回路方程：

$$(R+R_1+R_f)I_1 - (R_1+R_f)I_2 = \alpha E \tag{6-39}$$

$$-(R_1+R_f)I_1 + (2R+R_1+R_f)I_2 = (1-\alpha)E \tag{6-40}$$

当 S2 接通、S1 断开时，计及直流励磁电压变为 E' 相应电流变为 I'_1 和 I'_2。得到另外一组回路方程：

$$(2R+R_1+R_f)I'_1 - (R_1+R_f)I'_2 = \alpha E' \tag{6-41}$$

$$-(R_1+R_f)I'_1 + (R+R_1+R_f)I'_2 = (1-\alpha)E' \tag{6-42}$$

联解式（6-39）—（6-42）得

$$\alpha = \frac{1}{3}$$

$$R_f = ER_1/3\Delta U - R_1 - 2R/3 \tag{6-43}$$

$$\alpha = 1/3 + U_1/3\Delta U \tag{6-44}$$

其中

$$U_1 = R_1(I_1 - I_2)$$

$$\Delta U = U_1 - kU_2$$

$$U_2 = R_1(I'_1 - I'_2)$$

由上面的结论可见，利用微机保护所固有的计算能力，可直接由式（6-43）求出过渡电阻 R_f，由式（6-44）确定一点接地故障点的位置。

微机型切换采样式一点接地保护方案在 S1、S2 切换过程中允许直流励磁电压由 E 改变为 E'，不像传统的模拟保护方案那样在切换过程中必须保持直流励磁电压 E 的恒定。

励磁回路的一点接地保护，除简单、可靠这些一般要求之外，还要求能够反应在励磁回路中任一点发生的接地故障，并且要求有足够的灵敏度。在评价励磁回路一点接地保护时，灵敏度是用故障点对地之间的过渡电阻大小来定义，若过渡电阻为 R_f，保护装置处于动作边界上，则称保护装置在该点的灵敏度为 $R_f(\Omega)$。

6.7.4 励磁回路两点接地保护

发电机励磁回路一点接地故障对发电机并未造成直接危害，但若再相继发生第二点接地故障，则将严重威胁发电机的安全。转子两点接地后短路电流大，励磁电流增加，可能烧坏绕组；气隙磁通失去平衡使机组剧烈振动；同时还会产生使轴系磁化等严重后果。该保护主要反映转子回路两点接地故障。

（1）保护构成原理。当发电机转子绕组两点接地时，其气隙磁场将发生畸变，在定子绕组中将产生二次谐波负序分量电势，转子两点接地保护即反应定子电压中二次谐波"负序"分量。

动作方程为

$$\begin{cases} U_{2\omega2} > U_{2\omega g} \\ U_{2\omega2} > 2U_{2\omega1} \end{cases} \tag{6-45}$$

式中　$U_{2\omega1}$、$U_{2\omega2}$——发电机定子电压二次谐波正序和负序分量；

　　　　$U_{2\omega g}$——二次谐波电压动作整定值。

（2）逻辑框图。在转子一点接地保护动作后，自动投入转子两点接地保护。转子两点接地保护的逻辑框图如图 6-36 所示。

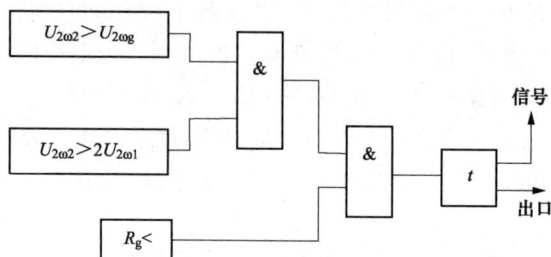

图6-36　转子两点接地保护逻辑框图

$R_g<$—转子一点接地保护动作条件

6.8　发电机失磁保护

6.8.1　发电机的失磁运行及其产生的影响

发电机失磁故障指发电机的励磁突然全部消失或部分消失（低励）使励磁电流低于静稳极限所对应的励磁电流。引起失磁的原因主要有以下三种。

（1）励磁回路开路，励磁绕组断线，灭磁开关误动作，励磁调节装置的自动开关误动，可控硅励磁装置中部分元件损坏。

（2）励磁绕组由于长期发热，绝缘老化或损坏引起短路。

（3）运行人员过量调整及误操作等。

发电机失磁后，它的各种电气量和机械量都会发生变化，且将危及发电机和系统的安全。具体表现在以下各个方面。

1. 对电力系统的影响

（1）低励或失磁的发电机将从系统吸收无功，引起系统电压下降。如果系统无功储备不足，将使邻近故障机组的系统某点电压低于允许值，使电源与负荷间失去稳定，甚至造成电力系统因电压崩溃而瓦解。

（2）一台发电机失磁电压下降，电力系统中其他机组在自动调整励磁装置作用下将增大无功输出，从而可能使某些机组、线路过负荷，其后备保护可能误动作，使故障范围扩大。

（3）一台发电机失磁后，由于有功功率的摆动以及系统电压的下降，可导致相邻正常发电机与系统之间或系统回路之间发生振荡，造成严重后果。

2. 对发电机本身的影响

（1）失磁后，由于出现转差，在发电机转子回路中出现差频电流。差频电流在转子回路中产生附加损耗，使转子发热加大，严重时可能造成转子损坏。

（2）低励或失磁发电机进入异步运行后，由机端观测到的发电机等效电抗降低，从系统吸收的无功功率增加。若在重负荷下失磁进入异步运行后，如不采取措施，发电机将因过电流而使定子过热。

（3）异步运行中，发电机的转矩、有功功率要发生剧烈的周期性摆动，使发电机的定子、转子和基座受到异常的机械力冲击。这些都将使机组的安全受到直接的威胁。

（4）低励失磁时，定子端部漏磁增加，将使发电机端部部件和边段铁芯过热。这一情况通常是限制发电机失磁异步运行能力的主要条件。

发电机失磁后是否需要并允许异步运行，主要取决于电力系统的具体情况。如当电力系统的有功功率供给比较紧张，同时一台发电机失磁后，系统能够供给它所需要的无功功率，并能保证电力系统的电压水平时，则失磁后就应该继续运行；反之，若系统没有能力供给失磁后发电机所需要的无功功率，并且系统中有功功率有足够的储备，则失磁后就不应该继续运行。水轮发电机一般不允许在失磁后继续运行。

为了保证发电机和电力系统的安全运行，在发电机，特别是大型发电机上，应装设失磁保护，以便及时发现失磁故障，并采取必要的措施。对于不允许失磁后继续运行的发电机，失磁保护应动作于跳闸。当发电机允许失磁运行时，保护可动作于信号，并要求失磁保护与切换励磁、自动减载等自动控制相结合，以取得发电机失磁后的最好处理结果。

6.8.2　失磁保护的构成方式

失磁保护应能正确反应发电机的失磁故障，而在发电机外部故障、电力系统振荡、发电机自同步并列以及发电机低励磁运行时均不误动。根据发电机容量和励磁方式的不同，失磁保护的方式有如下两种。

（1）对于容量在 100MW 以下的带直流励磁机的水轮发电机和不允许失磁运行的汽轮发电机，一般是利用转子回路励磁开关的辅助触点连锁跳开发电机的断路器。这种失磁保护只能反应由于励磁开关跳开所引起的失磁，因此是不完善的。

（2）对于容量在 100MW 以上的发电机和采用半导体励磁的发电机，一般采用根据发电机失磁后定子回路参数变化的特点构成失磁保护。

由于引起失磁的原因很多，失磁后发电机和系统很多参数都会发生变化，但没有哪一个参数能够唯一表征失磁故障，因此失磁保护不能用一个参数变化来反映。

对于现代大型发电机组的失磁保护，通常都是利用测量定子回路参数变化作为主判据，而利用测量转子励磁电压下降等作为辅助判据，共同来判断失磁故障。由于所测的参数不同，其构成原理是多种多样的。但一般都把发电机临近失步或机端电压下降到接近临界值作为失磁保护动作跳闸的判据，有的利用其中一个条件，有的则同时利用两个条件。

下面以如图 6-37 所示的失磁保护原理方框图为例，说明失磁保护的构成。图 6-37 中阻抗元件 KR 反应测量阻抗的变化；低电压元件 UG 反应机端电压的变化；励磁低电压元件 U_e 反应发电机励磁电压。

若发电机失磁，阻抗元件 KR 动作，而励磁电压降低，U_e 动作，与门 2 有输出，发出失步信号，表示发电机已失步，但还不能确定是系统振荡还是因失磁引起的失步，这要由延时 t_2 来判断。如果是失磁，经过 t_2 动作于停机。t_2 按躲开系统振荡整定，通常取 $t_2 = 0.5 \sim 1.5s$。如果机端电压降低到系统安全运行最低允许电压值之下，则 UG 动作，与门 1 有输出，经 t_1 延时，通过或门 3 作用于停机。t_1 按躲过振荡影响

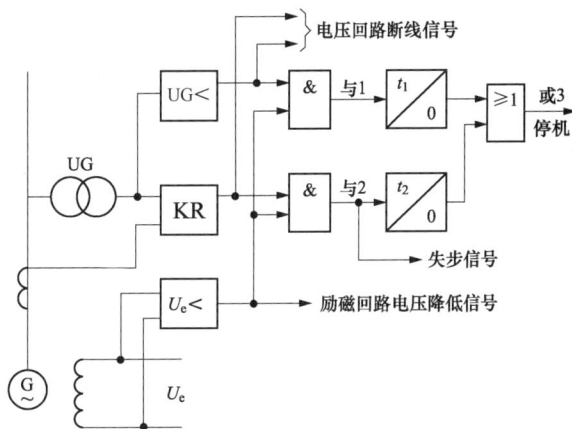

图 6-37　失磁保护原理方框图

的条件整定，一般取 0.5～1.0s。由于有励磁低电压元件 U_e，短路或电压回路断线时，保护都不会误作用于停机。

6.9 发电机 - 变压器组成套保护

6.9.1 发电机 - 变压器组成套保护配置原则

配置总原则：加强主保护、简化后备保护、加强异常工况保护。

随着大容量机组和大型发电厂的出现，发电机 - 变压器组的接线方式在电力系统中获得了广泛的应用。在发电机和变压器每个元件上可能出现的故障和不正常运行状态，在发电机 - 变压器组上也都可能发生。因此，其继电保护装置应能反应发电机和变压器单独运行时所应该反应的那些故障和不正常运行状态。例如，在一般情况下，应装设纵联差动保护、横联差动保护（当发电机有并联的支路时）、瓦斯保护、定子绕组单相接地保护、后备保护、过激励保护、过负荷保护，以及励磁回路故障的保护等。

但由于发电机和变压器的成组连接，相当于一个工作元件，因此，就能够把发电机和变压器中某些性能相同的保护合并成一个对全组公用的保护。例如，装设公共的纵联差功保护、后备（过电流）保护、过负荷保护等，这样的结合，可使发电机 - 变压器组的继电保护变得较为简单和经济。

发电机 - 变压器组纵联差动保护及发电机电压侧单相接地保护的特点如下。

1. 发电机 - 变压器组纵联差动保护的特点

（1）当发电机与变压器之间无断路器时，一般装设整组共用的纵联差动保护，如图 6 - 38 所示，此时的纵联差动保护应注意考虑消除励磁涌流的影响，该接线方式适用于容量不大的机组或发电机装有横差保护的机组。

（2）在下列情况下，除共用一套纵差保护外，还应考虑加装发电机纵差保护。

1）发电机容量为 100MW 及以上时，发电机应补充装设单独的纵联差动保护，如图 6 - 39 所示。

2）对于水轮发电机以及水内冷的汽轮发电机，当公用的差动保护整定值大于 1.5 倍发电机的额定电流时，或对于发电机内部故障灵敏度不能满足要求时，发电机也应装设单独的纵联差动保护，如图 6 - 39 所示。

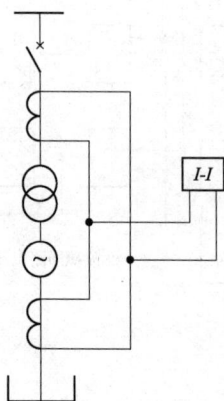

图 6 - 38　公用一套纵差保护图　　图 6 - 39　发电机和变压器分别装设纵差保护

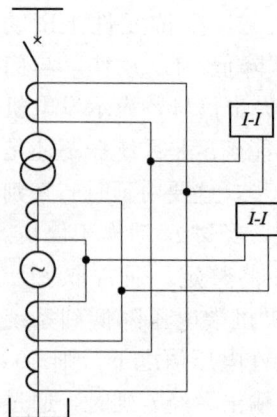

（3）当发电机与变压器之间有断路器时，为了保证选择性，发电机和变压器应分别装设纵联差动保护，如图 6-40 所示。

（4）当发电机与变压器之间有分支线时（如厂用电出线），应把分支线也包括在差动保护范围以内。这时分支线上电流互感器的变比应与发电机回路的相同，如图 6-41 所示。

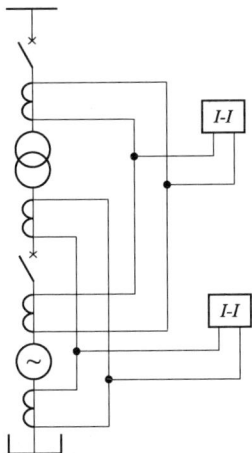

图 6-40　发电机和变压器间有
断路器时的纵差保护

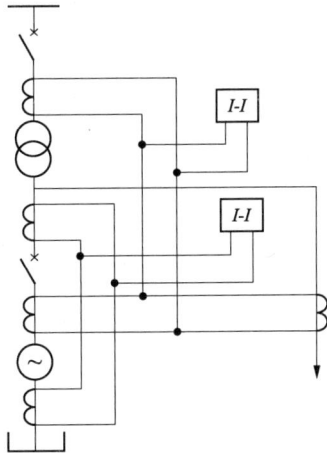

图 6-41　发电机和变压器间有
分支线时的纵差保护

2. 发电机电压侧单相接地保护的特点

对于发电机 - 变压器组，由于发电机与系统之间没有电的联系，因此，发电机定子接地保护就可以简化。对发电机 - 变压器组，其发电机的中性点一般不接地或经消弧线圈接地。发生单相接地的接地电容电流（或补偿后的接地电流）通常小于的允许值，故接地保护可以采用零序电压保护，并作用于信号。对大容量的发电机应装设保护范围为 100% 的定子接地保护。

6.9.2　汽轮发电机 - 变压器组成套保护配置实例

汽轮发电机 - 变压器组保护配置及动作行为见表 6-3。

表 6-3　　　　　　　汽轮发电机 - 变压器组保护配置及动作行为

序号	保护名称		性质	动作行为			
				全停	信号	程序跳闸	其他
1	发电机差动		主	√			
2	主变压器差动		主	√			
3	发电机 - 变压器组大差动		主	√			
4	主变压器瓦斯及压力释放阀		主	√			
5	低阻抗保护（主变压器高压侧）		后备	√			
6	定子匝间短路保护		主	√			
7	主变压器零序电流保护		后备	√			
8	定子接地保护	$3U_0$	主	√			
		三次谐波	异常		√		

续表

序号	保护名称		性质	动作行为			
				全停	信号	程序跳闸	其他
9	定子对称过负荷	定时限	异常		√		
		反时限	异常	√			
10	定子不对称过负荷	定时限	异常		√		
		反时限	异常	√			
11	发电机过励磁	定时限	异常		√		
		反时限	异常	√			
12	发电机失磁保护		异常			√	
13	逆功率1（经主汽门闭锁）		异常	√			
14	逆功率2（不经主汽门闭锁）		异常	√			
15	发电机失步		异常			√	
16	转子一点接地		异常	√			
17	转子两点接地		异常		√		
18	断水保护		异常			√	
19	发电机低频保护		异常		√		
20	高压短路器失灵		后备				启动母差
21	主变压器冷却器故障		异常			√	

表6-3中由于某电网火力发电机组（300MW）的中性点侧只引出三个端子，所以发电机和发电机-变压器组差动保护都是传统的完全纵差方式，它们对发电机定子绕组匝间短路和分支开焊无保护功能。为此必须增设发电机定子匝间短路保护，后者目前尚无性能完善的方案。

如果发电机中性点侧引出四或六个端子，则发电机和发电机-变压器组差动保护均为不完全纵差方式，而且一定还有单元件式高灵敏横差保护，这就使发电机定子绕组的所有故障（相间短路，匝间短路和分支开焊）具有三重主保护。对于变压器内部故障将有变压器差动保护、瓦斯保护和发电机-变压器组不完全纵差保护，也具有三重主保护。因此发电机-变压器组无需再设后备保护，只是为了高压母线的需要，才有必要装设后备保护。

既然现在表6-3中没有采用不完全纵差保护和单元件式高灵敏横差保护，发电机-变压器组本身就有必要装设后备保护。表6-3中拟用三套反时限过负荷保护兼作发电机-变压器组本身及高压母线的后备保护。一般说来，这些反时限过负荷保护的动作时限过长，虽对主设备的安全不构成威胁，但这三套过负荷保护在外部近处短路时可能动作过快而造成无选择性，外部远处短路时又可能动作太慢，而且发电机、变压器内部绕组故障时，这些过负荷保护的灵敏度也是没有把握的。因此这种把三套反时限过负荷保护兼作后备保护的做法，只能说是权宜之计，由于主保护有缺陷，后备保护需要给予一定的弥补。

如果采用不完全纵差保护和高灵敏横差保护，以及变压器完全纵差保护和瓦斯保护，则可将发电机-变压器组不完全纵差保护（第三套主保护）视为发电机-变压器组两套主保护以外的高速、灵敏、有选择性的主设备后备保护，再为高压母线设置一段简易后备阻抗保护，使整个保护水平提高。本保护配置方案中，转子接地保护只装设一点接地保护，不装设两点接地保护，对大型发电机组是合适的。

6.9.3　水轮发电机-变压器组成套保护配置

与大型汽轮发电机-变压器组相比，大型水轮发电机-变压器组继电保护在配置方案上具有以下特点。

(1) 没有低频保护。

(2) 由于水轮发电机比同容量的汽轮发电机体积大，热容量较大，转子本体的负序发热常数 A 也较大，所以水轮发电机的转子负序过负荷保护一般不必采用反时限特性，除非是双水内冷式的水轮发电机，其 A 值也不大，可采用反时限特性。

(3) 水电厂的厂用变压器容量很小，发电机-变压器组公用纵差保护不在厂用变压器高压侧装设 TA，水电厂厂用变压器本身保护也比较简单。

(4) 水轮发电机的低励失磁保护动作后经延时跳闸，不作减负荷异步运行。

(5) 三次谐波电压式定子绕组单相接地保护对水轮发电机灵敏度比汽轮发电机的低，一般只要求它能消除基波电压式定子绕组单相接地保护的动作死区，即对发电机中性点附近约 10% 有保护作用。

习 题 6

一、填空题

1. 发电机在_____发生单相接地时，机端零序电压为相电压，在_____发生单相接地时，机端零序电压为零。

2. 发电机单相接地时，较大的接地电流能在故障点引起电弧时，将使定子绕组的____烧坏，也容易发展成为危害更大的定子绕组相间或_____，因此，发电机应装设定子绕组单相接地保护。

3. 利用基波零序电压的发电机定子单相接地保护不能作为_____保护，有死区。

4. 发电机励磁回路接地保护，分为_____保护和_____保护。

5. 当发电机带有不对称负荷或系统中发生不对称故障时，在定子绕组中将有_____，在发电机中产生_____的旋转磁场，于是在转子中产生倍频电流，引起附加损耗，导致转子过热。

6. 发电机在电力系统发生不对称短路时，在_____中就会感应出_____电流。

二、选择题

1. 发电机解列的含义是（　　　）。

A. 断开发电机断路器、灭磁、甩负荷　　　B. 断开发电机断路器、甩负荷

C. 断开发电机断路器灭磁

2. 发电机出口发生三相短路时的输出功率为（　　　）。

A. 额定功率　　　　　B. 功率极限　　　　　C. 零

3. 发电机装设纵联差动保护，它作为（　　　）保护。

A. 定子绕组的匝间短路　　　　　　　　B. 定子绕组的相间短路

C. 定子绕组及其引出线的相间短路

4. 发电机比率制动的差动继电器，设置比率制动原因是（　　　）。

A. 提高内部故障时保护动作的可靠性

B. 使继电器动作电流随外部不平衡电流增加而提高

C. 使继电器动作电流不随外部不平衡电流增加而提高

D. 提高保护动作速度

5. 单元件横差保护是利用装在双 Y 型定子绕组的两个中性点联线的一个电流互感器向一个横差电流继电器供电而构成。其作用是（　　　）。

A. 定子绕组引出线上发生两相短路其动作

B. 当定子绕组相间和匝间发生短路时其动作

C. 在机端出口发生三相短路时其动作

6. 利用纵向零序电压构成的发电机匝间保护，为了提高其动作的可靠性，则应在保护的交流输入回路上（　　　）。

A. 加装 2 次谐波滤过器　　　　　　　　　B. 加装 5 次谐波滤过器

C. 加装 3 次谐波滤过器

7. 定子绕组中性点不接地的发电机，当发电机出口侧 A 相接地时，发电机中性点的电压为（　　　）。

A. 相电压　　　　　　　B. 3 相电压　　　　　　　C. 零

8. 发电机机端电压互感器 TV 的变比为 $\dfrac{10.5}{\sqrt{3}}\Big/\dfrac{0.1}{\sqrt{3}}\Big/\dfrac{0.1}{3}$，在距中性点 10% 的地方发生定子单相接地，其机端的 TV 开口三角形零序电压为（　　　）。

A. 90V　　　　　　　　B. 10/3V　　　　　　　C. 10V

9. 发电机在电力系统发生不对称短路时，在转子中就会感应出（　　　）电流。

A. 50Hz　　　　　　　　B. 100Hz　　　　　　　C. 150Hz

10. 发电机反时限负序电流保护的动作时限是（　　　）。

A. 无论负序电流大或小，以较长的时限跳闸

B. 无论负序电流大或小，以较短的时限跳闸

C. 当负序电流大时以较短的时限跳闸；当负序电流小时以较长的时限跳闸

三、判断题

1. 发电机装设纵联差动保护，它是作为定子绕组及其引出线的相间短路保护。（　　　）

2. 发电机 - 变压器组纵差保护中的差动电流速断保护，动作电流一般可取 6～8 倍额定电流，目的是避越空载合闸时误动。（　　　）

3. 纵差保护只能对发电机定子绕组和变压器绕组的相间短路起作用，不反应匝间短路。（　　　）

4. 发电机机端定子绕组接地，对发电机的危害比其他位置接地危害要大，这是因为机端定子绕组接地流过接地点的故障电流及非故障相对地电压的升高，比其他位置接地时均大。（　　　）

5. 发电机中性点处发生单相接地时，机端零序电压为 E。（相电动势）；机端发生单相接地时，零序电压为零。（　　　）

6. 由于发电机运行时中性点对地电压接近为零，故发电机中性点附近不可能发生绝缘

击穿。（　　）

7. 发电机中性点处发生单相接地时，机端的零序电压为 OV。（　　）

8. 发电机负序反时限保护是发电机转子负序烧伤的唯一主保护，所以该保护电流动作值和时限与系统后备保护无关。（　　）

9. 发电机失磁后将从系统吸收大量无功，机端电压下降，有功功率和电流基本保持不变。（　　）

10. 当系统发生事故电压严重降低时，应通过自动励磁控制装置（或继电强减置）快速降低发电机电压，如无法降低发电机电压，则应将发电机进行灭磁，并将发电机于系统解列。（　　）

四、简答题

1. 发电机可能发生哪些故障和不正常工作方式？应配置哪些保护？

2. 大容量发电机为什么要采用 100% 定子接地保护？

3. 发电机失磁对系统和发电机本身有什么影响？

第7章 母线的继电保护

第7章数字化资源

7.1 母线保护配置

母线发生故障的几率较线路低，但故障的影响面很大。这是因为母线上通常连有较多的电气元件，母线故障将使这些元件停电，从而造成大面积停电事故，并可能破坏系统的稳定运行，使故障进一步扩大。可见母线故障是最严重的电气故障之一，因此利用母线保护清除和缩小故障造成的后果，是十分必要的。

引起母线短路故障的主要原因有：断路器套管及母线绝缘子的闪络；母线电压互感器的故障；运行人员的误操作，如带负荷拉隔离开关、带接地线合断路器等。

母线保护总的来说可以分为两大类型：利用供电元件的后备保护来保护母线或装设母线保护专用装置。

7.1.1 利用供电元件的后备保护来切除母线故障

如图7-1所示，B处的母线故障，可由1QF处的Ⅱ或Ⅲ段及2QF和3QF处的发电机、变压器的过流保护切除。

利用供电元件的后备保护可以切除母线故障。这种保护方式的优点是简单经济。缺点是故障切除时间太长，一般在 $0.5\sim1.1s$ 以上；当双母线发生故障时，无选择性。

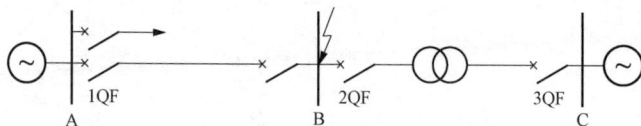

图7-1 利用供电元件保护切除故障母线

7.1.2 专用母线保护

母线保护应特别强调其可靠性，并尽量简化结构。对电力系统的单母线和双母线保护采用差动保护一般可以满足要求，所以得到广泛应用。

1. 母线保护的特点

母线上连接元件较多，所以母差保护的基本特点为电流原理和相位原理。

（1）电流原理。

正常运行和区外故障时：$\sum \dot{I} = 0$；

母线故障时：$\sum \dot{I} = \dot{I}_k > \dot{I}_{act}$ 动作。

（2）相位原理。

正常运行和区外故障时：流入、流出母线的电流相位相反；

母线故障时：所有电流相位基本一致。

母差保护分为：①母线完全差动；②固定连接的双母线差动保护；③电流比相式差动保护；④母联相位差动保护；⑤比率制动式母线差动保护。

2. 装设专用的母线保护

根据最新规程 GB 14285—2006《继电保护和安全自动装置技术规程》规定，在下述情况下，应考虑装设专用的母线保护：

(1) 在双母线同时运行或具有分断断路器的双母线或分段单母线，由于供电可靠性要求较高，要求快速而又有选择性地切除故障母线时，应考虑装设专用母线保护。

(2) 由于电力系统稳定的要求，当母线上发生故障必须快速切除时，应考虑装设专用母线保护。

(3) 当母线发生故障，主要电站厂用电母线上的残余电压低于额定电压的 $50\%\sim60\%$时，为保证厂用电及其他重要用户的供电质量时，应考虑装设专用母线保护。

对母线保护的基本要求是：应能快速、灵敏而有选择地将故障部分切除。对于中性点直接接地电网的母线保护，应采用三相式接线，以便反应相间短路和单相接地短路；对于中性点非直接接地电网的母线保护，可采用两相式接线，因为此时不需要反应单相接地故障。

7.2 母线差动保护原理

母线保护广泛采用差动原理构成，一般常见有母线完全差动保护和母线不完全差动保护等类型。其中母线完全差动保护的原理如图 7-2所示。

1. 区外故障

母线完全差动保护的工作原理和线路差动保护原理相同。为了构成母线完全差动保护，就必须将母线的连接元件都包括在差动回路中，因此需在母线的所有连接元件上装设具有相同变比和相同特性的专用 TA，如图 7-2 所示。

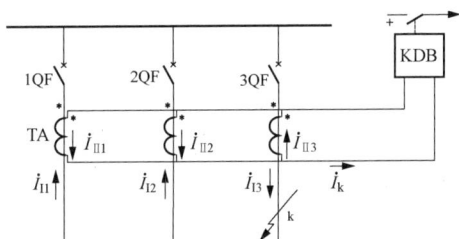

图 7-2 母线完全差动保护原理（区外故障）

正常运行或外部故障时：

$$\dot{I}_{in} = \dot{I}_{out} \tag{7-1}$$

$$一次侧 \sum \dot{I} = \dot{I}_{I1} + \dot{I}_{I2} - \dot{I}_{I3} = 0 \tag{7-2}$$

$$二次侧 \dot{I}_k = \dot{I}_{II1} + \dot{I}_{II2} - \dot{I}_{II3} = 0 \tag{7-3}$$

考虑电流互感器的特性不完全一致，实际上，在正常运行或外部故障时流入差动继电器的电流为不平衡电流，即

$$
\begin{aligned}
\dot{I}_k &= \dot{I}_{II1} + \dot{I}_{II2} - \dot{I}_{II3} \\
&= \frac{\dot{I}_{I1} + \dot{I}_{I2} - \dot{I}_{I3}}{n_{TA}} - \frac{\dot{I}_{E1} + \dot{I}_{E2} - \dot{I}_{E3}}{n_{TA}} \\
&= -\frac{\dot{I}_{E1} + \dot{I}_{E2} - \dot{I}_{E3}}{n_{TA}} = \dot{I}_{unb}
\end{aligned}
\tag{7-4}
$$

式中 $\dot{I}_{E1}$、$\dot{I}_{E2}$、$\dot{I}_{E3}$——电流互感器的励磁电流；

$\dot{I}_{unb}$——电流互感器特性不一致而产生的不平衡电流。

式（7-4）表明，当发生区外故障时，流过差动继电器的不平衡电流 I_{unb} 等于所有非故障线路电流互感器换算到二次侧的励磁电流与故障线路电流互感器换算到二次侧的励磁电流的相量差。考虑到流过故障线路的短路电流最大，因此假设只有故障线路电流互感器有饱和现象，而其他非故障线路的电流互感器饱和现象可以忽略不计，流过差动继电器的不平衡电流可写为

$$\dot{I}_k = \dot{I}_{unb} = \frac{\dot{I}_{I3}}{n_{TA}} - \dot{I}_{II3} \qquad (7-5)$$

由式（7-5）可知：在母线区外故障时如果故障线路电流互感器饱和，而其他非故障线路的电流互感器不饱和，则差电流为故障线路归算到二次侧的短路电流 $\frac{\dot{I}_{I3}}{n_{TA}}$ 与电流互感器饱和二次电流 $\dot{I}_{II3}$ 的差值。此差值即为故障线路电流互感器的励磁电流 $\dot{I}_{E3}$，其相位滞后于该线路二次电流的相位小于或接近于 $90°$，波形完全偏向时间轴的一侧，含有大量的非周期分量。

为保证母线差动保护的选择性，差动继电器的启动电流必须大于最大不平衡电流，即

$$I_{K.act} > I_{unb.max} \qquad (7-6)$$

2. 母线故障

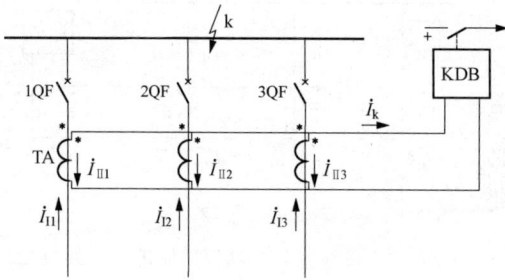

图 7-3 母线完全差动保护原理（母线故障）

母线故障时，所有有电源的线路，都向故障点供给短路电流，如图 7-3 所示。

一次侧 $\sum \dot{I} = \dot{I}_{I1} + \dot{I}_{I2} + \dot{I}_{I3} = \dot{I}_k$
$$(7-7)$$

二次侧 $\dot{I}_k = \dot{I}_{II1} + \dot{I}_{II2} + \dot{I}_{II3} = \frac{\dot{I}_k}{n_{TA}}$
$$(7-8)$$

式中 $\dot{I}_k$——故障点的总短路电流。

该电流数值很大，足以使差动继电器动作，从而跳开所有的断路器。为了减小外部短路时不平衡电流对母线差动保护的影响，通常采用下列三种方法。

（1）采用速饱和变流器。

（2）在差动回路中串联接入强制电阻。

（3）采用带制动特性的差动保护。

在电流差动回路中串联接入强制电阻，可在外部短路时，故障元件电流互感器铁芯饱和的情况下，将原来流入差动回路中的不平衡电流强制地流入饱和电流互感器的二次线圈，以防止外部短路时由于互感器饱和而导致的保护的误动作。接入低值电阻则产生部分强制作用；接入高值电阻产生完全强制作用。

综上所述，为提高保护灵敏度，必须抵制或消除由于电流互感器饱和引起的不平衡电流的影响。采用速饱和变流器、在差动回路中串联接入强制电阻、采用带制动特性的差动保护均是行之有效的方法。

35kV 及以上单母线或双母线经常只有一组母线运行的情况，母线故障时，所有连于母

线上的设备都要跳闸。

7.3 双母线的完全差动保护

7.3.1 概述

对于母线上各连接元件只有一台断路器的高压双母线系统，为了提高其供电的可靠性，通常要求两组母线通过母联断路器并列运行，每组母线上各接有一部分供电元件和一部分受电元件。母线故障时，除要求母线保护能够准确判断出故障是发生在双母线上外，还要求母线保护能够准确判断出故障是发生在双母线的哪一段母线，使母线保护能够有选择性地切除故障母线，保留非故障母线继续运行。

为了实现上述两个要求，母线差动保护通常由启动元件、选择元件和电压闭锁元件组成。

在整个双母线上装设一套大差动保护作启动元件，然后再在双母线系统的Ⅰ段和Ⅱ段母线上分别各装设一套小差动保护作为选择元件。其中大差动保护作用用于判断故障是否发生在双母线上，如果故障发生在双母线系统上，则大差动保护动作。Ⅰ母和Ⅱ母的小差动保护作为选择元件，判断故障是发生在哪一段母线，然后有选择性跳开故障母线，如图 7-4 所示。

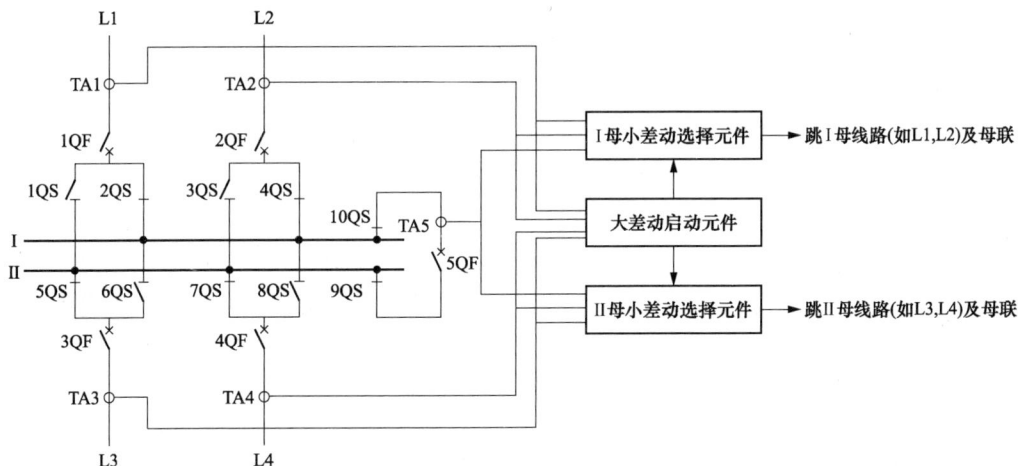

图 7-4 双母线的母线保护原理示意

目前，双母线微机母线保护的工作原理广泛采用比率制动式电流差动保护原理。比率制动式电流差动保护中设有大差启动元件、小差选择元件和电压闭锁元件。大差启动元件和小差选择元件中有反应任意一相电流突变或电压突变的启动元件，它和差动动作判据一起在每个采样中断中实时进行判断，以确保内部故障时电流保护正确动作。在同时满足电压闭锁开放条件时跳开故障母线上所有断路器。其出口逻辑如图7-5所示。

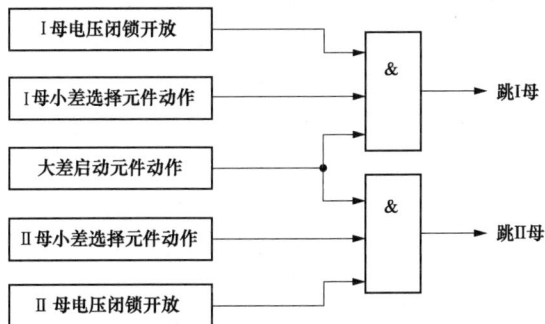

图 7-5 双母线微机母线保护的出口逻辑

7.3.2 比率制动式电流差动保护原理

所谓比率制动特性就是指继电器的动作电流随外部短路电流的增大而自动增大，而且动作电流的增大比不平衡电流的增大还要快。这样就可避免由于外部短路电流的增大而造成继电器误动作，同时对于内部短路故障又有较高的灵敏度。如前面介绍的变压器比率制动式电流差动保护。

比率制动式电流保护的基本原理：母线在正常工作或其保护范围外部故障时所有流入及流出母线的电流之和为一不平衡电流，而在内部故障情况下所有流入及流出母线的电流之和为短路电流。差动保护可以正确地区分母线内部和外部故障。

具有比率制动特性的母线差动保护引入了两个主要量，反应差动电流的动作电流 I_d，反应外部短路时穿越电流的制动电流 I_{brk}。制动电流和动作电流的计算式分别为

$$I_d = |\, i_1 + i_2 + \cdots + i_n \,| \qquad (7-9)$$
$$I_{brk} = (|\, i_1 \,| + |\, i_2 \,| + \cdots + |\, i_n \,|) \qquad (7-10)$$

比率制动式电流差动保护的基本判据为

$$I_d > I_{act0} \qquad (7-11)$$
$$|\, i_1 + i_2 + \cdots + i_n \,| \geqslant K(|\, i_1 \,| + |\, i_2 \,| + \cdots + |\, i_n \,|) \qquad (7-12)$$

即 $I_d \geqslant K I_{brk}$。

式中　　i_1、i_2、$\cdots$、i_n——支路电流；

　　　　　K——制动系数；

　　　　　I_{act0}——差动电流门槛值。

式（7-11）中的动作条件是由正常运行时不平衡差动电流决定的，一般根据经验取 0.2～0.3 倍的母线额定电流。制动系数 K 取值范围 0.6～0.75。式（7-12）的动作条件是由母线所有元件的差动电流和制动电流的比率决定的。其动作特性图如图 7-6 所示。

在外部故障短路电流很大时，不平衡电流虽然较大，式（7-11）容易满足，但母线差动保护的动作电流随制动电流的增大而增大，因而式（7-12）不会满足，动作条件由上述两判据式（7-11）、式（7-12）与门输出，所以当外部短路故障电流较大时，由于式（7-12）使得保护不会误动。而内部故障式（7-12）易于满足。

采用比率制动式母线差动保护提高了内部故障的灵敏度，而且还可靠防止外部故障时造成的误动。

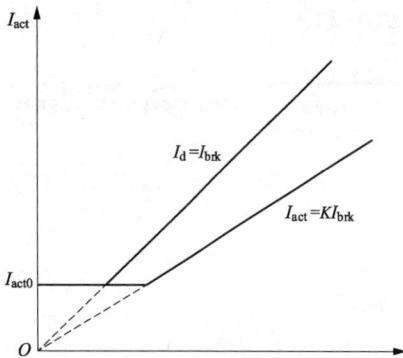

图 7-6　比率制动式电流差动保护动作特性图

7.4　断路器失灵保护

1. 断路器失灵保护概念

电力系统正常运行时，有时会出现某个元件发生故障，该元件的继电保护动作发出跳闸脉冲之后，断路器却拒绝动作（即断路器失灵）的情况。这种情况可能导致扩大事故范围、烧毁设备，甚至使系统的稳定运行遭受破坏。虽然，用相邻元件保护作远后备是最简单、合理的后备方式，既可作保护拒动时的后备，又可作断路器拒动时的后备。但是，这种后备方

式在高压电网中由于各电源支路的助增电流和汲出电流的作用，使后备保护的灵敏度得不到满足，动作时间也较长。因此，对于比较重要的高压电力系统，应装设断路器失灵保护。

断路器失灵保护又称为后备接线，是一种近后备保护。在同一发电厂或变电所内，当断路器拒绝动作时，它能够以较短时限，切除与拒动断路器连接在同一母线上的所有有电源支路断路器，使停电范围限制到最低程度。如图 7-7 所示。例如，k 处发生故障时，5QF 拒动，装设于变电所 B 的断路器失灵保护动作，加速断开 2QF、3QF。可使故障范围不至于影响到变电所 A 和 C。1QF、4QF 的远后备保护动作也可达到同样的目的，但因为动作时间太长满足不了系统的要求。

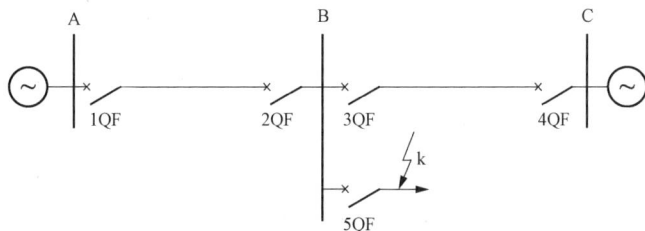

图 7-7 断路器失灵保护示意

按照 GB 14258—2006《继电保护和安全自动装置技术规程》规定：在 220～500kV 电力网中以及 110kV 电力网的个别重要部分，可按下列规定装设断路器失灵保护。

（1）线路保护采用近后备方式且断路器确有可能发生拒动时；对于 220～500kV 分相操作的断路器，可只考虑断路器单相拒绝动作的情况。

（2）线路保护采用远后备方式且断路器确有可能发生拒动时。如果由其他线路或变压器的后备保护切除故障，将扩大停电范围并引起严重后果时。

（3）如断路器和电流互感器之间距离较长，在其间发生故障不能由该回路主保护切除，而由其他线路和变压器后备保护切除又将扩大停电范围并引起严重后果时。

2. 断路器失灵保护原理

图 7-8 所示为断路器失灵保护原理方框图。

（1）动作原理。图 7-7 中，当 k 处发生故障的时候，5QF 的保护装置动作后，若 5QF 拒动，而且低电压元件 $U<$ 动作，则与门开放，经延时 t 跳开 2QF、3QF。

（2）各元件作用。

启动元件：由该组母线上所有引出线（2QF、3QF、5QF）的保护装置出口继电器构成。其作用是在发生断路器失灵时启动断路器失灵保护。

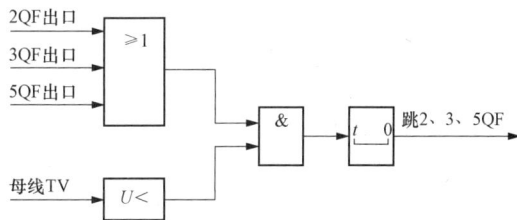

图 7-8 断路器失灵保护原理方框图

低电压元件 $U<$：辅助判别元件，其作用是判断故障是否已消除。

延时元件 t：鉴别是短路故障还是断路器失灵。

（3）断路器失灵保护的动作条件。由于断路器失灵保护要跳开一组母线上的所有断路器，为了提高其可靠性，只有具备下列两个条件才允许保护装置动作。

1）故障引出线的保护装置出口继电器动作后不返回；

2）在保护范围内故障仍然存在。当母线上引出线较多时，鉴别元件采用检查母线电压的低电压元件；当母线上引出线较少时，鉴别元件采用检查故障电流的电流元件。

图 7-8 中的鉴别元件采用低电压元件，其动作电压应按最大运行方式下线路末端短路时，有足够的灵敏度来整定。

延时元件在引出线保护动作以后才开始计时，因此，它的动作时间不需要与其他保护的动作时限配合，仅仅需要躲过断路器跳闸时间和保护返回时间之和。对于 220kV 断路器，其跳闸时间约为 40～60ms，保护返回时间约为 100ms，所以延时元件动作时间可整定为 0.3～0.5s。

习 题 7

一、填空题

1. 母线保护分为两大类_____或_____。
2. 利用供电元件的后备保护来保护母线的缺点是_____和双母线时_____。
3. 母差保护分为：_____、_____、_____、_____、_____。
4. 双母线的完全差动保护，在双母线上应装设_____和_____。
5. 母线差动保护由_____、_____、_____组成。

二、选择题

1. 母线电流差动保护采用电压闭锁元件，主要是为了防止（　　　）。
   A. 系统发生振荡时母线电流差动保护误动
   B. 区外发生故障时母线电流差动保护误动
   C. 由于误碰出口继电器而造成母线电流差动保护误动
   D. 以上都不对

2. 当母线上发生故障时，下列关于故障点的电流说法正确的是（　　　）。
   A. 故障点的电流为各点电流之和　　　　　B. 故障点的电流为最小
   C. 故障点的电流为正常的负荷电流　　　　D. 以上都不对

3. 在正常运行及母线外部故障时，流入的电流和流出的电流的大小关系为（　　　）。
   A. 二者相等　　　　　　　　　　　　　　B. 流入的大于流出的
   C. 流入的小于流出的　　　　　　　　　　D. 以上都不对

4. 对于双母线接线的变电所，当某一连接元件发生故障且断路器拒动时，失灵保护动作应首先跳开（　　　）。
   A. 拒动断路器所在母线上的所有断路器　　B. 母联断路器
   C. 故障元件的其他断路器　　　　　　　　D. 以上都不对

5. 双母线的电流差动保护，当故障发生在母联断路器与母联 TA 之间时出现动作死区，此时应该（　　　）。
   A. 启动远方跳闸　　　　　　　　　　　　B. 启动母联失灵（或死区）保护
   C. 启动失灵保护及远方跳闸　　　　　　　D. 以上都不对

6. 母线差动保护的暂态不平衡电流比稳态不平衡电流（　　　）。

A. 大　　　　　　　　B. 相等　　　　　　　C. 小　　　　　　　D. 不确定

7. 下列保护中，属于后备保护的是（　　　）。

A. 变压器差动保护　　　　　　　　　　　B. 瓦斯保护

C. 高频闭锁零序保护　　　　　　　　　　D. 断路器失灵保护

8. 为了从时间上判别断路器失灵故障的存在，失灵保护动作时间的整定原则为（　　　）。

A. 大于故障元件的保护动作时间和断路器跳闸时间之和

B. 大于故障元件的断路器跳闸时间和保护返回时间之和

C. 大于故障元件的保护动作时间和保护返回时间之和

D. 以上都不对

9. 双母线运行倒闸过程中会出现两个隔离开关同时闭合的情况，如果此时Ⅰ母发生故障，母线保护应（　　　）。

A. 切除两条母线　　　B. 切除Ⅰ母　　　　C. 切除Ⅱ母　　　　D. 以上都不对

三、判断题

1. 母线完全电流差动保护对所有连接元件上装设的电流互感器的变比相等。（　　　）

2. 电流相位比较式母线保护的工作原理是根据母线外部故障或内部故障时连接在该母线上各电流元件相位的变化来实现的。（　　　）

3. 电流比相式母线保护只与电流的相位有关，而与电流的幅值有关。（　　　）

4. 母线完全电流差动保护是在母线的所有连接元件上装设专用的电流互感器，而且这些电流互感器的变比和特性完全相同。（　　　）

5. 启动元件的作用是当断路器跳闸后，使重合闸的延时元件启动。（　　　）

6. 一般来说不装设专门的母线保护，而是利用供电元件的保护装置把母线故障切除。（　　　）

7. 为了保证选择性和速动性，母线保护是按照差动原理构成的。（　　　）

8. 在母线保护中，从连接元件的电流的相位来看，当母线内部发生故障时，元件中电流的相位是相同的。（　　　）

9. 在母线保护中，从连接元件的电流的相位来看，当母线外部发生故障时，元件中电流的相位是相反的。（　　　）

四、简答题

1. 母线故障的原因有哪些？对系统有哪些危害？母线故障的保护方式有哪些？

2. 母线保护的基本要求有哪些？

3. 双母线系统的母线保护如何实现母线故障判断和故障母线的选择的？

第8章　电动机和并联电容器组保护

8.1　电动机保护

8.1.1　电动机的故障和不正常运行状态

1. 电动机的故障状态

电动机的故障状态主要有定子绕组的相间短路、单相接地短路和一相绕组的匝间短路。

（1）定子绕组的相间短路。不仅会引起绕组绝缘损坏、铁芯烧毁，甚至会使供电网络电压显著降低，破坏其他设备的正常工作，故应装设相间短路保护。GB 14285—2006《继电保护和安全自动装置技术规程》规定，容量在 2MW 以下的电动机装设电流速断保护（保护宜采用两相式）；容量在 2MW 以上或容量小于 2MW 但灵敏度不满足要求的电动机装设纵差保护，保护装置动作于跳闸，对同步电动机还应进行灭磁。

（2）单相接地短路。对电动机的危害取决于供电网络中性点的接地方式，在 380/220V 三相四线制电网中，由于电源变压器的中性点是接地的，所以电动机应装设单相接地短路保护，并动作于跳闸。对 3～6kV 电动机因电网中性点不接地，只当接地电流大于 5A 时，才装设单相接地保护装置，动作于跳闸或信号。

（3）一相绕组匝间短路。会破坏电动机的对称运行，并使相电流增大。最严重的情况是电动机的一相绕组全部短接，此时，非故障相的两个绕组承受线电压，可能引起电动机严重损坏。由于目前还没有完善而简单的反应匝间短路的保护装置，所以在电动机上未装设专门的匝间短路保护。

2. 电动机的不正常运行状态

电动机的不正常运行状态有过负荷、相电流不平衡、低电压、失磁等。

（1）过负荷。最常见也是最严重的不正常运行状态主要是各种过负荷，引起过负荷的原因有：①电动机的机械过负荷；②一相熔断器熔断造成两相运行引起过负荷；③系统电压和频率降低造成过负荷；④电动机启动和自启动时间过长等。较长时间过负荷的直接后果是使电动机温升超过允许值，加速绝缘老化、降低寿命甚至使电动机烧毁。GB 14285—2006《继电保护和安全自动装置技术规程》规定，对于生产过程中容易发生过负荷的电动机可装设过负荷保护，保护应根据负荷特性，带时限动作于信号或跳闸。

（2）相电流的不平衡。对容量为 2MW 及以上的电动机，可装设负序过流保护，动作于信号或跳闸。

（3）低电压。电网电压降低时，电动机的输出转矩随电压平方降低，电动机汲取电流随之增大，供电网络阻抗上压降相应增加。为保证重要电动机的正常运行，在次要电动机上应装设低电压保护。此外，在运行中不允许自启动的电动机也应装设低电压保护。低电压保护动作于跳闸。

（4）失磁。因电网电压降低、励磁电流减小或消失，同步电动机可能失去同步而转入异步运行，严重时将产生机械共振，使电动机损坏。因此，同步电动机需装设失步保护和失磁保护。

电压在 500V 以下的电动机，特别是容量为 0.075MW 及以下的电动机，广泛采用熔断器或自动空气开关作为相间短路和单相接地短路保护；用磁力启动器或接触器中的热继电器作为过负荷和两相运行保护。只有对不能采用熔断器保护的较大容量高压电动机，才装设专用的保护装置。

8.1.2　电动机的短路保护

1. 电流速断保护

容量在 2000kW 以下的电动机上广泛装设电流速断保护作为相间短路保护，为了在电动机内部及电动机与断路器之间的连接电缆上发生故障时保护均能动作，电流互感器尽可能安装在断路器侧。如图 8-1 所示，通常对于不易过负荷的电动机，宜采用如图 8-1（a）所示两相不完全星形接线，可采用 DL-11 型电流继电器。

对易产生过负荷的电动机，宜采用如图 8-1（b）所示两相电流差接线，可采用感应型电流继电器（如 GL-14 型），其中的速断部分用作相间断路保护，反时限部分用作过负荷保护。电动机速断保护的整定计算原则如下。

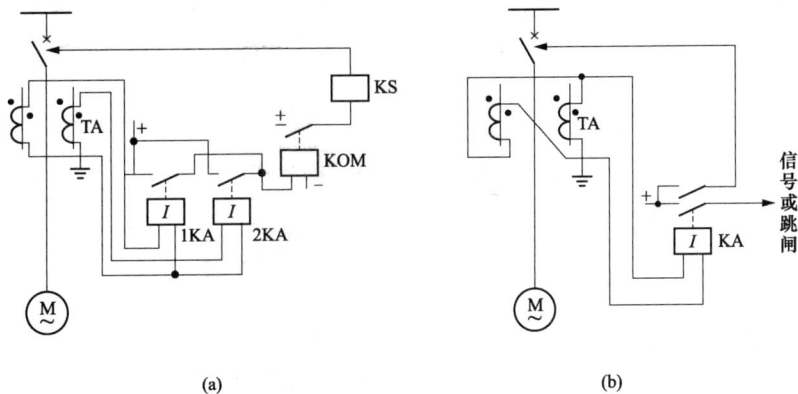

图 8-1　电动机电流速断保护原理接线图
(a) 两相不完全星形接线；(b) 两相电流差接线

电动机速断保护的动作电流按躲过电动机的启动电流整定，公式如下。

$$I_{act} = \frac{K_{rel}K_c}{n_{TA}} I_{st.max} \qquad (8-1)$$

式中　K_{rel}——可靠系数，对 DL-11 型电流继电器，取 $1.4 \sim 1.6$，对 GL-14 型电流继电器取 $1.8 \sim 2$；

K_c——接线系数，对两相不完全星形接线，$K_c = 1$；对两相电流差接线，$K_c = \sqrt{3}$；

n_{TA}——电流互感器变比；

$I_{st.max}$——电动机启动电流周期分量的最大有效值。

单鼠笼电动机，$I_{st} = (5.5 \sim 7.0)I_N$；双鼠笼电动机，$I_{st} = (3.5 \sim 4.0)I_N$；绕线式电动机，$I_{st} = (2.0 \sim 2.5)I_N$；$I_N$ 为电动机额定电流。

保护装置的灵敏度按式（8-2）校验

$$K_{sen} = \frac{I_{k.min}^{(2)}}{n_{TA}I_{K.act}} \geq 2 \qquad (8-2)$$

式中 $I_{k.\,min}^{(2)}$ ——系统最小运行方式下，电动机端两相短路电流。

2. 纵差动保护

电动机容量在 5MW 以下时，纵差动保护采用两相式接线，在 5MW 以上时，采用三相式接线，以保证一点在保护区内另一点在保护区外两点接地时的快速跳闸。纵差动保护的原理接线如图 8-2 所示。

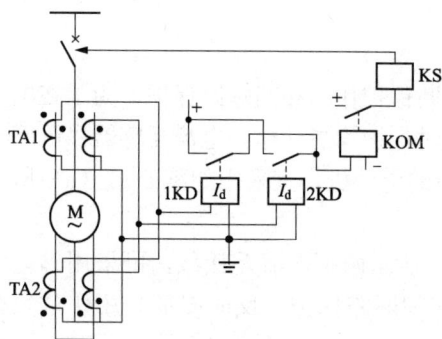

图 8-2 电动机纵差动保护原理接线

差动继电器 KD 的动作电流应躲过电动机额定电流 I_N，即

$$I_{K.\,act} = \frac{K_{rel}}{n_{TA}} I_N \qquad (8-3)$$

式中 $I_{K.\,act}$ ——继电器的启动电流；

　　　K_{rel} ——可靠系数，对 BCH-2 型差动继电器，取 1.3；对 DL-11 型电流继电器，取 1.5~2。

出口中间继电器 KOM 应带 0.1~0.2s 延时，以躲过电动机自启动时非周期分量的影响。保护装置的灵敏度按式（8-2）校验，要求灵敏度不小于 2。

3. 电动机的单相接地保护

对工作在 380/220V 中性点直接接地系统的电动机，单相接地是短路故障，可借助电动机三相式相间短路保护瞬时作用于跳闸。

中性点非直接接地电网中的高压电动机，当发生单相接地且接地电流大于 5A 时，应装设单相接地保护。

电动机单相接地保护接线如图 8-3 所示，其中 TA 为零序电流互感器，电缆头的接地线应通过 TA 铁芯窗口接地。零序电流继电器 KAZ 的动作（启动）电流为

$$I_{K.\,act} = \frac{K_{rel}}{n_{TA}} 3I_{0.\,max} \qquad (8-4)$$

式中 K_{rel} ——可靠系数，取 4~5；

　　　$3I_{0.\,max}$ ——外部单相接地短路时，流过保护的最大接地电容电流。

保护装置的灵敏度可按式（8-5）校验

$$K_{sen} = \frac{3I_{0.\,min}}{n_{TA} I_{K.\,act}} \geqslant 2 \qquad (8-5)$$

式中 $3I_{0.\,min}$ ——最小运行方式下电动机端发生单相接地短路时，流过保护的接地电容电流。

4. 电动机的低电压保护

图 8-4 所示为 3~6kV 厂用电动机低电压保护接线。在图 8-4（a）的交流回路中，1QS 为电压互感器一次侧的隔离开关，当电压互感器停用时，通过辅助触点 $1QS_1 \sim 1QS_6$ 将二次回路全部断开，消除电压互感器二次侧向一次侧倒送电的可能；同时，通过

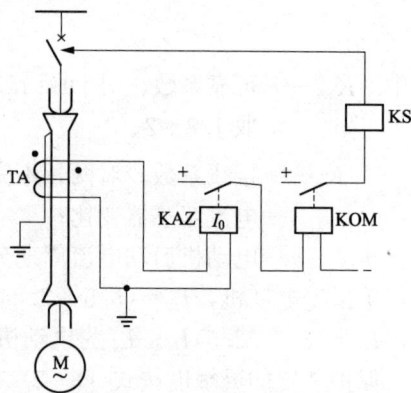

图 8-3 电动机单相接地保护原理接线

1QS₇触点解除了图 8 - 4（b）直流回路的控制电源，防止保护误动作（注意，此时直流电源监视继电器 KVS 处于失磁状态，光字牌 H₁ 亮）。1KVU～3KVU 为接于相间电压上的低电压继电器，KV1 为接于电压互感器 TV 开口三角形绕组上的对地绝缘监视继电器。当发生接地短路时，KV1 处于动作状态。

电动机的低电压保护一般设两个时限，以较短的时限（一般取 0.5s）跳开次不重要电动机，如图 8 - 4（b）中的时间继电器 1KT；以较长的时限（一般取 9～10s）跳开不自启动的重要电动机，如图 8 - 4（b）中的时间继电器 2KT。当电源三相短路消失或三相电压降低到低电压继电器的动作值时，1KVU、2KVU、3KVU 动断触点闭合，动合触点断开，1KC 失磁，于是 1KT 启动，经 0.5s，控制电压"＋"极加于小母线 W1 上，切除次重要电动机。如电压仍不能恢复，则 4KVU 仍处于动作状态，时间继电器 2KT 也处于动作状态，经 8～9s，控制电压"＋"极加于小母线 W2 上，切除不允许自启动的重要电动机。低电压保护动作后，光字牌 H3 亮。

当电压互感器一次侧或二次侧发生断线时，1KVU～3KVU 相应的动断触点闭合，因不是三相断线，1KVU～3KVU 的动合触点总有一个闭合，于是 1KC 启动。1KC 动作后，一方面断开了 1KT、2KT 的启动回路，防止低电压保护误动作；另一方面光字牌 H1 亮，发出电压回路断线信号。

当直流控制电源消失时，KVS 失磁，光字牌 H1 亮。

最后指出，低电压继电器 3KVU、4KVU 的专用熔断器 FU4、FU5 的额定电流比其他熔断器 FU1～FU3 的额定电流大两极，以防止 FU1～FU3 全熔断时低电压保护误动作。

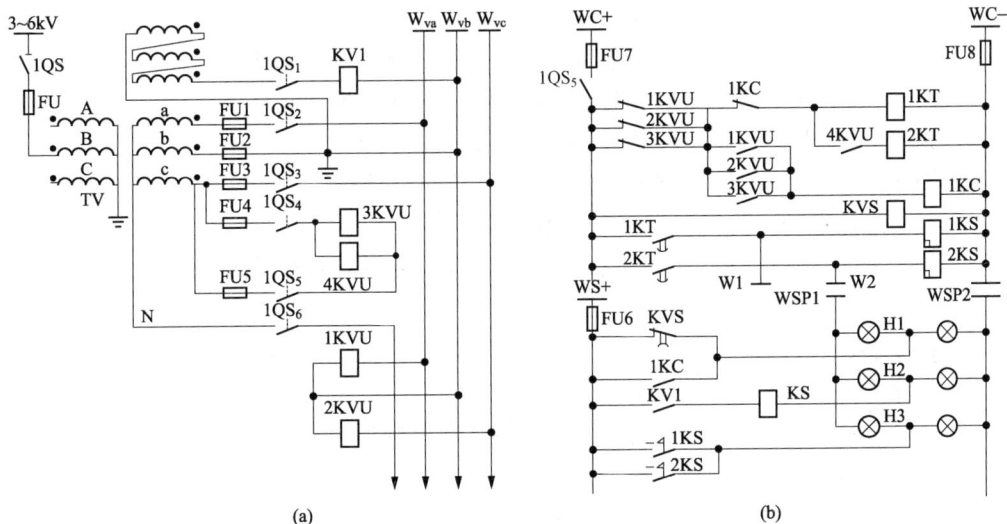

图 8 - 4　厂用电动机低电压保护接线
（a）交流回路；（b）直流控制回路

关于低电压继电器的动作（启动）电压，1KVU、2KVU、3KVU（控制 0.5s 的时间继电器 1KT）的动作电压为

$$U_{\text{K.act}} = \frac{1}{n_{\text{TV}}}(60\% \sim 65\%)U_N \qquad (8-6)(\text{中温中压电厂})$$

$$U_{K.act} = \frac{1}{n_{TV}}(65\% \sim 70\%)U_N \qquad (8\text{-}7)(\text{高温高压电厂})$$

式中　n_{TV}——电压互感器变比；

$\qquad U_N$——供电网络的额定线电压。

这样可保证重要电动机自启动时低电压保护不会误动作。

4KVU（控制 9s 的时间继电器 2KT）电压为

$$U_{K.act} = \frac{(60\% \sim 65\%)U_N}{n_{TV}K_{rel}K_{re}} \qquad (8\text{-}8)(\text{中温中压电厂})$$

$$U_{K.act} = \frac{(65\% \sim 70\%)U_N}{n_{TV}K_{rel}K_{re}} \qquad (8\text{-}9)(\text{高温高压电厂})$$

式中　K_{rel}——可靠系数，$K_{rel} > 1$；

$\qquad K_{re}$——低电压继电器的返回系数，$K_{re} > 1$。

5. 微机型电动机保护

（1）电流速断保护。电流速断保护，作为电动机相间故障的主保护，该保护分别设置高灵敏度定值 I_{sdg}，低灵敏度定值 I_{sdd}，能有效地防止启动过程中因启动电流过大引起的误动，同时还能保证正常运行中保护具有较高的灵敏度。

其动作判据为

$I_{max} > I_{sdg}$ 在额定启动时间内　　　　$I_{max} = \max(I_a, I_b, I_c)$

$I_{max} > I_{sdd}$ 在额定启动时间后

$$t > t_{sd} \qquad (8\text{-}10)$$

式中　I_{max}——A、B、C 相电流（I_a, I_b, I_c）最大值，A；

$\qquad I_{sdg}$——速断动作电流高值（电动机启动过程中速断电流动作值），A；

$\qquad I_{sdd}$——速断动作电流低值（电动机启动结束后速断电流动作值），A；

$\qquad t_{sd}$——速断保护动作整定时间，s。

本保护在电动机启动时，带有约 70ms 延时，以避开瞬间的暂态峰值电流。

（2）负序过流保护。为防电动机电流不对称，出现较大的负序电流；而负序电流在转子中产生 2 倍工频的电流，使转子发热大大增加，危及电动机的安全运行。负序过流保护分两段。

1）负序过流Ⅰ段保护。当电动机发生断相、反相或匝间短路，将产生负序电流，装置根据负序电流值提供保护。

$I_{21act} = (0.6\sim1)I_N$；$t_{21act}$ 按躲过开关不同期合闸出现的暂态过程的时间整定。负序过流Ⅰ段跳闸动作条件如下。

$$\left.\begin{array}{r} I_2 > I_{21act} \\ t > t_{21act} \end{array}\right\} \qquad (8\text{-}11)$$

式中　I_{21act}——为电动机负序电流Ⅰ段定值，A；

$\qquad I_2$——为负序电流，A；

$\qquad t_{21act}$——为负序电流Ⅰ段保护动作时间，s。

2）负序过流Ⅱ段保护。当电机严重不平衡，按电动机承受不平衡工况整定。其动作判据为

$$I_2 > I_{22act}$$

$$t > t_{22act} \tag{8-12}$$

式中　I_{22act}——电动机负序电流Ⅱ段定值，A；

　　　I_2——负序电流，A；

　　　t_{22act}——负序电流Ⅱ段保护动作时间，s。

（3）定子单相接地保护。对于电动机所在的低压电网，中性点一般不接地或经消弧线圈/电阻接地，其定子单相接地主要由绝缘损坏引起，其零序电流主要为电容电流，采用零序电流互感器获取电动机的零序电流，构成电动机的单相接地保护。为防止在电动机较大的启动电流下，由于零序不平衡电流引起本保护误动作，本保护采用了最大相电流 I_{max} 作制动量，其动作特性如图 8-5 所示。

动作判据如下。

$$I_0 > I_{0act} \text{ 当 } I_{max} \leqslant 1.05 I_N$$

或 $I_0 > [1 + (I_{max}/I_N - 1.05)/4] I_{0act}$ 当 $I_{max} > 1.05 I_N$

$$t_0 > t_{0act} \tag{8-13}$$

式中　I_0——电动机的零序电流；

　　　I_{0act}——零序电流动作值，A；

　　　I_N——电动机额定电流，A；

　　　t_{0act}——零序电流保护整定时间，s；

　　　t_0——接地保护动作时间，s。

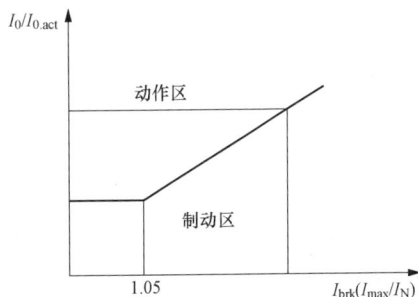

图 8-5　接地保护特性曲线

（4）过热保护。在各种运行工况下，正、负序电流将引起电动机过热，因此设置电动机过热保护。设电动机的允许过热量 $\theta_T = I_e^2 \times T_{fr}$，式中 I_e 为电动机额定电流，T_{fr} 为电动机的发热时间常数。当电动机的积累过热量 $\theta_\Sigma > \theta_T$ 时，过热保护动作。为了表示方便，电动机的积累过热量的程度用过热比例 θ_r 表示，$\theta_r = \theta_\Sigma / \theta_T$，所以当 $\theta_r > 1.0$ 时，过热保护动作。为了提示运行人员，当过热比例 θ_r 超过过热告警整定值 θ_a 时，保护先告警。

当电动机因过热保护切除后，本保护即检查电动机过热比例 θ_r 是否降低到整定的过热闭锁值 θ_b 以下，如否，则保护出口继电器不返回禁止电动机再启动。避免由启动电流引起过高温升，损坏电动机。紧急情况下，如在过热比例 θ_r 较高时，需启动电动机，可以按装置面板上的"复归"键，人为清除装置记忆的过热比例值 θ_r 为零。

（5）堵转保护。为了保证电动机不因堵转而烧坏，用电动机转速开关和相电流构成堵转保护。其动作条件如下。

$$I_{max} > I_{dact}$$
$$t > t_{dact} \tag{8-14}$$

式中　I_{dact}——堵转保护动作电流整定值，A；

　　　t_{dact}——堵转保护动作时间，s。

满足条件时，转速开关触点闭合。

本保护引入电动机转速开关信号，当电动机启动时，堵转保护元件自动退出。

（6）启动时间过长保护。当电动机在规定的启动时间内没有完成启动时保护动作。启动时间按式（8-15）整定。

$$t_{qdj} = \left(\frac{I_{qde}}{I_{qdm}}\right)^2 \times t_{yd} \tag{8-15}$$

式中　　t_{qdj}——计算启动时间，s；

$\quad\quad I_{qde}$——电动机的额定启动电流，A；

$\quad\quad I_{qdm}$——本次电动机启动过程中的最大启动电流，A；

$\quad\quad t_{yd}$——电动机的允许堵转时间，s。

若在计算启动时间 t_{qdj} 内，$I_{max}<1.125I_e$，则电动机正常启动，若在计算启动时间 t_{qdj} 内，$I_{max}>1.125I_e$，则电动机未能正常启动，长启动保护动作。

（7）过负荷保护。主要防止由过负荷、不对称过负荷、定子断线等引起的电动机过热，也作为电动机短路、启动时间过长、堵转等其他故障的后备保护。其动作判据如下。

$$I_{max}>I_{Lact}$$
$$t>t_{Lact} \tag{8-16}$$

式中　　I_{Lact}——过负荷保护电流动作值，A；

$\quad\quad t_{Lact}$——过负荷保护动作时间，s。

（8）低电压保护。当电源电压降低或短时中断，为了保证重要电机自启动及根据生产过程和技术保安要求，电动机需配置低电压保护；三个线电压均小于低电压保护定值，电压保护动作。PT 断线后设定闭锁低电压保护。其动作判据如下。

$$U_{max}=\max(U_{ab},U_{bc},U_{ca})$$
$$U_{max}<U_{act}$$
$$t>t_{act} \tag{8-17}$$

低压保护启动前：$\quad\quad\quad\quad U_{max}>1.05U_{act}$

式中　　U_{act}——低电压保护电压动作值，A；

$\quad\quad t_{act}$——低电压保护动作时间，s。

8.2　并联电容器组保护

在变电所中，低压侧通常装设并联电容器组，以补偿系统无功功率的不足，从而提高电压质量，降低电能损耗，提高系统运行的稳定性。并联电容器组可以接成星形，也可接成三角形。在大容量的电容器组中，为限制高次谐波的放大作用，可在每组电容器组中串接一只小电抗器。

电容器组常见的故障和异常运行情况如下。

（1）电容器组和断路器之间连接线的短路。

（2）电容器内部极间短路。

（3）电容器组中多台电容器故障。

（4）电容器组过负荷。

（5）电容器组的母线电压升高。

（6）电容器组失压。

电容器组应配置的保护装置如下。

1）单台电容器应设置专用熔断器组，不同接线方式采用不同的保护方式：星形接线的电容器组可采用开口三角形电压保护；多段串联的星形接线电容器组也可采用电压差动保护或桥式差电流保护；双星形接线的电容器组可采用中性线不平衡电压保护或不平衡电流保护。

2) 对电容器组的过电流和内部连接线的短路，应设置过电流保护。当有总断路器及分组断路器时，电流速断作用于总断路器跳闸。

3) 电容器组设置母线过电压保护，带时限动作于信号或跳闸。在设有自动投切装置时，可不另设过电压保护。

4) 电容器组宜设置失压保护，当母线失压时自动将电容器组切除。

8.2.1　电容器组和断路器之间连接线的短路保护

对电容器组和断路器之间连接线的短路故障，应装设带短路时限的过电流保护，动作于跳闸。

电流互感器一般为三相星形连接，保护的动作电流应躲过电容器长期允许的最大工作电流整定。过电流保护经 0.3~0.5s 延时跳闸，以便躲过电容器组投入时的涌流，同时也可躲过回路控制时的熔断器的熔断时间。

过电流保护一般为两段式，第 Ⅱ 段兼作过负荷保护用，通常为定时限特性。保护逻辑框图如图 8-6 所示，SW1、SW2 分别为 Ⅰ 、Ⅱ 的控制字软开关。

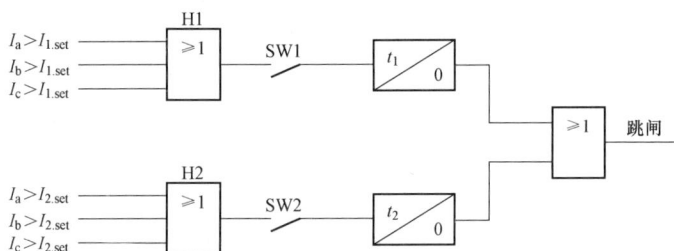

图 8-6　电容器过流保护逻辑框图

8.2.2　电容器内部极间短路

并联电容器由许多单台电容器串、并联组成。对于单台电容器，内部发生极间短路时，最简单、有效的保护方式是采用熔断器。熔断器的额定电流可取 1.5~2 倍电容器额定电流。由于电容器具有一定的过载能力，一台电容器故障由专用的熔断器切除后对整个电容器组没多大影响。这种保护简单、价廉、灵敏度高、选择性强，能迅速隔离故障电容器，保证其他完好的电容器继续运行。

8.2.3　电容器组中多台电容器故障

当多台电容器故障时由熔断器切除后，继续运行的电容器将出现不允许的过载或过电压，并且熔断器抗电容充电涌流的能力不佳，不适应自动化要求等原因，对于多台串并联的电容器组保护必须采用更加完善的继电保护方式，常用的保护有：零序电压保护、不平衡电流或电压保护、零序电流保护、板式差流保护、电压差动保护等。

(1) 单星形接线的电容器组如图 8-7 (a) 所示，一般采用零序电压保护。保护采用电压互感器的开口三角形的零序电压。电压互感器的一次绕组兼作电容器放电线圈，可防止母线失压后再次送电时因剩余电荷造成的电容器过电压。

如电容器组中多台电容器发生故障，电容器组的电纳将发生较大变化，引起电容器组端电压改变，在开口三角形出口随即产生零序电压。单星形电容器组微机保护逻辑框图

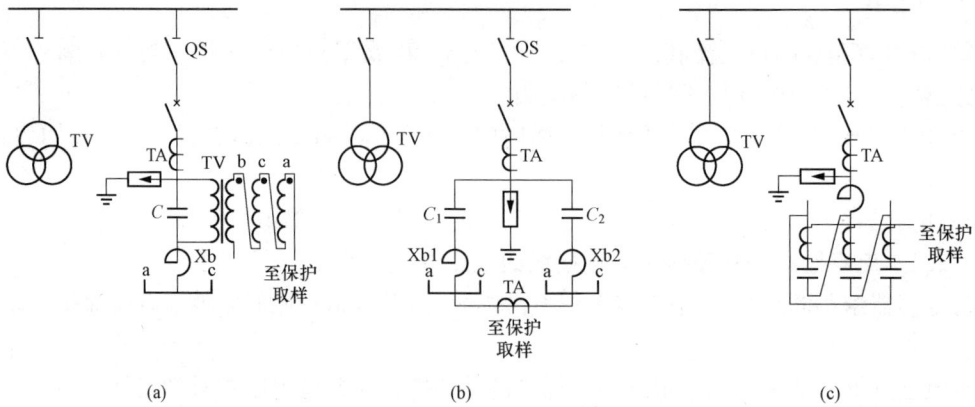

图 8-7 三种简单的电容器组保护方式
(a) 单星形；(b) 双星形；(c) △形

如图 8-8 所示，t_{0U} 为零序电压保护的延时，SW 为控制字软开关。

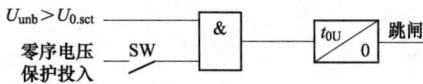

图 8-8 零序电压保护逻辑图

（2）双星形接线的电容器组保护。双星形接线的电容器组保护可采用不平衡电流或电压保护方式。

双星形接线的电容器的主接线如图 8-7（b）所示，TA 是测量中性线不平衡电流的零序电流互感器。

双星形接线的电容器组保护采用中性线不平衡电流，当同相的两电容器组 C_1 或 C_2 中发生多台电容器故障时，即 $X_{C1} \neq X_{C2}$，此时流过 C_1 和 C_2 的电流不相等，因此在中性线中流过不平衡电流 I_{unb}，当 $I_{unb} > I_{set}$ 时保护动作。不平衡电压保护时，可用 TV 改换 TA。即将 TV 一次绕组串在中性线中，当某电容器组发生多台电容器故障时，故障电容器组所在星形的中性点电位发生偏移，从而产生不平衡电压，当 $U_{unb} > U_{set}$ 时，保护动作；其逻辑框图如图 8-9 所示，与图 8-8 相似。

（3）三角形接线的电容器组保护。电容器组为三角形接线时，通常用于较小容量的电容器组，其保护采用零序电流保护，其接线如图 8-7（c）所示，其逻辑框图与图 8-8 类似。

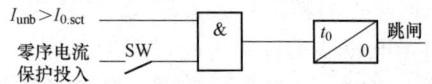

图 8-9 双星形接线的电容器的
不平衡电流保护逻辑图

（4）桥式差流的保护方式。电容器组为单星形接线，而每相接成四个平衡桥的桥路时，可以采用桥差接线的保护方式，其一次接线如图 8-10（a）所示。正常运行时四个桥臂容抗平衡，$X_{C1} = X_{C2}$，$X_{C3} = X_{C4}$（或 $C_1/C_2 = C_3/C_4$），因此桥差接线的 M 和 N 之间无电流流过。当四个桥臂中有一个电容器组存在多个电容器损坏时，桥臂之间因不平衡，在差接线 MN 中就流过不平衡差流，不平衡差流超过定值时保护动作。桥差保护方式的逻辑框图如图 8-10（b）所示。图中 SW 控制字"1"为投入，"0"为退出运行。

（5）电压差动保护方式。电容器组为单星形接线，而每相为两组电容器组串联组成时，可用电压差动保护方式，其一次接线如图 8-11（a）所示，图中只画出一相 TV 接线，其他两相也是相似的。TV 的一次绕组可以兼作电容器组的放电回路，TV 二次绕组接成压差式

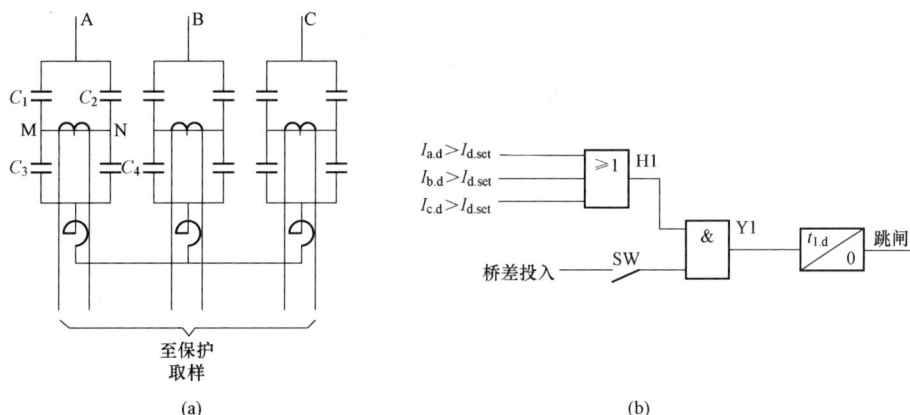

图 8-10　电容器组桥差保护方式

（a）桥差接线；（b）桥式差流保护逻辑框图

即反极性相串联。正常运行时 $C_1 = C_2$，压差为零；当电容器组 C_1 或 C_2 中有多台电容器损坏时，由于 C_1 和 C_2 容抗不等，因两只 TV 一次绕组的分压不等，压差接线的二次绕组中将出现差电压，当压差超过定值时保护动作。压差保护方式的逻辑框图如图 8-11（b）所示，SW 为控制字，"1"为投入，"0"为退出。

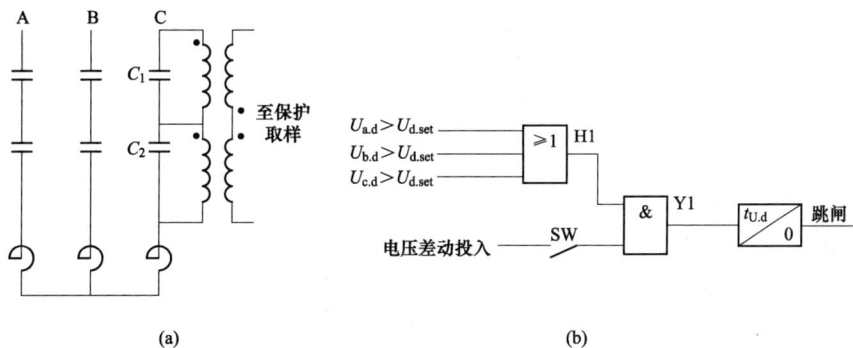

图 8-11　电容器组压差保护方式

（a）压差接线；（b）电压差动保护逻辑框图

8.2.4　电容器组过负荷

电容器组过负荷时由系统过电压及高次谐波引起，按规定电容器应能在 1.3 倍额定电流下长期运行，过电流允许达到 1.43 倍额定电流。

电容器组会装设反映稳态电压升高的过电压保护，且在大容量电容器组中一般会装设抑制高次谐波的串联电抗器，这种情况下可不装设过负荷保护。仅当高次谐波含量较高或实测电容器回路电流超过允许值时，才装设过负荷保护，延时动作于信号。一般情况下过负荷与过电流保护结合在一起。

8.2.5　电容器组过电压保护

电容器组的过电压保护与多台电容器切除后的过电压保护，作用完全不同。前者在母线电压过高时保护电容器组不损坏，后者是在母线电压正常情况下，切除内部故障的电容器组后，使电容器上电压分布不均匀，保护切除电容器组使该段上剩余电容器不受过电压损坏。

电容器组允许在 1.1 倍额定电压下长期运行，当母线电压升高时，过电压保护应动作，带时限发信号或跳闸如图 8-12 (a) 所示。

当电容器组设有以电压为判据的自动投切装置时，可不装设过电压保护。

8.2.6 电容器组失压保护

当母线电压消失时，电容器组失去电源开始放电，电容器电压逐渐降低，若残余电压未放电到 0.1 倍额定电压就恢复母线电压，则电容器组上将承受高于 1.1 倍额定电压的合闸过电压，导致电容器组的损坏，因而需装设失压保护。

电容器组失压保护，当三相电压同时降低到失压动作值时，保护动作；同时为了防止所接 TV 二次侧断线导致失压保护误动，保护经电流闭锁如图 8-12 (b) 所示。当母线消失后，如果有电流，电容器失压保护不动作；如果没有电流，则电容器失压保护动作于跳闸。

微机电容器电压保护的逻辑框图如图 8-12 所示，SW3 为控制字软开关。过电压和欠电压保护均通过延时鉴别稳态过电压和欠电压。

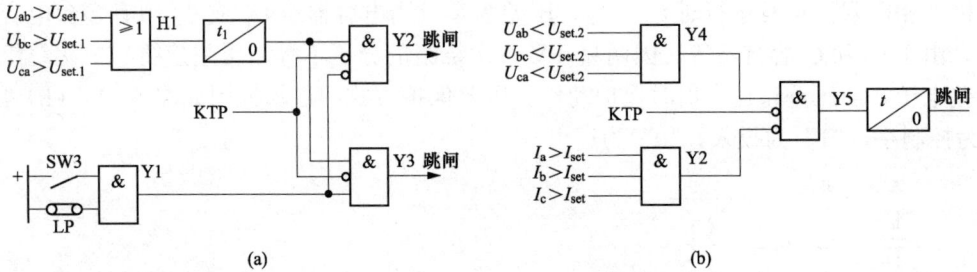

图 8-12 电压保护逻辑框图
(a) 过电压保护；(b) 低电压保护

在系统故障过压或低压电容器保护动作跳闸后，为了使保护能立即复位，要求保护在跳位时 (KTP=1) 能自动退出运行，待母线电压恢复正常后断路器可重新投入运行。在图 8-12 中，KTP=1 时去闭锁过压保护的 Y2 和 Y3、低压保护的 Y5，使电容器保护自动退出运行。

8.2.7 电容器组其他保护

1. 电抗器限流保护

与电容器串联的电抗器，具有限制短路电流、防止电容器合闸时充电涌流及放电电流过大损坏电容器。除此之外，电抗器还能限制对高次谐波的放大作用，防止高次谐波对电容器的损坏。

2. 避雷器的过压保护

与电容器并联的避雷器用于吸收系统过电压的冲击波，防止系统过电压，损坏电容器。

习 题 8

一、填空题

1. 电动机接地故障电流大于 5A 时，应装设_____，并作用于_____。

2. 低电压保护应装于＿＿＿＿和＿＿＿＿的电动机。

3. 发生定子绕组相间短路时，＿＿＿＿一般用于容量 2MW 及以上的电动机，＿＿＿＿用于容量小于 2MW 的电动机。

4. 电动机纵差保护的接线方式有＿＿＿＿和＿＿＿＿。

5. 电动机的故障主要有＿＿＿＿、＿＿＿＿和＿＿＿＿。

6. 电动机的不正常运行状态有＿＿＿＿、＿＿＿＿、＿＿＿＿和＿＿＿＿。

7. 三种电容器组保护方式有＿＿＿＿、＿＿＿＿和＿＿＿＿。

二、选择题

1. 高压电动机通常指（　　）供电电压的电动机。

A. 220～380V　　　　B. 1～3kV　　　　　　C. 3～10kV　　　　　D. 1～10kV

2. 高压电动机最严重的故障是（　　）。

A. 定子绕组相间短路　　　　　　　　B. 定子绕组单相接地短路

C. 启动时间过长　　　　　　　　　　D. 堵转

3. 高压电动机的供电网络一般是（　　）系统。

A. 中性点直接接地　　　　　　　　　B. 中性点非直接接地

C. 大接地电流

4. 电流速断保护一般用于容量（　　）的高压电动机。

A. ＜2MW　　　　　B. ≥2MW　　　　　　C. ＜4MW　　　　　D. ≥4MW

5. 高压电动机的电流速断保护一般采用（　　）接线。

A. 一相式　　　　　B. 两相式　　　　　　C. 三相式　　　　　D. 三角形

6. 电动机单相接地故障的自然接地电流（　　）时需装设单相接地保护。

A. ＞1A　　　　　　B. ＞2A　　　　　　　C. ＞3A　　　　　　D. ＞5A

7. 供电网络电压降低时，电动机转速（　　）。

A. 下降　　　　　　B. 上升　　　　　　　C. 不变　　　　　　D. 先上升后下降

8. 不是高压电动机定子绕组相间短路的危害有（　　）。

A. 绕组绝缘严重损坏　　　　　　　　B. 铁芯烧伤

C. 影响或破坏其他用户正常工作　　　D. 转速过快

9. 低电压保护不应装于（　　）的高压电动机。

A. 重要　　　　　　B. 次要　　　　　　　C. 不需要自启动

10. 高压电动机的相间短路保护，不能用（　　）。

A. 电流速断保护　　B. 正序过电流保护　　C. 纵差保护

三、判断题

1. 电动机的负序电流保护主要反映相间短路、断相、相序接反以及供电电压过低等情况。（　　）

2. 电动机运行中可能发生的主要故障有定子绕组相间短路、单相接地短路、一相绕组匝间短路和堵转等形式。（　　）

3. 动作结果为跳闸的电动机保护有相间短路保护、堵转保护、瓦斯保护等。（　　）

4. 高压电动机常见的异常运行状态有启动时间过长、一相熔断器熔断、三相不平衡、堵转、过负荷引起的过电流以及供电电压过高或过低。（　　）

5. 高压电动机最严重的故障是定子绕组相间短路。（　　）

6. 电流速断保护一般用于容量大于 2MW 的高压电动机。（　　）

7. 高压电动机通常指 1～3kV 供电电压的电动机。（　　）

8. 高压电动机的供电网络一般是中性点直接接地系统。（　　）

9. 高压电动机接地电流大于 10A 时，将造成定子铁芯烧损等故障。（　　）

10. 高压电动机一相绕组匝间短路时，故障相电流增大，破坏电动机的对称运行，并造成局部严重发热。（　　）

四、简答题

1. 系统异常对电力电容器有何危害？电容器内部故障时电力电容器有何危害？

2. 电力电容器组内部故障的专用保护如何选用？电力电容器通用保护是如何配置的？

3. 电动机装设低电压保护的目的是什么？

第 9 章　电力系统自动装置

9.1　备用电源和备用设备自动投入装置

9.1.1　备用电源自动投入装置的作用

电力系统对发电厂厂用电、变电所所用电的供电可靠性要求很高，发电厂厂用电、变电所所用电一旦供电中断，可能造成整个发电厂停电，变电所无法正常运行，后果十分严重。因此，发电厂厂用电、变电所所用电均设置有备用电源（或备用设备）。此外，一些重要的工矿企业用户为了保证它的供电可靠性，也设置了备用电源（或备用设备）。备用电源（或备用设备）自动投入装置就是当工作电源因故障被断开后，能迅速自动地将备用电源或备用设备投入工作，使用户不至于停电的一种装置。简称为 AAT 装置。

备用电源和备用设备自动投入装置按其电源备用方式可分为两种。

1. 明备用方式

即装设专用的备用变压器或备用线路，作为工作电源的备用，在正常情况下有明显断开的备用电源或备用设备。如图 9-1 中的（a）、（b）、（c）、（d）所示。明备用电源通常只有一个，而且一个明备用电源往往可以同时作为两段或几段工作母线的备用。如图 9-1（a）中，备用变压器 T2 同时作为Ⅰ、Ⅱ段母线的备用电源。

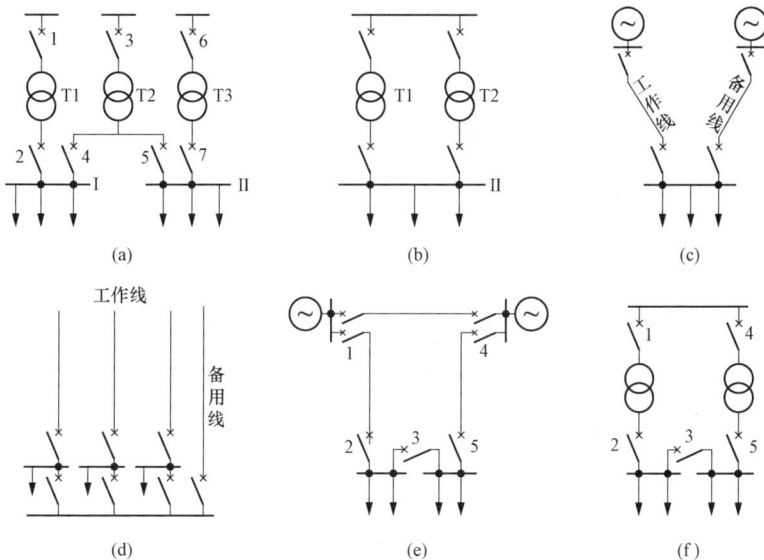

图 9-1　应用 AAT 装置的一次接线图
（a）、（b）、（c）、（d）明备用；（e）、（f）暗备用

2. 暗备用方式

即不装设专用的备用变压器或备用线路，而是由两个工作电源互为备用，如图 9-1 中

的（e）、（f）所示。正常情况下，各段母线由各自的工作电源供电，母线分段断路器3处在断开位置。当某一电源故障跳闸时，AAT装置将分段断路器3自动合上，靠分段断路器使两个工作电源互为备用。这样，要求每一个工作电源的容量都应根据两个分段母线上的总负荷来考虑，否则在AAT动作之后，要减去一些负荷。

采用AAT装置后具有如下优点。

（1）提高供电的可靠性，节省建设投资。

（2）简化继电保护。采用了AAT装置后，环形网络可以开环运行，变压器可分裂运行，如图9-1中的（e）、（f）。这样，采用简单的继电保护装置便可满足选择性和灵敏性。

（3）限制短路电流，提高母线的残余电压。在某些场合，由于短路电流受到限制，不再需要装设出线电抗器，既节省了投资，又使运行维护方便。

由于AAT装置简单、费用低，而且可以大大提高供电的可靠性和连续性，因此，在发电厂的厂用供电系统和厂、矿企业的变、配电所中得到广泛的应用。按照GB 14285—2006《继电保护和安全自动装置技术规程》规定，在下列情况下，应装设备用电源自动投入装置。

（1）装有备用电源的发电厂厂用电源和变电所所用电源。

（2）由双电源供电，其中一个电源经常断开作为备用的变电所。

（3）降压变电所内有备用变压器或互为备用的母线段。

（4）有备用机组的某些重要辅机。

9.1.2　对备用电源自动投入装置的基本要求

（1）工作母线不论任何原因失去电压，AAT装置均应动作。此时供电元件已不能向用户供电，AAT装置必须启动，使备用电源投入工作，以保证对用户不间断的供电。为了满足这一要求，AAT装置在工作母线上设置独立的低压启动部分，并设有备用电源电压监视继电器。当工作母线失去电压后，低压启动部分动作，断开供电元件的受电侧断路器。

（2）只有当工作电源断开后，备用电源才投入。假如工作电源发生故障而断路器尚未断开时就投入备用电源，即将备用电源投入到故障元件上，这样势必扩大事故，加重故障设备的损坏程度。为此，AAT装置的合闸部分应由供电元件受电侧断路器与AAT投入开关非对应启动AAT，自动将备用电源（或备用设备）合上。

（3）AAT只允许投一次。当工作母线或出线上发生未被出线断路器断开的永久性故障时，备用电源自动投入装置动作一次，断开工作电源（或设备），投入备用电源（或设备）。由于故障仍然存在，备用电源（或设备）上的继电保护动作，断开备用电源（或设备）后，就不允许AAT装置再次动作，以避免备用电源（或设备）多次投入到故障元件上，对系统造成再次冲击，扩大事故。为此，要控制备用电源自动投入装置发出合闸脉冲的时间，以保证备用断路器只能合闸一次。

（4）一个备用电源可同时作为几个工作电源的备用。在备用电源已代替某个工作电源后，其他工作电源又被断开时，备用电源自动投入装置仍应能工作，但要视其容量的大小。

（5）备用电源自动投入的时间以对电动机不造成大的冲击电流的情况下越快越好，考虑到停电时间短电动机的残压高，反应残压的备自投动作时间以1～1.5s为宜。

（6）备用电源无电压时，AAT不动作。

（7）应校验过负荷和电动机的自启动。如备用电源过负荷超过限度或不能保证电动机自启动时，应在AAT装置动作时自动减负荷。

（8）备用设备投入故障时，应加速保护动作。

此外，低压部分中电压互感器二次侧的熔断器熔断时，AAT 装置不应该动作。

9.1.3 备用电源自动投入装置的基本组成原理

备用电源自动投入装置分为电磁型（传统型）和微机型。不同场合的 AAT 装置接线有所不同，但其基本组成原理是相同的。

为满足上述基本要求，传统型 AAT 装置应由以下两部分组成。

（1）低电压启动部分。当母线因各种原因失去电压时，断开工作电源断路器。

（2）自动合闸部分。在工作电源的断路器断开后，将备用电源的断路器投入。

而微机型 AAT 装置运行方式灵活，可直接与微机监控或保护管理机联网通信，同时在电压互感器二次断线或装置自身故障时，可自动告警，在现场中得到广泛应用。

一般地，微机型 AAT 装置既可以用于线路自动投入，又可以用于母线分段断路器自动投入。如图 9-2 所示系统主接线为例，微机型 AAT 装置可有四种运行方式：方式 1、2 作为备用线路自动投入，分别选择 2QF、1QF 作为自动投入开关；方式 3、4 选择 3QF 作为自动投入开关，方式 3 为跳 1QF 合 3QF，方式 4 为跳 2QF 合 3QF。

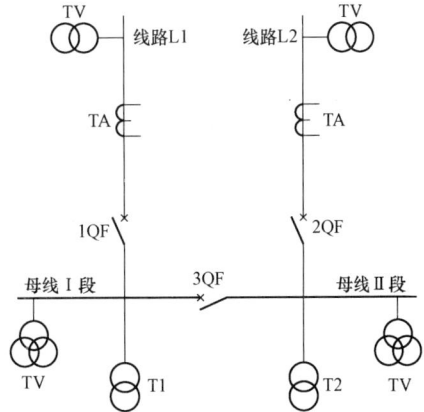

图 9-2 系统主接线

9.2 输电线路自动重合闸装置

9.2.1 输电线路自动重合闸的作用

1. 自动重合闸装置的主要作用及分类

在电力系统的各种故障中，输电线路（特别是架空线）是发生故障几率最多的元件，而瞬时性故障，约占总故障次数的 80%～90%。因此，采取措施提高输电线路的可靠性对电力系统的安全稳定运行具有非常重要的意义。比如雷击过电压引起的绝缘子表面闪络，大风时的短时碰线，通过鸟类身体的放电，风筝绳索或树枝落在导线上引起的短路等。当这些故障被继电保护动作切除后，电弧即可熄灭，故障点的绝缘可恢复，故障随即自行消除。这时若重新合上断路器，往往能恢复供电，减少用户停电时间，提高供电可靠性。如果由运行人员手动操作重合闸，因为停电时间过长，所以重合闸取得的效果并不显著。实际运行中，广泛采用自动重合闸装置（简称 ARC）将被切除的线路断路器重新投入。

采用重合闸装置后，如果线路发生瞬时性故障，能够恢复线路的供电；如果线路发生永久性故障，重合闸与继电保护配合，重合不成功。根据运行资料的统计，输电线路上自动重合闸动作的成功率一般可达 60%～90%。可见，采用自动重合闸装置来提高供电可靠性的效果是很明显的。

（1）自动重合闸装置的主要作用。

1）提高输电线路的供电可靠性，减少因瞬时性故障停电造成的损失。

2）对于双端供电的高压输电线路，可提高系统并列运行的稳定性，从而提高线路的输送容量。

3）可以纠正由于断路器本身机构不良，或继电保护误动作而引起的误跳闸。

4）自动重合闸与继电保护配合，在很多情况下，可以加速切除故障。

由于自动重合闸装置带来的效益可观，而且本身结构简单、工作可靠，因此，在电力系中得到了广泛的应用。规程规定："1kV 及以上的架空线路和电缆与架空混合线路，在具备断路器的条件下，应装设自动重合闸装置"。但是，也会带来一定的不利影响，主要体现在如下两方面。

1）对系统的影响，当重合于永久性故障时，系统再次受到短路电流的冲击，可能引起系统振荡。

2）对设备的影响，断路器在短时间内连续两次切断短路电流，使断路器的工作条件恶化。因此，自动重合闸的使用有时受系统结构和设备条件的制约。

（2）自动重合闸装置的分类。

1）按作用于断路器上的功能可分为三相自动重合闸装置、单相自动重合闸装置、综合自动重合闸装置。一般情况下，在小接地电流系统中，均采用三相自动重合闸装置。

2）按运行于不同结构的输电线路来分，有单电源线路的 ARC 和双电源线路的 ARC。

3）按与继电保护配合的方式来分，有重合闸前加速保护动作和重合闸后加速保护动作的 ARC。

4）按动作次数来分，有一次和二次动作的 ARC 等。

2. 自动重合闸装置的基本要求

（1）自动重合闸装置动作应迅速。为了尽量减少停电对用户造成的损失，要求自动重合闸装置动作时间越短越好。但自动重合闸装置的动作时间必须考虑保护装置的复归、故障点去游离后绝缘强度的恢复、断路器操动机构的复归及其准备好再次合闸的时间。

（2）手动跳闸时不应重合。当运行人员手动操作控制开关或通过遥控装置使断路器跳闸时，属于正常运行操作，自动重合闸装置不应动作。

（3）手动合闸于故障线路时，继电保护动作使断路器跳闸后，不应重合。因为在手动合闸前，线路上还没有电压，如果合闸到故障线路，则线路故障多为永久性故障，即使重合也不会成功。

（4）自动重合闸装置宜采用控制开关位置与断路器位置不对应的原理启动。即控制开关在合闸位置而断路器实际处在断开位置的情况下启动重合闸。这样，可以保证无论什么原因使断路器自动跳闸以后，都可以进行自动重合闸。

（5）自动重合闸装置动作次数应符合规定。在任何情况下（包括装置本身的元件损坏以及继电器触点黏住或拒动），均不应使断路器重合次数超过规定。否则，当重合于永久性故障时，系统将遭受多次冲击，可能损坏断路器，并扩大事故。

（6）自动重合闸装置动作后应自动复归，准备好再次动作。这对于雷击机会较多的线路是非常必要的。

（7）自动重合闸装置应能在重合闸动作后或重合闸动作前，加速继电保护的动作。自动重合闸装置与继电保护相互配合，可加速切除故障。

（8）自动重合闸装置可自动闭锁。当断路器处于不正常状态（如操动机构气压或液压低）不能实现自动重合闸时，或某些保护动作不允许自动合闸时，应将自动重合闸装置闭锁。

9.2.2　输电线路三相自动重合闸

1. 单侧电源线路的三相一次自动重合闸

单侧电源线路只有一侧电源供电，不存在非同步重合的问题，自动重合闸装置装于线路的送电侧。

在我国的电力系统中，单侧电源线路广泛采用三相一次重合闸方式。所谓三相一次重合闸方式是指不论在输电线路上发生相间短路还是单相接地短路，继电保护装置都应动作将线路三相断路器一起断开，然后重合闸装置动作，将三相断路器重新合上的重合闸方式。若故障为瞬时性的，则重合成功；若故障为永久性的，则继电保护再次将三相断路器一起断开，不再重合。其工作流程如图 9-3 所示。

微机型三相一次重合闸的实现功能是在原线路保护的基础上，利用资源共享的原理，不增加任何硬件，采用软件方式实现无压或同期鉴定方式的三相一次重合闸。

重合闸有两种启动方式：位置不对应启动和保护启动重合闸方式。在有些保护装置中，这两种方式不能同时投入。不对应启动方式是利用断路器跳闸位置继电器和合后状态继电器的动合触点同时闭合作为不对应启动重合闸的启动判据。

2. 双侧电源线路的三相自动重合闸

（1）双侧电源线路装设重合闸装置应重点考虑的两个问题。

双电源线路是指两个及两个以上电源间的联络线。在双电源线路上实现重合闸的特点是要考虑断路器跳闸后，电力系统可能分列为两个独立部分，有可能进入非同步运行状态，因此除需满足前述基本要求外，还应考虑故障点的断电时间和同期两个问题。

图 9-3　单侧电源线路的三相一次自动重合闸 ARC 工作流程

所谓故障点的断电时间问题，是指线路两侧保护装置可能以不同的时限断开两侧断路器，以保证故障电弧的熄灭和足够的去游离时间，使 ARC 装置动作有可能成功，线路一侧 ARC 装置应保证在两侧断路器都跳闸以后约 0.1～0.5s，再进行重合。

所谓同步问题，是指当线路两侧断路器断开后，线路两侧电源间电动势相位差将增大，有可能失去同步，这时候合闸一侧的断路器重合时，应考虑线路两侧电源是否同步以及是否允许非同步合闸问题。

为此，双侧电源线路装设重合闸装置可有以下几种选择。

（2）检定线路无电压和检定同步的三相自动重合闸。

为鉴别线路有无电压及检查同步，线路两侧均需设置电压互感器或电压抽取装置。双电源线路检查无电压和同步的三相自动重合闸示意如图 9-4 所示。

在线路 M 侧装有一套同步检查继电器 KSY 的 ARC 装置，在线路 N 侧装有一套带鉴定

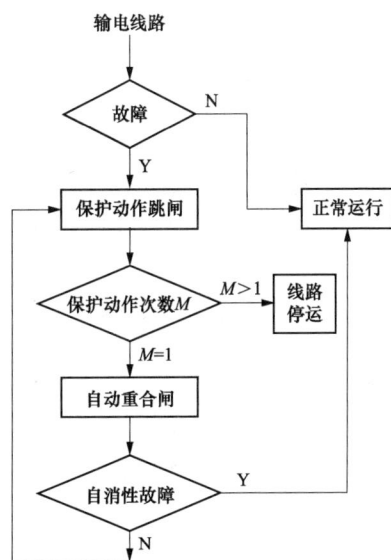

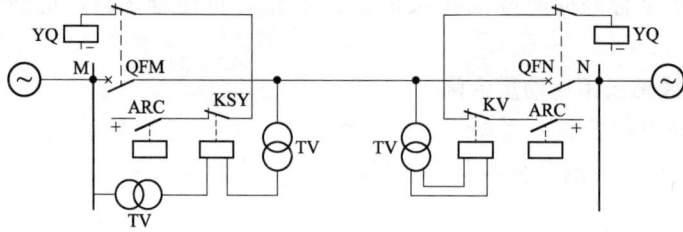

图 9-4　双电源线路检查无电压和同步的三相自动重合闸示意

线路无电压的 ARC 装置，其原理说明如下。

线路上发生瞬时故障时，两侧继电器保护动作，使 QFM 和 QFN 跳闸，线路上无电压。在 N 侧（称无压侧）低电压继电器 KV 触点闭合，ARC 装置鉴定无电压启动后，经整定的时间延时，QFN 合闸。在 N 侧尚未重合时，M 侧（称为同步侧）因同步继电器 KSY 感受到两侧不同步，动断触点打开，闭锁重合闸；在 N 侧重合闸后，KSY 继电器开始测量两侧电压是否同步，待符合同步要求时，KSY 触点闭合，且其动断触点闭合的时间足够长，使 ARC 动作，将 QFM 合闸，线路恢复同步运行。由于同步继电器 KSY 和 ARC 装置配合工作，从而使重合时产生的冲击电流值在预定值之内，保证了系统的稳定性要求。

当线路发生永久故障时，无电压侧重合至故障线路时，保护加速跳闸，这个过程中同步侧始终不可能合闸。

当继电器保护误动作或误碰时，在 N 侧，因线路有电压，KV 继电器触点打开，断路器无法合闸。因此，要求在 N 侧也装设同步检查继电器，这样就能保证利用重合闸恢复由于继电保护误动或误碰引起的断路器误跳闸，来恢复同步运行。如果继电保护误动作或断路器误碰跳闸发生在 M 侧时，同步继电器检查两侧同步后，ARC 装置就立即发出自动合闸命令。

由以上分析可见，两侧断路器的工作状态以无压侧切除故障的次数多。为使两侧断路器工作状态接近相同，在两侧均装设低电压继电器和同步检查继电器，利用连接片定期更换两侧重合闸启动方式，即在一段时间内 M 侧改为无电压侧，N 侧为同步侧。值得注意的是，在作为同步侧时，该侧的无电压检查是不能投入工作的，只有切换为无电压侧时，无电压检查才能投入工作，否则两侧无电压检查继电器均动作，启动重合闸，将造成非同步合闸的严重后果。

在采用三相自动重合闸时一般都采用检查线路无电压和检查同步的 ARC 装置。

（3）非同步自动重合闸。

非同步自动重合闸就是当线路两侧断路器因故障被断开以后，不管两侧电源是否同步都进行重合，合闸后由系统将其拉入同步。采用非同步自动重合闸的条件如下。

1）非同步重合闸时产生的实际可能最大冲击电流应不超过规定的允许值。

2）避免在大容量发电机组附近采用非同步重合闸，其目的是防止机组轴系损伤，影响机组的使用寿命。

3）非同步重合闸后，拉入同步的过程是一种振荡状态，各点电压均出现不同程度的波动，应注意减小其对重要负荷的影响。

4）应设法避免非同步重合闸的振荡过程以及断路器三相触头不同时闭合所引起的保护

误动作问题。

（4）三相快速自动重合闸。

快速自动重合闸，就是当线路上发生故障时，继电保护能瞬时断开线路两侧断路器，并紧接着进行自动重合。从短路开始到重新合上断路器的整个时间大约为 0.5～0.6s，在这样短的时间内两侧电源电动势来不及摆开到危及系统稳定的程度，因而能使系统稳定地恢复正常运行。因此，三相快速自动重合闸是提高系统并列运行稳定性和供电可靠性的有效措施。

采用三相快速自动重合闸方式应具备下列条件。

1）线路两侧都装有瞬时切除全线故障的快速保护，如高频保护等。

2）线路两侧都需装有可以进行快速重合闸的断路器，如快速空气断路器。

3）断路器合闸时，线路两侧电动势的相角差为实际运行中可能的最大值时，通过设备的冲击电流周期分量 $I_{ch.max}$ 不得超过规定的允许值。

4）快速重合于永久性故障时，电力系统有保持暂态稳定的措施。

3. 自动重合闸与继电保护的配合

在输电线路使用自动重合闸装置后，不但提高了供电的可靠性，而且提供了与继电保护配合的可能，可以加速故障的切除。通常重合闸与继电保护有两种配合方式：重合闸前加速保护和重合闸后加速保护。

（1）重合闸前加速保护。重合闸前加速保护是当线路上（包括邻线及以外的线路）发生故障时，靠近电源侧的保护首先无选择性瞬时动作于跳闸，而后借助自动重合闸来纠正这种非选择性动作。

图 9-5（a）所示为重合闸前加速保护的线路网络图，为单电源供电的辐射式线路网络，重合闸装置仅装在靠近电源的线路 AB 的断路器 QFA 上，同时在 QFA 上加装无选择性的电流速断保护，其整定值躲过母线 B 和 C 上的变压器 T₁ 或 T₂ 低压侧母线故障时流过保护的最大短路电流，保护区很长。当线路 AB 和 BC 及变电站 C 出线上发生故障时，QFA 上的电流速断保护都将瞬时动作使 QFA 跳闸，然后自动重合闸装置动作，合上断路器 QFA，若故障已消除，则恢复供电；若故障为永久性，则该电流速断保护退出工作，各有关保护（包括变电所 B 和 C 的线路有关保护）再次启动，有选择性地切除故障。

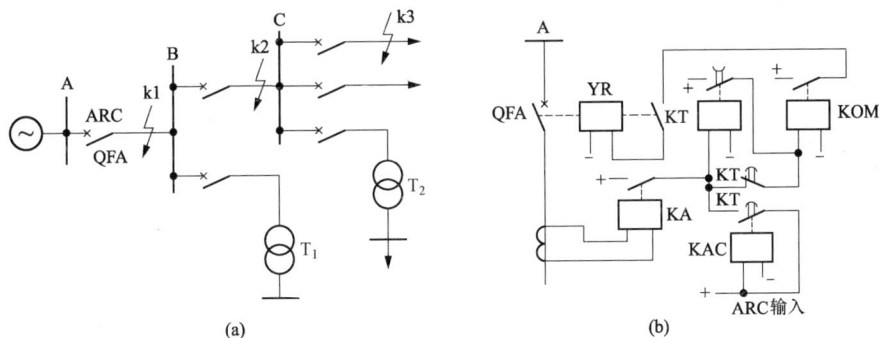

图 9-5 重合闸前加速保护
（a）重合闸前加速保护的线路网络图；（b）重合闸前加速保护的原理接线图

图 9-5（b）所示为重合闸前加速保护的原理接线图，当线路上出现故障时，因加速继

电器 KAC 未动作，KA 动作后通过 KAC 动断触点使 KOM 动作，从而将断路器 QFA 瞬时跳闸（重合闸装置动作前加速了保护）。跳闸后重合闸装置动作，重合闸同时启动 KAC，动断触点断开，切断了保护前加速回路。若重合于永久故障，保护再次启动，经时间继电器 KT 的延时触点才能启动 KOM，保护具有选择性。因 KAC 具有延时返回的特点，因此 ARC 装置动作后，KAC 继电器通过 KAC 延时返回的动合触点自保持，保证了有选择性地切除故障。

采用重合闸前加速保护的优点如下。

1）能快速地切除瞬时性故障。

2）可能使瞬时性故障来不及发展成永久性故障，从而提高重合闸的成功率。

3）能保证发电厂和重要变电所的母线电压在 0.6～0.7 倍额定电压以上，从而保证了厂用电和重要用户的电能质量。

4）使用设备少，只需装一套重合闸装置，简单、经济。

采用重合闸前加速保护的缺点如下。

1）断路器工作条件恶劣，动作次数较多。

2）重合于永久性故障上时，故障切除的时间可能较长。

3）如果重合闸装置或断路器拒绝合闸，则将扩大停电范围。甚至在最末一级线路上故障时，都会使连接在线路 AB 上的所有用户停电。

重合闸前加速保护主要用于 35kV 以下的发电厂和重要变电所的直配线路上，以便快速切除故障，保证母线电压。这些线路上一般只装设简单的电流保护。

（2）重合闸后加速保护。重合闸后加速保护是当线路上发生故障时，首先按正常的继电保护动作时限有选择性地动作跳闸，切除故障，而后 ARC 装置动作使断路器重合，同时将被加速的保护的时限解除或缩短。这样，当重合于永久性故障线路时，就能加速保护第二次动作的时限。

图 9-6 所示为重合闸后加速保护。采用重合闸后加速保护，必须在每条线路上都装设有选择性的保护装置和重合闸装置，如图 9-6（a）所示。重合闸后加速保护原理接线图如图 9-6（b）所示。加速继电器 KAC 的动合触点与过电流保护的电流继电器 KA 的动合触点串联。

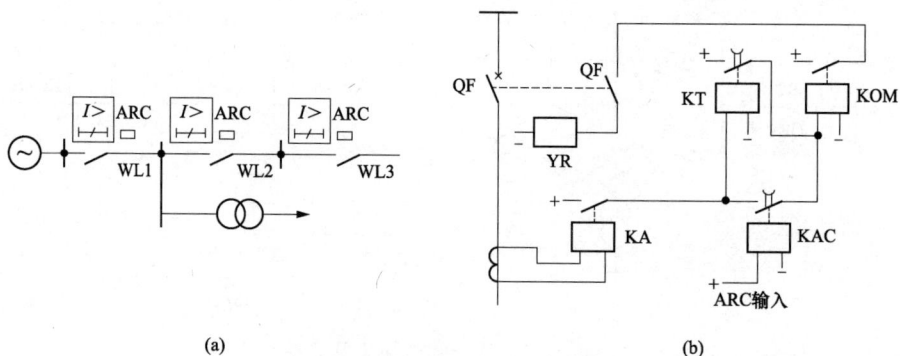

(a)   (b)

图 9-6 重合闸后加速保护
(a) 重合闸后加速保护的线路网络图；(b) 重合闸后加速保护的原理接线图

当线路发生故障时，首先保护选择性地动作跳闸。跳闸后，重合闸装置动作，启动加速继电器 KAC（具有延时返回性质），触点闭合，接通了加速保护的出口回路。若重合于永久性故障，由于 KAC 触点尚未返回，KA 将经 KAC 触点瞬时启动 KOM，发出跳闸脉冲，实现了重合闸动作后加速保护的动作目的。

采用重合闸后加速保护的优点如下。

1）第一次是有选择性地切除故障，不会扩大停电范围，特别是在重要的高压电网中，一般不允许无选择性地动作而后以重合闸来纠正（即前加速的方式）。

2）保证了永久性故障能瞬时切除，并仍然是有选择性的。

3）和前加速保护相比，使用中不受网络结构和负荷条件的限制，一般来说是有利无害的。

采用重合闸后加速保护的缺点如下。

1）每个断路器上都要装设一套重合闸装置，与前加速相比较为复杂。

2）第一次切除故障可能带有延时。

由以上分析可见，虽然重合闸后加速切除故障的时间没有前加速保护快，但保护动作有选择性，不会将故障影响扩大，且应用场合不受限制。因此，可广泛应用于线路保护中，特别是广泛用于 35kV 以上的网络及对重要负荷供电的送电线路上，这些线路上一般都装有性能比较完善的保护装置，如电流保护、接地保护或距离保护等。

9.2.3 输电线路综合自动重合闸

根据运行经验，在 110kV 以上的大接地电流系统的高压架空线上，有 70% 以上的短路故障是单相接地短路。特别是 220～500kV 的架空线路，由于线间距离大，单相故障可高达 90%。因此，若线路上装有可分相操作的三个单相断路器，当发生单相接地短路时，只断开故障相断路器，而未发生故障的其余两相可继续运行。这样不仅可以提高供电的可靠性和系统并列运行的稳定性，还可以减少转换性故障的发生。

这种单相重合闸方式是指当线路发生单相接地故障时，保护动作只跳开故障相断路器，然后进行单相重合。若重合于永久性故障，而系统又不允许长期非全相运行，则跳开三相断路器，不再重合。当线路发生相间短路或因其他原因跳开三相断路器时，不进行重合闸。

在设计线路重合闸装置时，把单相重合闸和三相重合闸综合在一起考虑，即当发生单相接地短路时，采用单相重合闸方式；当发生相间短路时，采用三相重合闸方式。综合这两种重合闸方式的装置，称为综合重合闸装置，被广泛应用于 220kV 及以上电压等级的大接地电流系统中。

1. 综合重合闸的重合闸方式及其选用

综合重合闸有单相、三相、综合及停用重合闸四种工作方式。

（1）单相重合闸方式是当线路发生单相故障时切除故障相，实现一次单相重合闸；当发生各类相间故障时均切除三相而不重合闸。

（2）三相重合闸方式是当线路发生各种类型故障时均切除三相，实现一次三相重合。

（3）综合重合闸方式是当线路发生单相故障时切除故障相，实现一次单相重合闸；当线路发生各种相间故障时均切除三相，实现一次三相重合闸。

（4）停用重合闸方式是当线路发生各种故障时切除三相，不进行重合闸。

一般凡选用简单的三相重合闸方式能满足电力系统实际需要的，应优先使用三相重合方式。在 220kV 及以上电压的单回联络线，两侧电源之间相互联系薄弱的线路，或当电网发生单相接地故障时使用三相重合闸不能保证系统稳定的线路，拟采用单相重合闸或综合重合闸方式。当系统允许使用三相重合闸，但使用单相重合闸对系统或恢复供电有较好效果时，可采用综合重合闸方式。微机保护的重合闸方式的选用是根据系统调度的命令执行的，重合闸可以采用以上四种方式中任何一种。

2. 综合重合闸需要考虑的特殊问题

综合重合闸与一般的三相重合闸相比，只是多了一个单相重合闸性能。因此，综合重合闸需要考虑的特殊问题主要是由单相重合闸方式引起的，如需要设置故障选相元件；需要设置故障类型判别元件；需要考虑潜供电流对单相重合闸的影响；需要考虑非全相运行对继电保护及其他方面的影响；等等。

9.3　自动并列装置

9.3.1　自动并列装置的作用

并列运行的同步发电机，其转子以相同的电角速度旋转，每个发电机转子的相对电角速度都在允许的极限值以内，称为同步运行。一般来说，发电机在没有并入电力系统前，与系统中的其他发电机是不同步的。

电力系统中的负荷是随机变化的，为保证电能质量，并满足安全、经济运行的要求，需经常将发电机投入和退出运行。把一台待投入系统的空载发电机经过必要的调节，在满足并列运行的条件下经断路器操作与系统并列，这样的操作过程称为并列操作。在某些情况下，还要求将已解列为两部分运行的系统进行并列，同样也必须满足并列运行条件才能进行断路器操作。这种操作也是并列操作，其并列操作的基本原理与发电机并列相同，但调节比较复杂，且实现的具体方式有一定的差别。

如图 9-7 所示，发电机 G 通过断路器 QF 与系统进行并列操作。

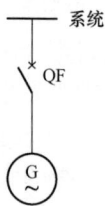

同步发电机的并列操作是较为频繁且重要的操作，不但正常运行时需要它，在系统发生某些事故时，也常常要求将备用发电机组迅速投入电力系统运行，从而恢复整个系统的安全供电。在发电机并列瞬间，往往伴随有冲击电流和冲击功率，这些冲击将使系统电压瞬间下降。如果并列操作不当，冲击电流过大，还可能引起机组大轴发生机械损伤，或者引起机组绕组电气损伤。特别是随着电力系统容量的不断增大，同步发电机的单机容量也越来越大，大型机组不恰当的并列操作将导致更加严重的后果。因此，对同步发电机的并列操作进行研究，提高并列操作的准确性和可靠性，对于系统的可靠运行具有很大的作用。

图 9-7　发电机与系统并列

为了避免因并列操作不当而影响电力系统的安全运行，同步发电机组并列时应遵循如下的原则。

（1）发电机组并列瞬间，冲击电流应尽可能小，其瞬时最大值不应超过允许值，一般不超过 1～2 倍的额定电流。

（2）发电机组并入电力系统后，应能迅速进入同步运行状态，其暂态过程要短，以减小对电力系统的扰动。

9.3.2　同步发电机的并列操作

1. 同步发电机并列操作的方法

在电力系统中，并列操作的方法主要有准同期并列和自同期并列两种。

(1) 准同期并列。先给待并发电机加励磁，使发电机建立起电压，调整发电机的电压和频率，当与系统电压和频率接近相等时，选择合适的时机，使发电机电压与系统电压之间的相角差接近 0°时合上并列断路器，将发电机并入电力系统。

按自动化程度不同，准同期并列可分为下列三种操作方式。

1) 手动准同期。发电机的频率调整、电压调整以及合闸操作都是由运行人员手动进行，只是在控制回路中装设了非同期合闸闭锁装置，即同期检定继电器，允许相位差 δ 不超过整定值的合闸操作，用以防止由于运行人员误发合闸脉冲所造成的非同期合闸。

2) 半自动准同期。发电机电压及频率的调整由手动进行，并列装置能自动地检查同期条件，并选择适当的时机发出合闸脉冲。

3) 自动准同期。并列装置能自动地调整频率，至于电压的调整，有些装置能自动地进行，也有一些装置没有设专门的电压自动调节回路，需要靠发电机的自动调节励磁装置或由运行人员手动进行调整。当同期条件满足后，装置能选择合适的时机自动地发出合闸脉冲。

有关规程规定，当采用准同期方式时，一般应装设自动准同期装置和手动准同期装置，并均应带有非同期合闸闭锁装置。对 6MW 及以下发电机，可只设带有非同期合闸闭锁的手动准同期装置。目前，准同期并列方式已成为电力系统中主要的并列方式。

准同期并列的优点是：并列时产生的冲击电流较小，不会使系统电压降低，并列后容易拉入同步，因而在系统中广泛使用。

(2) 自同期并列。自同期并列操作是将未加励磁电流的发电机的转速升到接近额定转速，再投入断路器，然后立即合上励磁开关供给发电机励磁电流，随即将发电机拉入同步。

自同期并列方式的主要优点是操作简单、速度快，在系统发生故障、频率波动较大时，发电机组仍能并列操作并迅速投入电力系统运行，可避免故障扩大，有利于处理系统事故。但应用自同期并列方式将发电机投入系统时，因为发电机未加励磁，没有建立起定子电压，即发电机的感应电动势 E 等于 0，在投入瞬间，相当于系统经过很小的发电机次暂态电抗短路，合闸瞬间发电机定子吸收大量无功功率，所以合闸时的冲击电流较大，导致合闸瞬间系统电压下降较多。

由于同期并列操作是经常进行的，为了避免由于多次使用自同期产生的累积效应而造成发电机绝缘缺陷，应对自同期使用做一定的限制。因此，GB 14285—2006《继电保护和安全自动装置技术规程》规定："在正常运行情况下，同步发电机的并列应采用准同期方式；在故障情况下，水轮发电机可以采用自同期方式。"

但是，发电机母线电压瞬时下降对其他用电设备的正常工作将产生影响，且自同期并列方式不能用于两个系统之间的并列操作，所以自同期并列方法现已很少采用。本章只对准同期并列方法作介绍，不再讨论自同期并列方法。

2. 发电厂的同步点

在发电厂内，凡可以进行并列操作的断路器，都称为电厂的同步点。通常发电机的出口断路器都是同步点，发电机–变压器组用高压侧断路器作为同步点，双绕组变压器用低压侧断路器作为同步点，母联断路器、旁路断路器都应设为同步点。如图 9-8 所示的发电厂主接线图中，凡带"＊"的断路器均为同步点。

同步点的设置要考虑系统、发电厂、变电站在各种运行方式下操作的灵活方便，也应具体考虑并列操作过程中调节的可行性。

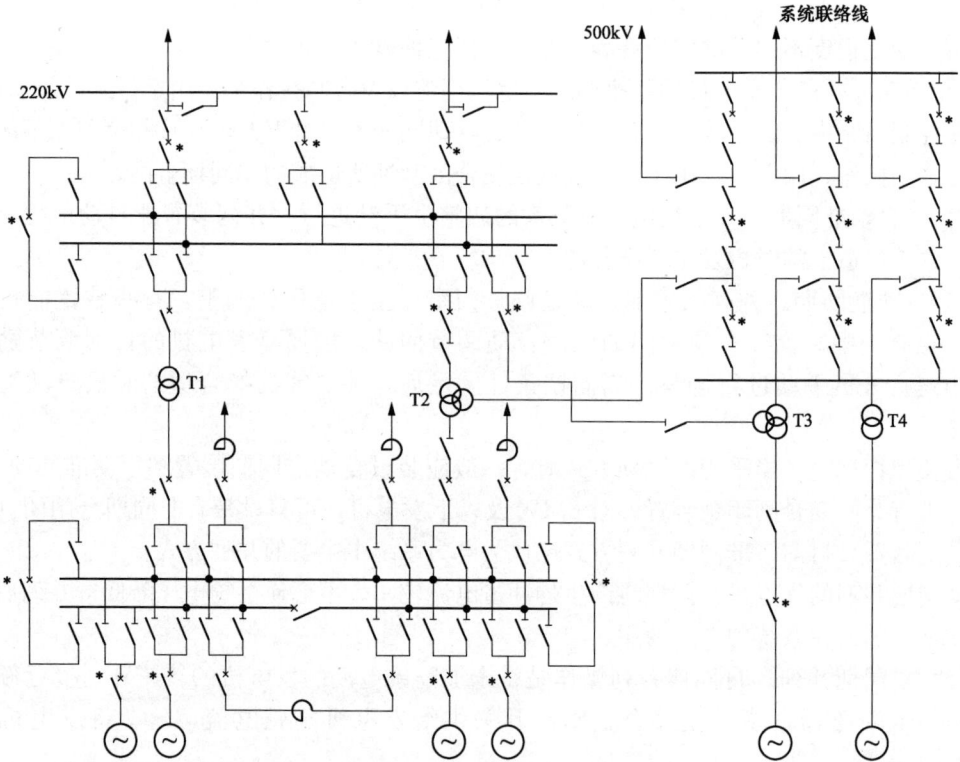

图 9-8　发电厂主接线图（＊表示同步点）

9.3.3　准同期并列条件

1. 准同期并列条件的形成

准同期并列方式的示意如图 9-9 所示。并列前断路器两侧电压的瞬时值为

$$发电机侧电压 \qquad u_{\mathrm{G}} = U_{\mathrm{Gm}}\sin(\omega_{\mathrm{G}}t + \varphi_{0\mathrm{G}}) \qquad (9-1)$$

$$系统侧电压 \qquad u_{\mathrm{S}} = U_{\mathrm{Sm}}\sin(\omega_{\mathrm{S}}t + \varphi_{0\mathrm{S}}) \qquad (9-2)$$

式中　u_{G}——待并发电机的电压瞬时值；

$\quad\quad u_{\mathrm{S}}$——系统侧的电压瞬时值；

$\quad\quad U_{\mathrm{Gm}}$——待并发电机的电压幅值；

$\quad\quad U_{\mathrm{Sm}}$——系统侧的电压幅值；

$\quad\quad \omega_{\mathrm{G}}$——待并发电机电压的角频率；

$\quad\quad \omega_{\mathrm{S}}$——系统侧电压的角频率；

$\quad\quad \varphi_{0\mathrm{G}}$——待并发电机电压的初相角；

$\quad\quad \varphi_{0\mathrm{S}}$——系统侧电压的初相角。

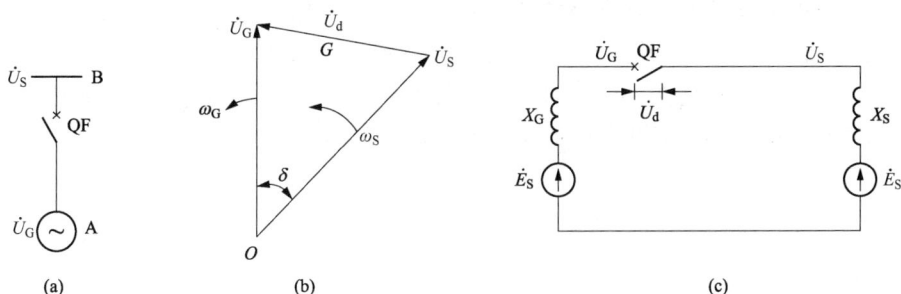

图 9 - 9　准同期并列方式示意

(a) 电路示意图；(b) 相量图；(c) 等值电路图

合闸瞬间产生的冲击电流为 $\dot{I}_{imp}=\dfrac{\dot{U}_G-\dot{U}_S}{jX''_d}=\dfrac{\dot{U}_d}{jX''_d}$，其中 X''_d 为发电机直轴次暂态电抗，发电机电压 $\dot{U}_G$ 与系统电压 $\dot{U}_S$ 之差称为脉动电压 $\dot{U}_d$。由图 9 - 9 可见，理想情况下，在并列断路器主触头闭合瞬间，若使冲击电流为零，断路器两侧的电压相量应完全重合，因此，并列条件应如下。

(1) 发电机电压和系统的电压相序必须相同。

(2) 发电机电压和系统电压的幅值相同，即 $U_{Gm}=U_{Sm}$。

(3) 发电机电压和系统电压的频率相同，即 $\omega_G=\omega_S$。

(4) 发电机电压和系统电压的相位相同，即相角差 $\delta=0°$。

实际上，条件 (1) 在发电机并列前已经满足，所以并列操作时主要控制和检测后三个条件。后三个条件必须同时满足，如有一个条件不满足，都有可能产生很大的冲击电流，甚至引起发电机的强烈振荡。

2. 准同期条件对并列操作的影响

同步发电机在并入系统的过程中，如果待并发电机实现理想的并列操作，这时并列合闸的冲击电流等于零，并且并列后发电机 G 与系统立即进入同步运行，不发生任何扰动现象。但是，实际进行并列操作时，发电机组的调节系统并不能完全按理想并列条件调节，总存在一定的差值，但差值应在允许的范围内。并列合闸时只要冲击电流较小，不危及电气设备，合闸后发电机组能迅速拉入同期运行，对待并发电机和系统运行的影响较小，就不致引起任何不良后果。因此，并列操作中并列的实际条件允许偏离理想条件，但偏差必须严格控制在一定范围内。

准同步并列的实际条件一般规定如下。

(1) 待并发电机电压幅值与系统电压幅值应接近相等，误差不应超过 $\pm(5\%\sim10\%)$ 的额定电压。

(2) 待并发电机频率与系统频率应接近相等，误差不应超过 $\pm(0.2\%\sim0.5\%)$ 的额定频率。

(3) 并列断路器触头应在发电机电压与系统电压相位差接近零度时刚好接通。合闸瞬间相位差一般不应超过 $\pm10°$。

事实上在准同期并网的三个条件中，电压差和频率差并不是伤害发电机的重要原因，真正伤害发电机的是相角差。在两电源间存在着电压差和频率差的情况下，并网会造成无功功率和有功功率的冲击，也就是说在断路器合上的那一瞬间，电压高的那一侧向电压低的那一侧输送一定数值的无功功率，频率高的那一侧向频率低的那一侧输送一定数值的有功功率。但在发电机空载的情况下，即使存在较大的电压差和较大的频率差，其所对应的无功功率和有功功率也是有限的，不会伤害发电机。因为发电机在正常运行中本来就能承受较大的负荷波动，例如线路的故障跳闸或线路的重合闸都是较大的负荷波动。

但是，在具有相角差的情况下并网的后果就完全不同了。相角差是指发电机的转子直轴（d 轴）和定子三相电流合成的同步旋转磁场磁轴之间的角差。在断路器合闸的一瞬间，系统电压施加在发电机定子上，由其产生并由三相电流合成的以角速度 ω_S 旋转的旋转磁场将产生一个电磁转矩，强迫发电机转子轴系（发电机转子、原动机转子、励磁机转子等的合成体）的磁轴与其取向一致，若同步时角度较大时，对转子轴系统组及机械体系的伤害是巨大的，会导致例如绕组线棒变形松脱、出现转子一点或多点接地，联轴器螺栓扭曲、主轴出现裂纹等现象。因此，在准同期并列时，严格控制相角差 δ 是并列条件中最重要的一环。

9.3.4　自动准同期装置的基本组成

1. 自动准同期装置的功能

在满足并列条件的情况下，采用准同期并列方法将待并发电机组投入电力系统运行，前面提到只要控制得当就可使冲击电流很小且对电力系统扰动甚微，因此准同期并列是电力系统运行中的主要并列方式。

自动准同期装置（ASA）是专用的自动装置，其构成原理如图 9-10 所示。它能自动监视电压差、频率差及选择理想的时间发出合闸脉冲，使断路器在零相角差时合闸；同时设有自动调节电压和频率单元，在压差和频差不合格时发出控制脉冲。频差不满足要求时，自动调节原动机的转速，减小或增加频率，即通过控制原动机的调速器（DEH）实现。压差不满足要求时，自动调节发电机的电压使电压接近系统的电压，即通过控制发电机励磁调节装置（AER）来实现。

自动准同期装置（ASA）具有均压控制、均频控制和合闸控制的全部功能，将待并发电机和运行系统的 TV 二次电压接入自动装置后，由它实现监视、调节并发出合闸脉冲，完成同期操作的全过程。

2. 自动准同期装置的组成

图 9-10 所示为典型自动准同期装置构成原理。由图可见，自动准同期装置主要由频差控制单元、压差控制单元、合闸信号控制单元和电源部分组成。

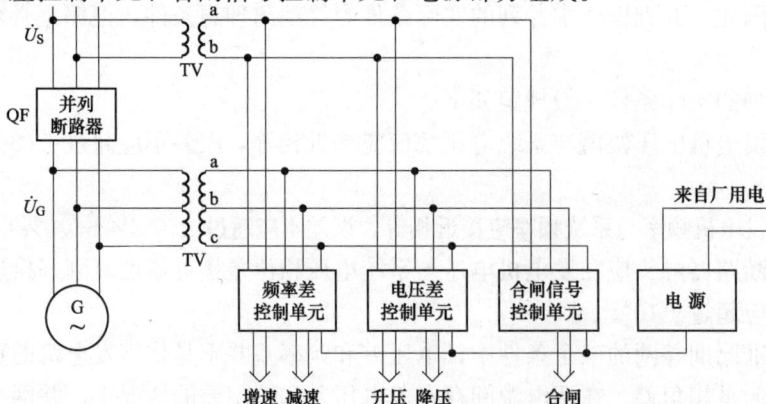

图 9-10　典型自动准同期装置构成原理

（1）频差控制单元。

其任务是自动检测 $\dot{U}_G$ 与 $\dot{U}_S$ 间的滑差角频率 ω_d，且自动调节发电机转速，使发电机的频率接近于系统频率。

（2）压差控制单元。

其任务是自动检测 $\dot{U}_G$ 与 $\dot{U}_S$ 间的电压差，且自动调节发电机电压 U_G，使它与 U_S 间的电压差值小于规定允许值，促使并列条件的形成。

（3）合闸信号控制单元。

其任务是检查并列条件，当待并机组的频率和电压都满足并列条件时，选择合适的时间发出合闸信号，使并列断路器 QF 的主触头接通时，相角差 δ 接近于 0°或控制在允许范围以内。在准同期并列操作中，合闸信号控制单元是准同期并列装置的核心部件，其控制原则是当频率和电压都满足并列条件时，在 $\dot{U}_G$ 与 $\dot{U}_S$ 要重合之前发出合闸信号。两电压相量重合之前的信号称为提前量信号。

按提前量的不同，准同期并列装置的原理可分为恒定越前相角和恒定越前时间两种。

恒定越前相角并列装置采用并列点两侧电压相量重合之前的一个角度 δ_{dq} 发出合闸脉冲。恒定越前时间并列装置则采用重合点之前的一个时间 t_{dq} 发出合闸脉冲。前者只有在一特定频差时才能实现零相角差并网，而后者却可保证在任何频率差时都能在零相角差实现并网。因此，恒定越前时间并列装置应用得非常广泛。

9.3.5　微机型自动准同期装置工作原理

1. 微机型自动准同期装置的结构及工作原理

（1）微机型自动准同期装置的结构。系统并网可分为差频并网和同频并网两种模式。差频并网要求在同期点断路器两侧的压差和频差满足整定值的情况下，捕捉到第一次出现零相角差时，完成断路器合闸。同频并网是同期点断路器两侧为同一系统，具有相同的频率，但存在压差和相角差（即功角），检测功角小于整定角度且压差满足要求时，控制断路器合闸；微机型自动准同期装置具有实现差频并网和同频并网的两种功能，它首先判断并网方式然后再处理，故其适用于发电厂和变电站的全部并列点断路器可能出现的运行情况。

微机型自动准同期装置的形式较多，但其功能及装置原理是相似的，现将其原理主要部分介绍如下。

图 9-11 是微机型自动准同期装置结构示意，其结构可划分为以下 8 个部分。

1) 由微处理器、输入/输出接口构成的 CPU 系统。

2) 压差测量部分。

3) 频差、相角差测量部分。

4) 输入电路（开关量输入、键盘）。

5) 输出电路（显示部件、继电器组）。

6) 装置电源。

7) 通信部分。

8) 试验模块。

（2）各部分工作原理。

1) CPU 系统。CPU 系统主要由单片机、存储器及相应的输入/输出接口电路构成。同

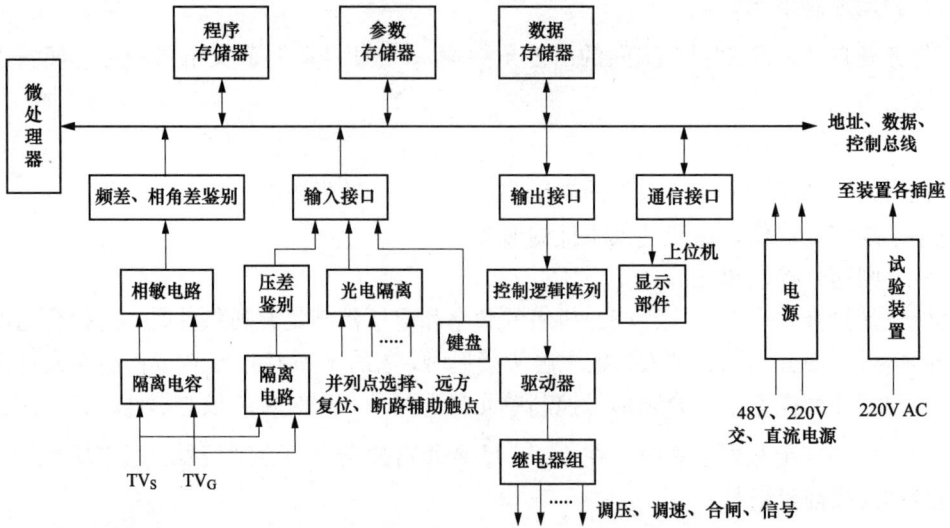

图 9-11　微机型自动准同期装置结构示意

期装置的运行程序放在程序存储器（只读存储器 EPROM）中，同期参数整定值如断路器合闸时间、频率差和电压差并列的允许值、滑差角加速度计算系数、频率和电压控制调节的脉冲宽度等，为了既能固定存储，又便于设置值和整定值的修改，可存放在参数存储器（电可擦存储器 EEPROM）中。装置运行过程中的采样数据、计算中间结果及最终结果存放在数据存储器（静态随机存储器 RAM）中。输入/输出接口电路为可编程并行接口，用以采集并列点选择信号、远方复位信号、断路器辅助触点信号、键盘信号、压差越限信号等开关量，并控制输出继电器实现调压、调速、合闸、报警等功能。

2）压差测量部分。在发电机的同期并列过程中，如果压差不满足要求，则自动准同期装置应能自动检测压差方向，发电机电压与系统电压进行幅值比较。当发电机电压高时，应发出降压脉冲；当系统电压高时，应发出升压脉冲。使发电机电压自动跟踪系统电压，从而尽快使压差进入设定范围，以缩短发电机同期并列的时间。

自动准同期装置发调压脉冲时，脉冲宽度应与压差成正比，比例系数可设定，或者直接设定脉冲宽度。调压脉冲周期也可以设定或者固定调压周期。

图 9-12 所示为电压调节程序示意框图。调压脉冲经输出电路通过继电器触点输出，作用于发电机的自动调节励磁装置，改变自动调节励磁装置的目标电压，通过自动调节励磁装置，使压差快速进入设定范围。

当同期对象为机组型时，压差可设定 $-4V<$电压差 $<4V$，或者 $-5V<$电压差 $<5V$；当同期对象为线路型

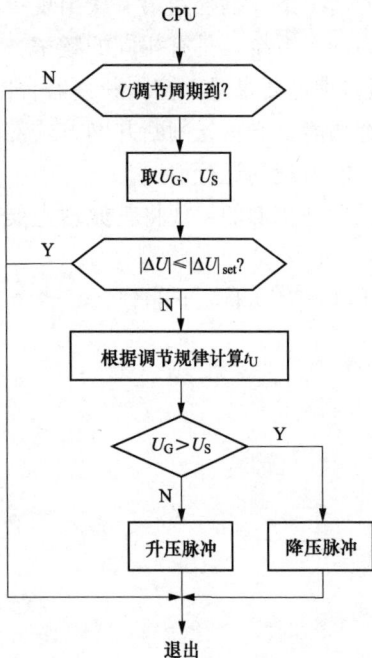

图 9-12　电压调节程序示意框图

时，因电压不受同期装置控制，电压值变化可能较大，压差设定相对较大，如−7V＜电压差＜7V，或者−9V＜电压差＜9V；在这种情况下压差设定过小，会闭锁同期装置，使线路同期难以成功。

3）频差、相角差测量部分。

a. 频差大小及频差方向测量。在发电机的同期并列过程中，若频差不满足要求，则自动准同期装置应能自动检测频差方向，检测出发电机频率高还是系统频率高。当发电机频率高时，应发出减速脉冲；当系统频率高时，应发出增速脉冲。要求发电机频率自动跟踪系统频率，尽快使频差进入设定范围，以缩短发电机同期并列的时间。

自动准同期装置发调速脉冲时，脉冲宽度应与频差成正比，比例系数可设定，或者直接设定脉冲宽度；调速脉冲的周期也可以设定。这样可适应不同机组的调速器特性。在同期并列过程中，当出现频差过小的情况时，自动准同期装置应自动发出增速脉冲，以缩短同期并列的时间。

图 9 - 13 所示为频率调节程序示意框图。由图可知，只有在频差不满足要求的情况下才对发电机进行调频；当频差满足要求但频差甚小（如 0. 05Hz）时发出增速脉冲。

调速脉冲经输出电路通过继电器触点作用于调速回路实现调速。按发电机频率 f_G 高于或低于系统频率 f_S 来输出减速或增速信号。选择相角差 δ 在 0°～180°之间发调速脉冲，调节量按与频差值 Δf_d 成正比例调节。

b. 相角差测量和合闸命令的发出。发电机在同期并列中，自动准同期装置应在导前同期点（即 $\dot{U}_G$ 与 $\dot{U}_S$ 的同相点）t_{dq} 发出导前时间脉冲 $U_{dq.t}$，t_{dq} 等于并列断路器总合闸时间，这样才能保证同期电压同相时刻并列断路器主触头正好接通。当压差或频差或两者均不满足要求时，导前时间脉冲被闭锁；当压差、频差均满足要求时，导前时间脉冲输出，即自动准同期装置发出合闸脉冲命令。

4）输入电路。按发电机并列条件，分别从发电机和系统母线电压互感器二次侧的交流电压信号中，提取电压幅值、频率和相角差三种信息，作为并列操作的依据。

同期电压输入电路由电压形成和同期电压变换组成。同期电压经隔离、变换及有关抗干扰回路变换成较低的适合工作的电压；再经整形电路、A/D 变换电路，将同期电压的幅值、相位变换成数字量，供 CPU 系统识别，以便

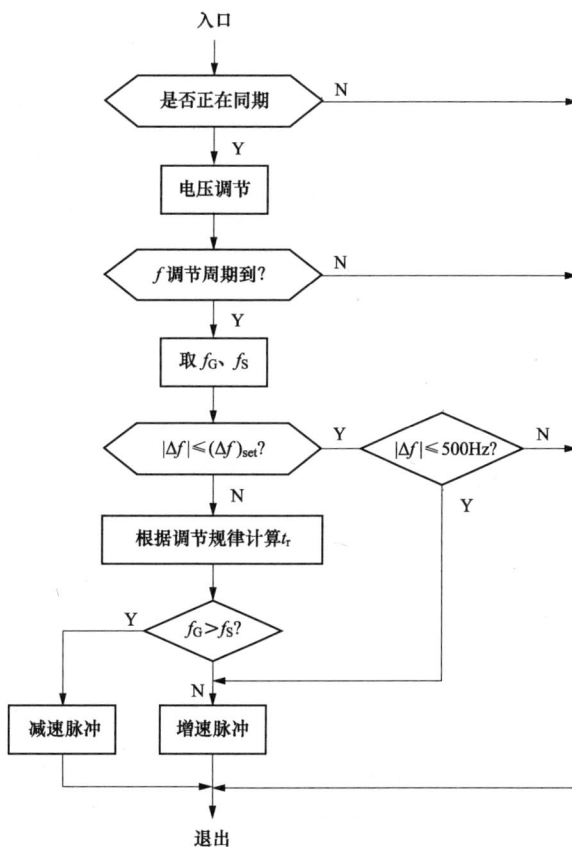

图 9 - 13　频率调节程序示意框图

CPU 系统判断同期条件。自动准同期装置的输入信号除并列点两侧的 TV 二次电压外，还要输入如并列点选择信号、断路器辅助触点信号、远方复位信号、面板的按键及拨码开关信号、定值输入及显示等信号。

5）输出电路。微机自动准同期装置的输出电路分为以下 4 类。

a. 控制类，实现自动装置对发电机组的均压、均频和合闸控制。

b. 信号类，实现装置异常及电源消失报警。

c. 录波类，对外提供反映同期过程的电量，进行录波。

d. 显示类，供使用人员监视装置工况、实时参数、整定值及异常情况等提示信息。

6）装置电源。自动准同期装置使用专门设计的交直流两用高频开关电源。电源可由 48～250V 交直流电源供电。装置内部因电路隔离的需要，使用了若干个不共地的直流电源。选择并列点的外部同期开关触点（或继电器触点），用装置中的一个不与其他电源共地的直流电压作驱动光电隔离的电源，以免产生干扰。

7）通信及 GPS 对时。同期装置在工作过程中，通过装置上的通信口（RS485 或 RS232）将同期实时信息传送到监控计算机上（通过视频转换器，还可传送到 DCS 系统画面上）。显示的实时信息有实时同期表（反映实时相角差）、增速或减速、升压或降压、系统侧电压和频率、待并侧电压和频率、合闸脉冲发出情况等。如装置告警，则显示告警的具体信息。

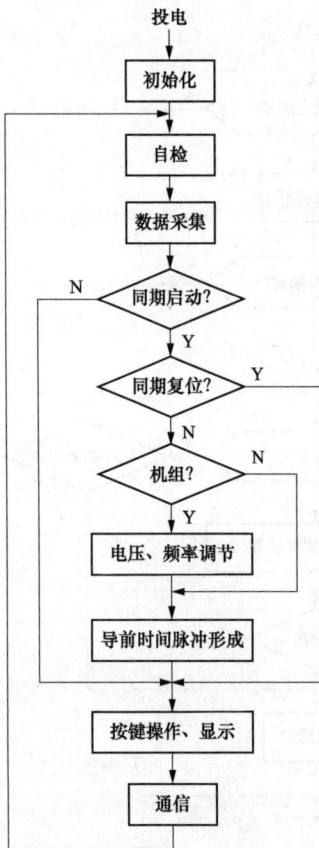

图 9-14　微机自动准同期装置主程序框图

GPS 对时，可使装置内部时钟与系统时钟同步，在装置显示屏上或传送的同期实时信息中显示具体的时间。

8）试验模块。同期装置内设调试模块，提供两路变频、变幅的模拟量同期电压，可在任何时候对同期装置进行试验。

2. 微机型自动准同期装置软件原理

图 9-14 所示为微机自动准同期装置主程序框图。同期装置未启动时，装置工作于自检、数据采集的循环中，当某一元件发生故障或程序出现了问题，装置立即发出告警并闭锁同期装置工作。同期装置启动后，如果同期对象为机组，则对机组进行调压、调频，当压差、频差满足要求时，发出导前时间脉冲，命令并列断路器合闸，合闸后在显示屏上显示同期成功时的同期信息；如果同期对象为线路，则不发出调压、调速脉冲，在压差、频差满足要求的情况下，进行捕捉（等待）同期合闸，完成同期并列。

在同期过程中，如果出现同期电压参数越限、调压或调速脉冲发出后在一定时间内调压机构或调速机构不响应等情况，则闭锁同期装置并同时发出告警信号；同期装置启动后，若因故要退出同期装置工作，则只要输入复位信号即可。

3. 微机型自动准同期装置的主要特点及要求

（1）高可靠性。自动准同期装置的原理和判据正确，采用先进、可靠的微机装置。在软件及硬件上具备很大的冗余度，确保没有误动的可能。

（2）高精度。同期装置应确保在相角差为零度时完成并网操作。

（3）高速度。同期装置的并网速度关系到系统的运行稳定性及电能质量，还关系到电厂的运行经济性。并列操作是基于系统的需求，尽快接入发电机有利于系统的功率平衡。

（4）能融入分布式控制系统（DCS）。同期装置应是 DCS 的一个智能终端，通过与上位机的通信完成开机过程的全盘自动化。上位机也需获得同期装置的静态定值、动态参数及并网过程状况的信息。

（5）操作简单、方便，有清晰的人机界面。同期装置的面板应能提供运行人员在并网过程中所需的全部信息，例如重要定值、压差、频差及相差的动态显示等。这些信息也可通过现场总线传送到上位机，制造商应提供装置的通信协议。

（6）二次线设计简单清晰。同期装置接入 TV 二次电压、断路器操动机构合闸绕组、汽轮机调速装置 DEH、励磁调节装置 AER 等回路的接线应正确明晰。

（7）调试方便。装置调试简单，引出线方便，电压差、频率差、相角、合闸时间的整定在面板上进行，有明显的标识。

9.4　同步发电机自动调节励磁装置

9.4.1　励磁系统作用

1. 励磁系统的概念

同步发电机是电力系统的主要设备，它将旋转的机械功率转换成电磁功率。为完成这一转换，必须在发电机内建立一个旋转磁场，即在发电机的转子绕组（又称励磁绕组）中通以直流电流（又称励磁电流），产生相对转子静止的磁场，转子在原动机的拖动下旋转，形成旋转磁场，使发电机定子绕组中感应出一定的电势。励磁电流的大小决定了发电机的空载电动势 $\dot{E}_q$ 的大小，直接影响发电机的运行性能。

专门为同步发电机提供励磁电流的设备，即与同步发电机转子电压的建立、调整以及必要时使其消失有关的设备，统称为励磁系统。同步发电机的励磁系统由励磁功率单元和励磁调节装置两个部分组成。励磁功率单元向同步发电机的励磁绕组提供直流励磁电流；励磁调节装置，根据机端电压的变化控制励磁功率单元的输出，从而达到调节励磁电流的目的。同步发电机和励磁系统构成了同步发电机的励磁控制系统，如图 9-15 所示。

励磁控制系统的主要任务是向发电机的励磁绕组提供一个可调的直流电流（或电压），以满足发电机正常发电和电力系统安全运行的需要。无论是在稳态运行还是在暂态过程中，同步发电机的运行状态都在很大程度上与励磁有关。对发电机的励磁进行调节和控制，不仅可以保证发电机及电力系统的可靠性、安全性和稳定性，而且可以提高发电机

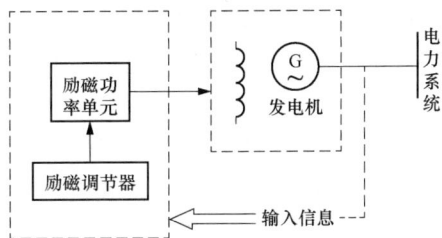

图 9-15　同步发电机励磁控制系统框图

及电力系统的技术经济指标。

2. 励磁系统的作用

励磁系统的作用有以下几个方面。

(1) 系统正常运行条件下，维持发电机端或系统某点电压在给定水平。电力系统正常运行时，负荷是经常波动的，同步发电机的功率及机端电压也随之相应的变化。随着负荷的变化，要求及时调节励磁电流以维持发电机端电压或系统某点电压在给定水平。这是励磁系统最基本的任务。

(2) 在并列运行的机组间合理分配无功功率。发电机若接于无穷大容量电网时，调节其励磁电流只能改变其输出的无功功率。励磁电流过小，发电机将从系统中吸收无功功率。在实际运行中，发电机并联的母线并不是无限大系统，即系统等值电抗并不等于 0，系统电压将随负荷波动而变化，改变其中一台发电机的励磁电流不但影响其自身的电压和无功功率，而且也影响与其并联运行机组的无功功率。所以合理调节励磁，可使并列运行机组间的无功功率分配合理。

(3) 提高电力系统运行稳定性。同步发电机稳定运行是保证电力系统可靠供电的首要条件，电力系统在运行中随时都可能受到各种干扰，在这些干扰后，发电机组能够恢复到原来的运行状态，或者过渡到另一个新的稳定运行状态，则系统是稳定的。其主要标志是在暂态过程结束后，同步发电机能维持或恢复同步运行。通常把电力系统稳定性分为三类，即静态稳定性（Steady State Stability）、瞬态稳定性（Transient Stability）及动态稳定性（Dynamic Stability）。

静态稳定性是指，在一个特定的稳态运行条件下的电力系统，在遭受到任何一个微小扰动后，经过一定时间，能够自动地恢复到或者靠近于原来稳定运行状态。

瞬态稳定性是指，当电力系统在某一正常运行方式下突然遭受大的扰动（例如高压电网发生短路或发电机被切除）后，能够过渡到一个新的稳定运行状态。

动态稳定性是指，电力系统受到小的或大的扰动后，经由自动调节和控制装置的作用下，进入新的稳定运行状态。在某些场合，瞬态稳定性和动态稳定性统称为暂态稳定性。

在分析电力系统稳定性时，无论是静态稳定或暂态稳定，在数学模型表达式中总会有发电机的空载电动势 E_q，而 E_q 与励磁电流有关，所以，励磁控制系统是通过改变励磁电流从而改变 E_q 值来改善系统的稳定性的。励磁控制系统对暂态稳定的改善也有显著的作用。

(4) 改善电力系统的运行条件。当电力系统由于各种原因出现短时低电压时，励磁自动调节控制系统发挥其调节功能，即大幅度地增加励磁以提高系统电压。这在下述情况下可以改善系统的运行条件。

1) 改善异步电动机的自启动条件。电网发生短路等故障时，电网电压降低，必然使大多数用户的电动机处于制动状态。故障切除后，由于电动机自启动需要吸收大量无功功率，以致延缓了电网电压的恢复过程。此时，如果对发电机进行强行励磁，那么就可以加速电网电压的恢复，有效改善电动机的运行和自启动条件。

2) 为发电机异步运行创造条件。同步发电机失去励磁时，需要从系统中吸收大量无功功率，造成系统电压大幅度下降，严重时甚至会危及系统的安全运行。在此情况下，如果系统中其他发电机组能提供足够的无功功率，以维持系统电压水平，则失磁的发电机还可以在一定时间内以异步运行方式维持运行，这不但可以确保系统安全运行而且有利于机组热力设备的运行。

3）提高继电保护装置工作的正确性。当系统处于低负荷运行状态时，发电机的励磁电流不大，若系统此时发生短路故障，其短路电流较小，且随时间衰减，以致带时限的继电保护不能正确工作。励磁自动控制系统就可以通过调节发电机励磁以增大短路电流，使继电保护正确工作。

（5）按需要进行强行减磁。当水轮发电机组发生故障突然跳闸时，由于它的调速系统具有较大的惯性，不能迅速关闭导水叶，因而会使转速急剧上升。如果不采取措施迅速降低发电机的励磁电流，则发电机电压有可能升高到危及定子绝缘的程度。所以，在这种情况下，励磁自动控制系统能实现强行减磁，迅速减少励磁电流，抑制电压上升。

（6）发电机故障或发电机—变压器组单元接线的变压器故障时，对发电机实行快速灭磁，以降低故障的损坏程度。

由此可见，发电机励磁自动控制系统在改善电力系统运行方面起着十分重要的作用。

3. 同步发电机励磁系统的组成

为充分发挥同步发电机励磁自动调节的作用，同步发电机的励磁系统组成通常包括励磁调节器（AER）、继电强行励磁装置（AEI）、自动灭磁装置（AEA）等，如图9-16所示。

（1）励磁调节器（AER），用于在正常运行或电力系统发生事故时调节励磁电流，以满足运行的要求。

（2）继电强行励磁装置（AEI），作为励磁调节器强行励磁作用的后备措施，并作为某些不能满足强行励磁要求的励磁调节器补充措施，使励磁电压迅速升到最大值，保证电力系统的稳定运行的装置。

（3）自动灭磁装置（AEI），用于在发电

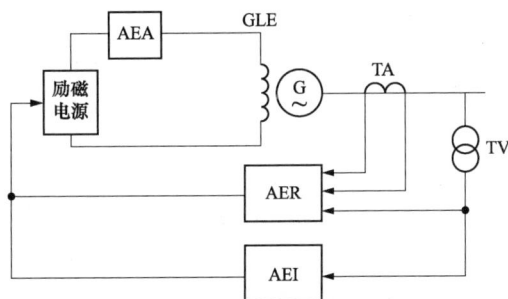

图9-16 同步发电机的励磁系统框图

机或发电机-变压器组中的变压器发生故障时，为防止继续向故障点供给短路电流，加大故障的损坏程度，使发电机转子回路的励磁电流尽快降到零的一种装置。

4. 对励磁自动控制系统的基本要求

（1）励磁自动控制系统要简单、可靠，动作要迅速，调节过程要稳定，应无失灵区，以保证在稳定区内运行。

（2）在电力系统正常运行时，励磁自动控制系统能按机端电压的变化自动地改变励磁电流，维持电压值在给定水平。因此，励磁调节装置（AER）应有足够的调节容量，励磁自动控制系统应有足够的励磁容量。

（3）电力系统发生事故使电压降低时，励磁系统应有很快的响应速度和足够大的顶值励磁电压，以实现强行励磁的作用。对水轮发电机的励磁系统，还应有快速强行减磁能力，或增设单独的快速强行减磁装置。为了提高励磁系统的响应速度，应提高自动励磁调节装置的响应速度和励磁机的响应速度。

（4）并列运行发电机上装有励磁调节装置时，应能稳定分配机组间的无功负荷。

（5）励磁系统应有快速动作的灭磁性能，在发电机内部故障或停机时，快速动作的灭磁性能可迅速将磁场减小到最低，保障发电机的安全。

9.4.2 同步发电机的励磁方式和励磁调节方式

在电力系统发展初期，同步发电机的容量不大，励磁电流通常是由与发电机组同轴的直流发电机供给的。随着发电机容量的提高，所需励磁电流也相应增大，于是直流励磁机逐渐不能满足需要，其原因是：①直流励磁机受到制造容量的限制；②整流子碳刷维护困难，且易发生故障；③调节速度较慢。这些问题均使得直流励磁机无法适应电力系统发展的需要，取而代之的是由大功率半导体元件和交流发电机构成的交流励磁机系统。

不论是直流励磁机励磁系统还是交流励磁机励磁系统，一般都与主机同轴旋转。

下面对几种常见的同步发电机的励磁方式作简要介绍。

1. 直流励磁机供电的励磁方式

直流励磁机供电的励磁方式是最早采用的励磁方式。由于它是靠机械整流子换向整流的，当励磁电流过大时，换向就会很困难。直流励磁机大多与发电机同轴，它是靠剩磁来建立电压的。按照励磁机励磁绕组供电方式的不同，直流励磁机可分为自励式和他励式两种。

图 9-17（a）所示为自励式直流励磁机系统原理。

同步发电机 G 的励磁绕组 GLE 由同轴的直流励磁机 GE 供电，改变可调电阻 R 的阻值，可以改变直流励磁机自身的励磁电流大小，从而改变了直流励磁机的机端电压，达到人工调节励磁电流的目的。

励磁调节器 AER 则通过电压互感器 TV 感受发电机端电压的变化，按预定要求自动调整，改变输出电流 I_{AER} 的大小，达到自动调节励磁电流的目的。

自励式直流励磁机系统在空载和低励磁时，发电机电压的稳定性较差，电压上升速度较慢。多用于中小型发电机组。

图 9-17（b）所示为他励式直流励磁机系统原理。

他励式直流励磁机系统与前一种方式不同的是，与同步发电机 G 同轴的除主励磁机 GE1 外，还有一台副励磁机 GE2。主励磁机 GE1 的励磁绕组是由副励磁机 GE2 供电的，GE1 的励磁电流除可以自动调整的 I_{AER} 外，还有 GE2 供给的他励电流，后者可通过改变可调电阻 R 来手动调节。

由于有了同轴的副励磁机，在要求相同的励磁容量下，他励式的时间常数小，因而电压响应速度较高，发电机电压的稳定性也较自励式好。此时，自动励磁调节器 AER 的输出直接对主励磁机起作用。他励式直流励磁机系统多用于水轮发电机组。

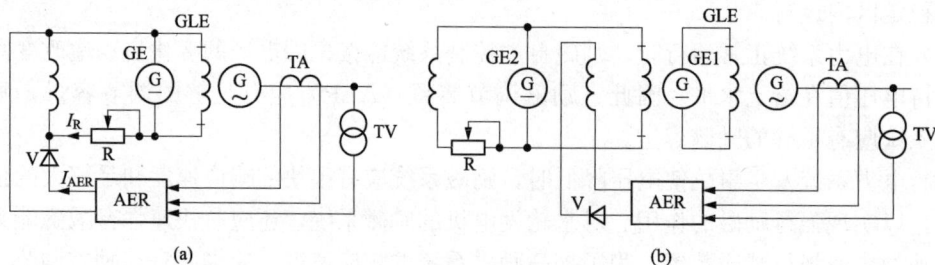

图 9-17 直流励磁机系统原理
（a）自励式直流励磁机系统原理；（b）他励式直流励磁机系统原理

综上所述，直流励磁机供电的励磁方式其主要优点是：结构简单，运行可靠；当励磁机故障时，发电机转子仍可与励磁机形成闭合回路，不会产生感应过电压。其主要缺点是：因为直流励磁机为机械整流子换流，平时对整流子、碳刷的维护工作量大，且当需要的励磁电流很大时换向困难，所以直流励磁机的容量受到限制，这种方式只能在 50MW 以下中小容量机组中采用。

2. 交流励磁机经整流供电的励磁方式

随着同步发电机容量的不断提高，大容量的机组多采用交流励磁机的励磁系统，因为交流励磁机的容量可以造得较大，目前，容量在 50MW 以上的同步发电机组可采用交流励磁机系统，即同步发电机的励磁机也是一台交流同步发电机，其输出电压经大功率整流后供给发电机转子。

交流励磁机系统的励磁功率单元由与发电机同轴的交流励磁机和硅整流器组成。交流励磁机可以分为自励与他励两种方式；硅整流器可以分成可控硅与不可控硅两种，每一种又有静止与旋转两种形式。励磁功率单元的各种不同组合就可以构成各种不同的交流励磁机系统，下面介绍几种具有代表性的系统。

（1）带静止整流器的励磁系统。带静止整流器的励磁系统同样可分为自励式与他励式两类，构成原理如图 9-18 所示。

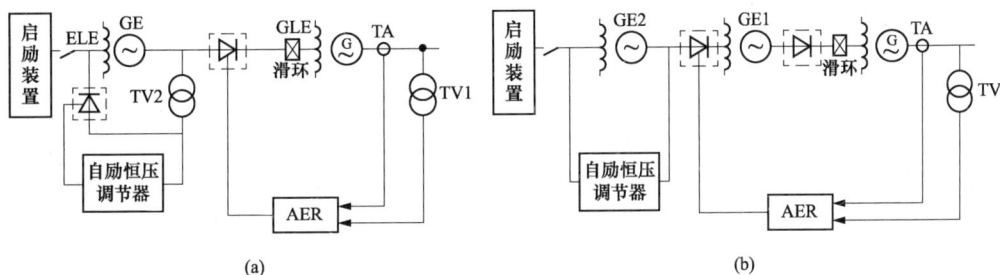

图 9-18　带静止整流器的交流励磁机系统原理
（a）自励式；（b）他励式

图 9-18（a）所示的自励式系统中，交流励磁机 GE 采用自励方式工作。GE 的起励电压较高，不能像直流励磁机可以依靠剩磁起励。所以，在机组启动时，利用专门的起励电源保证机组顺利进入正常工作状态。当机组进入正常工况后，起励电源退出工作。正常工作时，GE 由可控整流器供给励磁电流，并受自动恒压元件控制，保持 GE 的输出电压为恒定。而同步发电机 G 的励磁电流由调节器 AER 实现自动调节。

图 9-18（b）为他励式系统。发电机 G 的励磁电流由交流励磁机 GE1 经硅整流器供给，交流励磁机 GE1 的励磁电流由晶闸管可控硅整流器供给，其电源由副励磁机 GE2 提供。副励磁机 GE2 是自励式交流发电机，用自励恒压调节器保持其端电压恒定。在此励磁系统中，励磁调节器控制整流器中晶闸管元件的控制角，来改变交流励磁机的励磁电流，达到自动调节励磁的目的。

以上两种方式中，整流器都是处于静止位置，故称为静止整流器式励磁系统。

（2）旋转硅整流励磁系统。在上述整流设备静止的励磁系统中，同步发电机的励磁电流必须通过转子滑环与炭刷引入转子励磁绕组。目前由于炭刷材料和压力的影响，当励磁（滑环）电流超过 8000~10000A 时，就要取消滑环与炭刷，即采用无刷励磁系统。为此，交流励磁机的交流绕组和整流设备随同主轴旋转，而其直流绕组则是静止的，这就构成了他励旋转硅整流励磁系统，其优点是省去了碳刷维护工作。此系统适用于不同容量的发电机，并在现代大型同步发电机励磁系统中获得了广泛的应用。

1) 自励式旋转硅整流励磁系统，如图9-19（a）所示。

2) 他励式旋转可控硅整流励磁系统，如图9-19（b）所示。

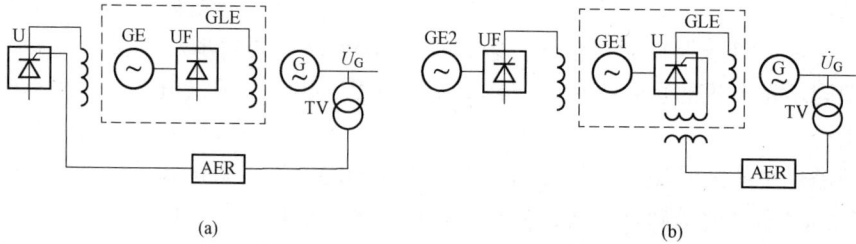

图9-19　旋转整流的交流励磁机系统

（a）自励式旋转硅整流励磁系统；（b）他励式旋转可控硅整流励磁系统

U—可控硅整流桥；UF—硅整流桥；□□□—旋转部分

3. 自并励静止励磁方式

图9-20是发电机自并励静止励磁系统接线。所谓静止励磁系统是指这种励磁系统中没有转动部分，所有设备与地面都是相对静止的。这种励磁系统，发电机励磁功率取自发电机机端，经过励磁变压器TR降压、可控硅整流桥U整流后供给发电机励磁。发电机励磁电流通过自动励磁调节装置控制可控硅的控制角来进行控制。由于励磁变压器是并联在发电机端的，且发电机向自己提供励磁功率，所以这种系统叫自并励静止励磁系统。这种励磁系统有如下优点。

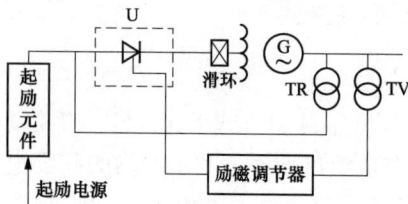

图9-20　自并励静止励磁系统接线

（1）结构简单、可靠性高、造价低、维护量小。

（2）没有励磁机，缩短了机组主轴长度，可减少电厂土地造价。

（3）直接用可控硅控制转子电压，可获得很快的励磁电压响应速度，可以近似地认为具有阶跃函数那样的响应速度。

发电机自并励静止励磁方式起励有残压起励和他励起励两种方式。

自并励系统的机组启动时，发电机的端电压是残压，因现代大型发电机的定子电压较高，所以残压相对也较高。如定子额定电压为20kV，残压为2.5%时，残压足可使晶闸管的触发脉冲电路正确，整流桥中的晶闸管也可正确工作，残压通过励磁变压器供给发电机初始励磁，即所谓起励，无需采取其他措施。因此，发电机只要有剩磁，一般情况下均能自励建压。

当发电机剩磁不足或没有剩磁时，励磁回路不能满足自励条件，发电机得不到建立电压所需的励磁电流，就需要他励起励来建起发电机电压。起励电源来自厂用蓄电池直流220V电源，也可由厂用交流降压整流提供。他励起励容量只要能建立使可控整流桥的晶闸管可靠导通所需阳极电压对应的机端电压即可，一般不大于空载励磁电流的10%，他励容量很小。

随着系统容量的扩大，自并励静止励磁方式的优点更加明显。因此，发电机的自并励静止励磁方式，在中、大型同步发电机上得到了广泛应用。

4. 自动励磁调节装置的分类及调节方式

励磁调节装置（又称励磁调节器）是同步发电机励磁控制系统的智能部件，它是根据端电压（或电流）的变化，对机组励磁产生校正作用的装置，用来实现正常和事故两种情况下励磁的自动调节，因此，要求励磁调节装置是连续作用的比例式调节装置，即它产生的校正作用的大小应与输出电压的偏差作用成正比。

励磁调节装置按其构成可分为机电型、电磁型、半导体型和微机型四种类型。机电型调节器是最早的调节器，不能连续调节，且响应速度缓慢，并有死区，已被淘汰；电磁型调节器调节速度慢，但可靠性高，通常用于直流励磁机系统；半导体型调节器响应速度快，且工作可靠，在电力系统中得到广泛应用；微机型励磁调节装置功能全面，灵活方便，近几年已开始在电力系统中大量应用，是今后的发展方向。

励磁调节装置按其调节原理可分为按电压偏差比例调节和按定子电流、功率因数补偿调节两种励磁调节方式。

（1）按电压偏差比例调节。按电压偏差的比例调节实际上是一个以电压为被调节的负反馈调节，原理框图如图 9 - 21 所示，由变换机构、测量机构、放大机构和执行机构四部分组成。

为了便于测量，设置了端电压变换机构；测量机构是测量发电机端电压 KU_G（K 为比例系数）与给定值 U_{set} 的偏差 $\Delta U_G = U_{set} - KU_G$，当端电压偏高时为负，端电压偏低时，$\Delta U_G$ 为正。放大机构是按照 ΔU_G 的大小和分析进行放大，以提高调节器的灵敏度和调节质量；执行机构是使励磁电流向相应的方向调整，从而控制发电机的电压值。当机端电压 U_G 上升时，调节器控制励磁功率单元，输出励磁电流减小，使 U_G 下降；反之，则增大励磁电流，使 U_G 升高。其工作特性如图 9 - 22 所示，显然，被调量 U_G 与给定值的偏差越大，调节作用越强，因此，比例型调节器能较好地维持电压水平。这种调节系统，不管产生 U_G 偏差的原因是什么，只要 U_G 变化，调节器都能进行调节，最终使 U_G 维持在给定值水平上运行。

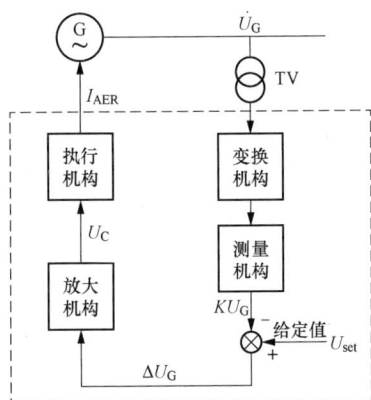

图 9 - 21 按电压偏差的比例调节原理框图

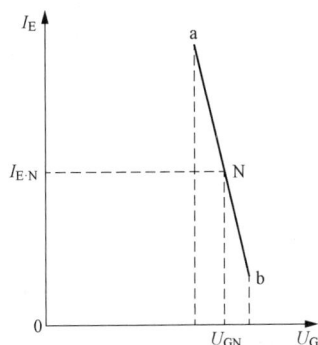

图 9 - 22 按电压偏差的比例调节的工作特性

（2）按定子电流、功率因数的补偿调节。由同步发电机的运行可知，当励磁电流保持不变时，造成端电压下降的主要原因是无功电流的增大。因此，同步发电机的端电压主要受定子电流和功率因数两方面变化的影响。若将发电机定子电流整流后供给发电机励磁，则可以补偿定子电流对端电压的影响，这种调节器称为复式励磁调节器，其原理如图 9-23 所示。若将发电机端电压和定子电流的相量和整流后供给发电机励磁，则可以补偿定子电流和功率因数（无功电流）对端电压的影响，这种调节器称为相位复式励磁调节器，其原理如图 9-24 所示。

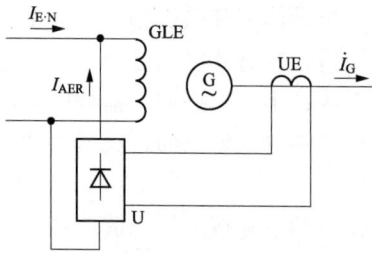

图 9-23　复式励磁调节器原理　　　图 9-24　相位复式励磁调节器原理

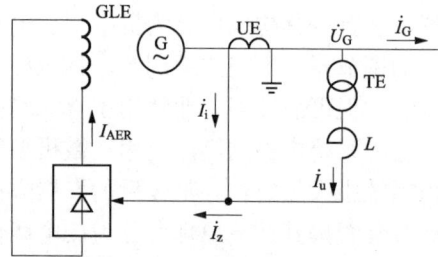

按定子电流、功率因数的补偿调节是按照机端电压受定子电流和功率因数变化的影响进行调节，如它只补偿由于定子电流、功率因数的变化所形成的发电机端电压的降低，起到一定的补偿作用，对补偿后机端电压的高低并不能直接进行调节。因而，这种补偿调节带有盲目性，因为当定子电流变化时，机端电压的变化可能仍然是较大的。

由此可见，补偿型调节与按电压偏差的比例调节有着本质上的区别。按电压偏差的比例调节是一个负反馈调节，将被调量与给定值比较得到的偏差电压放大后，作用于调节对象，力求使偏差值趋于零，所以是一种"无差"调节方式。而补偿型励磁调节，输入量并非是被调量，它只补偿定子电流和功率因数引起端电压的变化，仅起到补偿作用，调节的结果是有差的，所以，在运行中还必须采用电压校正器，才能满足要求。

自动励磁调节装置（AER）按电压偏差比例调节方式应用较普遍，而按定子电流、功率因数的补偿调节方式则几乎不再采用了。

9.4.3　微机型自动励磁调节装置的工作原理

1. 自动励磁调节装置构成环节

不论是模拟式 AER 还是微机型 AER，其基本功能是相同的，只是微机型 AER 有很大的灵活性，可实现和扩充模拟式 AER 难以实现的功能，充分发挥了微机型 AER 的优越性。利用功能框图能方便地说明系统各环节的相互联系及其功能，并能方便地应用控制理论分析系统。最基本的自动励磁调节系统功能框图，如图 9-25 所示，由调差环节、测量比较、综合放大、移相触发、可控整流等基本部分组成，构成以机端电压为被调量的自动励磁调节的一个反馈控制系统。

辅助控制是为了满足发电机的不同工况要求，改善电力系统稳定性和励磁系统动态性能而设置的，如为保证发电机运行的安全，设置有各种励磁限制；为便于发电机运行，装置设有电压给定值系统。

在图 9-25 的主通道自动励磁调节中，若由于某种原因使发电机电压升高时，偏差电压

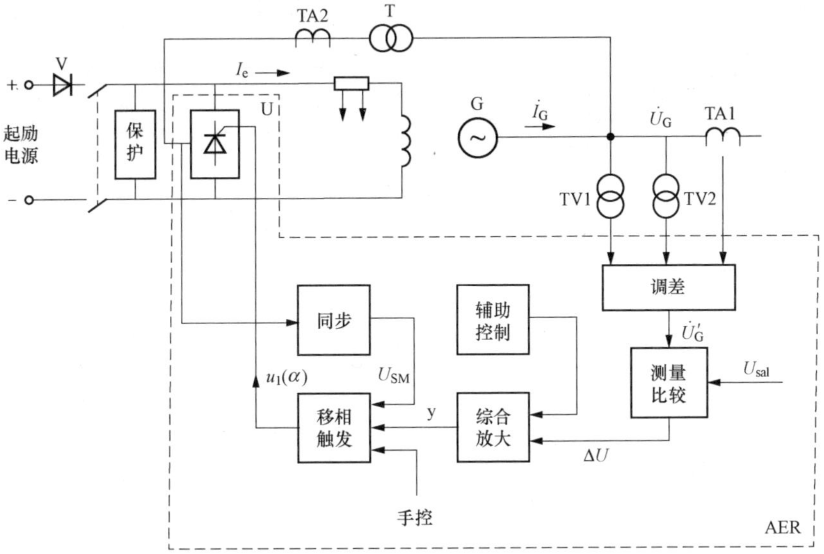

图 9 - 25　自动励磁调节系统功能框图

ΔU 经综合放大后得到一控制量，使移相触发脉冲后移，控制角 α 增大，可控整流输出电压减小，减小发电机的励磁，机端电压随之下降。反之，发电机电压下降时，综合放大后得到的这一控制量使移相触发脉冲前移，控制角 α 减小，可控整流输出电压增大，增大发电机的励磁，机端电压随之升高。因此，调节结果可使机端电压在给定值水平。

　　除上述主通道调节外，还可切换为以励磁电流为被调量的闭环控制运行。由于采用自动跟踪系统，切换不会引起发电机无功功率的摆动。以励磁电流为被调量的闭环控制运行，也称手动运行，通常应用于发电机零起升压以及自动控制通道故障时。在模拟式 AER 中，用模拟电路、电子电路来实现图 9 - 25 所示功能。在数字式 AER 中，由硬件和软件来实现图 9 - 25 所示功能。

　　随着电力系统的发展，发电机的单机容量不断增加，系统越来越大，越来越复杂，对励磁调节装置的要求也日益提高。同时，随着计算机和大规模集成电路在电力工业中的广泛应用，微机（数字）型励磁调节装置将替代模拟型励磁调节装置。微机型励磁调节装置由一专用的计算机控制系统构成，如按计算机控制系统来划分，则由硬件（即电气元件）和软件（即程序）两部分组成，以下分别进行介绍。

　　2. 微机励磁调节装置的硬件

　　按照计算机控制系统的组成原则，硬件的基本配置由主机以及输入、输出接口和输入、输出过程通道等环节组成。由于大规模集成电路技术日益进步，计算机技术不断更新，具体的系统从单微处理器（CPU）、多微处理器向分布式、网络方向发展。所以微机型励磁调节装置的硬件也将随之发生变化，无固定模式可言。但典型的硬件结构基本相同，如图 9 - 26 所示。都是由模拟量输入和电量变送器、CPU 系统、接口电路、同步和数字触发控制电路、并行 I/O 和显示接口等部分组成。

　　一般微机 AER 具有完全独立的两套，一套工作时另一套处于备用状态，两套间可实现无缝隙自动切换。一般两套 AER 不同时投入运行。

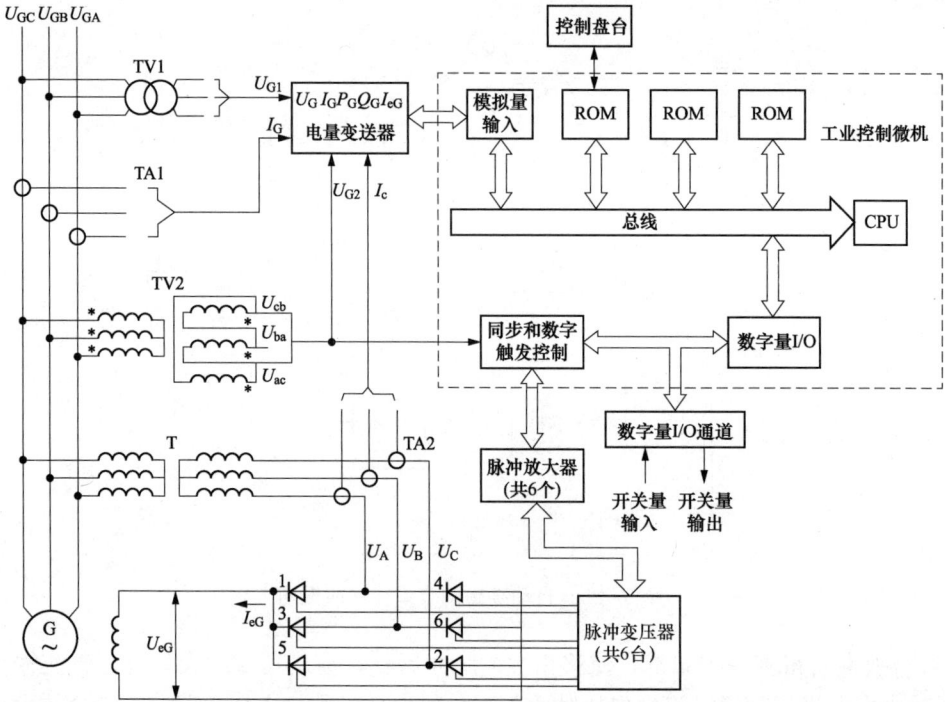

图 9-26 AER 典型硬件结构框图

3. 软件框图

（1）软件的组成。发电机的励磁调节是一个快速实时的闭环调节，它对发电机机端电压的变化要有很高的响应速度，以维持端电压在给定水平。同时，为了保证发电机的安全运行，励磁调节装置还必须具有对发电机及励磁系统起保护作用的一些限制功能，如强励和低励限制等。

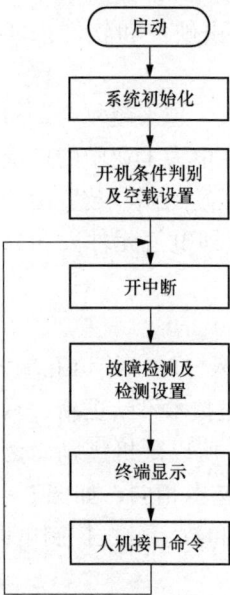

图 9-27 主程序流程

微机型励磁调节装置的调节和限制及控制等功能，都是通过软件实现的。它不仅取代了模拟式励磁调节装置中的某些调节和限制电路，而且扩充了许多模拟电路难以实现的功能，充分体现出微机型励磁调节装置的优越性。

微机励磁调节装置的软件由监控程序和应用程序组成。监控程序就是计算机系统软件，主要为程序的编制、调试和修改等服务，而与励磁调节没有直接关系，但仍作为软件的组成部分安置在微机励磁调节装置中。应用程序包括主程序和调节控制程序，是实现励磁调节和完成数据处理、控制计算、控制命令的发出及限制、保护等功能的程序；以及用于实现交流信号的采样及数据处理、触发脉冲的软件分相和机端电压的频率测量等功能。微机励磁调节装置的软件设计主要集中在主程序和调节控制程序。

（2）主程序的流程。主程序流程如图 9-27 所示。

（3）调节控制程序的流程。图 9-28 是调节控制程序的流程。

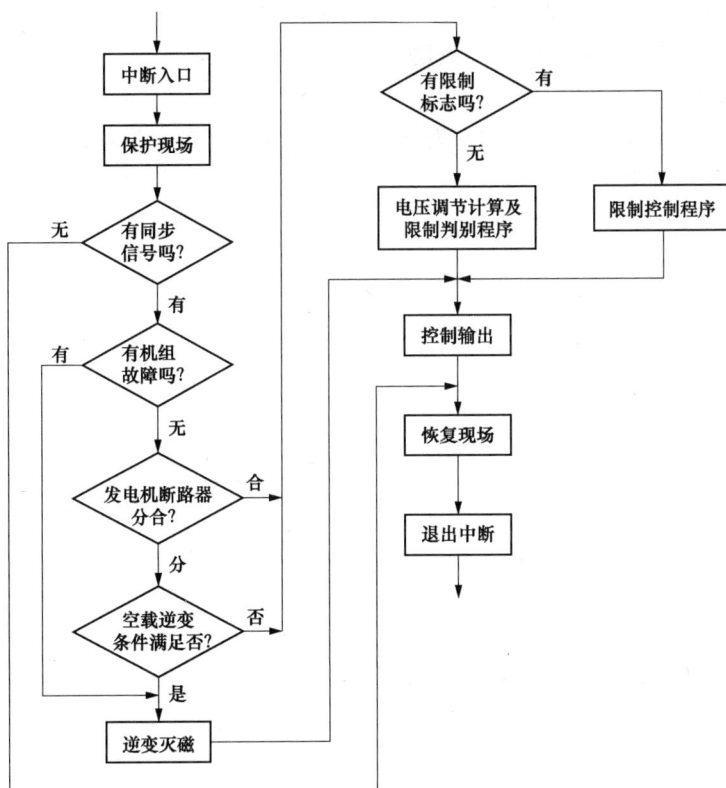

图 9-28 调节控制程序流程

4. 微机型励磁调节装置的主要性能特点

(1) 硬件简单，可靠性高。由于采用了微处理器，以往调节器中的操作回路、部分可控整流触发回路、各种保护功能、机械或电子的电压整定机构都可以简化或省去，采用软件来完成。这样就使印刷电路板的数量大大减少，电路元件减少，焊点少，接插件少，使装置可靠性提高。

(2) 便于实现复杂的控制方式。复杂的控制方式，如最优控制、自适应控制、人工智能等，往往要求大量的计算和判断，这对模拟式的励磁调节装置是不可能实现的，而微机型励磁调节装置为实现复杂的控制提供了可能性。

(3) 硬件易实现标准化，便于产品更新换代。微机型励磁调节装置，硬件的功能主要是输入发电机的参数如电压、电流、励磁电压、励磁电流等，输出各控制、报警信号及触发脉冲。这是任何可控硅作为励磁调节装置的执行元件都必须具备的电路。对于不同容量、不同型号的发电机，只要改变软件及输出功率部分就可以。这样便于标准化生产，便于产品升级换代。硬件的调试工作量也大大减少。

(4) 显示直观。发电机的各种运行状态、运行参数、保护定值等都可以通过显示面板的数码管显示出来，不仅显示十进制数，还可以显示十六进制数。除此之外，还可显示各种故障信号，为运行人员提供了极大的方便。

(5) 通信方便。可以通过通信总线、串行接口或常规模拟量方式方便灵活地与上位计算机进行通信或接受上位计算机的控制命令。上位计算机可直接改变机组给定电压值，非常简单地实现全厂机组的无功成组调节及母线电压的实时控制,便于实现全厂的自动化。

9.4.4 同步发电机的强行励磁和灭磁

1. 同步发电机的强行励磁

电力系统发生短路故障时,会引起发电机端电压急剧下降,此时如能使发电机的励磁迅速上升到顶值,将有助于电网稳定运行,提高继电保护动作的灵敏度,缩短故障切除后系统电压的恢复时间,并有利于用户电动机的自启动。因此,当发电机电压急剧下降时,将励磁迅速增加到顶值的措施,对电力系统稳定运行具有重要的意义。通常将这种措施称为强行励磁,简称强励。

一般发电机配置的自动励磁调节器均具有强励功能。但有些励磁系统的自动励磁调节器有时可能励磁顶值电压不够高,或响应速度不够快,或励磁调节器的动作失灵会丧失强励能力。在这种情况下,也可以增设强行励磁装置,作为自动调节励磁装置的强励补充。

从强励的作用可以看出,要使强励充分发挥作用,应满足强励顶值电压高且响应速度快的基本要求,因此用两个指标来衡量强励能力,即强励倍数和励磁电压响应比。

(1)强励倍数。强励时能达到的最高励磁电压 $U_{e.max}$ 与额定励磁电压 $U_{e.N}$ 的比值,称为强励倍数 K_Q,即

$$K_Q = \frac{U_{e.max}}{U_{eN}} \tag{9-3}$$

显然,K_Q 越大,强励效果越好。但 K_Q 大小受励磁系统结构和设备费用的限制,通常为 1.2~2 倍。

(2)励磁电压响应比。励磁电压响应比又称励磁电压响应倍率,能反映出励磁响应速度的大小。注意到强励时励磁电压必须要通过转子磁场才能起作用,而转子回路具有较大的时间常数,所以转子磁场的增加将滞后励磁电压的增加。

对于如图 9-17 所示直流励磁机系统来说,强励时由于励磁机存在时滞作用,发电机的励磁电压起始上升较慢、然后较快上升、最后又缓慢上升到顶值,励磁电压 u_e 变化曲线如图 9-29(a)所示。对于如图 9-18、图 9-19、图 9-20 所示快速励磁系统来说,强励时发电机励磁电压几乎是瞬间上升的,励磁电压 u_e 变化曲线如图 9-29(b)所示。

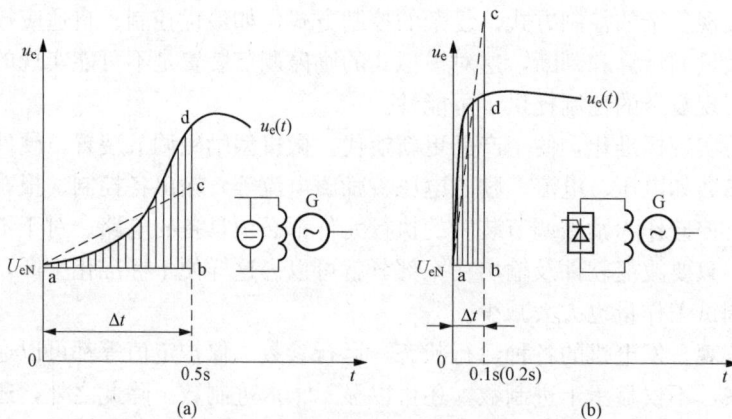

图 9-29 强励时发电机励磁电压变化曲线
(a)直流励磁机系统;(b)快速励磁系统

在时间相同的条件下，阴影线部分面积越大，表示强励作用越显著。为描述励磁上升速度，并对不同励磁系统进行比较，通常将图 9-29 中 abd 阴影处面积等面积变换成 abc。这样，励磁电压的上升速率等效变换成常数。定义 Δt 内励磁电压等速上升的数值与额定励磁电压之比称励磁电压响应比，即

$$励磁电压响应比 = \frac{bc/U_{eN}}{\Delta t}（电压标幺值 /s）\tag{9-4}$$

对直流励磁机系统，取 $\Delta t = 0.5s$；对快速励磁系统，取 $\Delta t = 0.1s$。

不同的励磁系统，励磁电压响应比不同。对直流励磁机励磁系统，该值一般为（0.8~1.2)U_{eN}/s；对快速励磁系统，该值在 3U_{eN}/s 以上。

2. 同步发电机的灭磁

运行中的发电机，如果出现内部故障或出口故障，继电保护装置应快速动作，将发电机从系统中切除，但发电机的感应电势仍然存在，继续供给短路点故障电流，将会使发电设备或绝缘材料等严重损坏。因此当发电机内部或出口故障时，在跳开发电机出口断路器的同时，应迅速将发电机灭磁。

所谓灭磁就是把转子绕组的磁场尽快减弱到最低程度。考虑到励磁绕组是一个大电感，突然断开励磁回路必将产生很高的过电压，危及转子绕组绝缘，所以用断开励磁回路的方法灭磁是不恰当的。在断开励磁回路之前，应将转子绕组自动接到放电电阻或其他装置中去，使磁场中储存的能量迅速消耗掉。对灭磁的基本要求如下。

（1）灭磁时间要短。

（2）灭磁过程中转子过电压不应超过允许值，其值通常取额定励磁电压的 4~5 倍。

（3）灭磁后，机组剩磁电压不应超过 500V。

灭磁的方法较多，常用的灭磁方法有如下几种。

（1）利用放电电阻灭磁。利用放电电阻灭磁是一种传统的灭磁方法。如图 9-30 所示，发电机正常运行时，灭磁开关 Q 处于合闸位置，励磁机经主触头 Q1 供电给发电机的转子绕组励磁电流，而触头 Q2 断开。发电机退出运行需要灭磁时，灭磁开关 Q 跳闸，触头 Q2 先闭合，使励磁绕组接入放电电阻 R，然后触头 Q1 断开，以防止转子绕组切换到放电电阻时由于开路而产生危险的过电压。Q1 断开后，励磁绕组 GLE 对 R 放电，灭磁就开始。利用放电电阻灭磁的实质是将磁场能转换为热能，消耗于电阻上。传统的对常规电阻放电，其灭磁速度较慢。

（2）利用灭弧栅灭磁。如图 9-31 所示，发电机正常运行时灭磁开关 Q 处于合闸状态，触头 Q1、Q4 闭合，Q2、Q3 断开。当 Q 跳闸灭磁时，Q2、Q3 闭合，Q1 和 Q4 断开。接入限流电阻 R_y，是为了防止励磁电源被短接，在极短时间内，Q3 紧接着也断开，期间产生电弧，横向磁场将电弧引入灭弧栅中，电弧被灭弧栅分割成很多短弧，同时径向磁场使电弧在灭弧栅内快速旋转，散失热量，直到熄灭为止。灭磁过程中，励磁电流逐渐衰减，当衰减

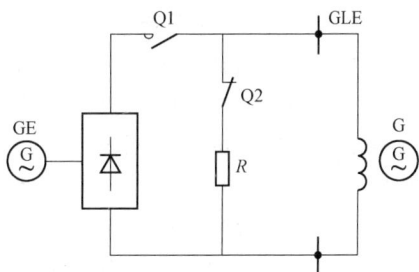

图 9-30　利用放电电阻灭磁

到较小数值时，灭弧栅电弧不能维持，可能出现电流中断而引起过电压，为限制过电压，灭

弧栅并接多段电阻，避免整个电弧同时熄灭，实现按顺序熄灭。只要适当选择灭弧栅旁路电阻，可限制过电压在规定值以内。

利用灭弧栅灭磁的实质是将磁场能转换为电弧能，消耗于灭弧栅片中。由于其灭磁速度快，通常应用于大、中型发电机组中。

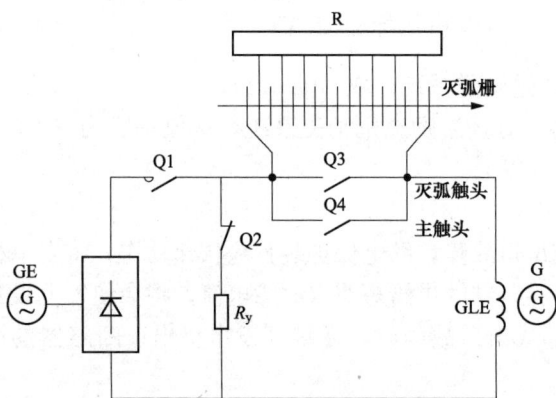

图 9-31　利用灭弧栅灭磁

（3）用可控整流桥逆变灭磁。这种灭磁方式只适合于励磁电源采用全控桥整流的机组。在正常工作情况下，全控桥工作在整流状态，供给发电机励磁。当需要灭磁时，将全控桥的控制角后退到最小逆变角，全控桥就可以从"整流"状态过渡到"逆变"状态。在逆变状态下，转子励磁绕组中储存的能量就逐渐被反送回交流电源侧。由于励磁绕组是无源的，随着存储能量的衰减和逆变电流的降低，逆变过程将随之结束。

由于能量直接通过逆变桥从直流侧反送到交流侧，所以不需要灭磁开关。它具有接线简单、经济等优点。但在自并励励磁系统中，逆变电压受机端电压的影响很大，当发生机端三相短路时，发电机端电压下降到很低，从而导致励磁电压较小，逆变灭磁时间加长，严重的甚至有可能致使逆变灭磁失败。在实际现场运行中，逆变灭磁更多的是作为备用灭磁方案用于正常停机。

（4）非线性电阻灭磁。非线性电阻灭磁系统是利用非线性电阻的非线性伏安特性，保证灭磁过程中灭磁电压能较好地维持在一个较高水平，从而保持电流快速衰减，达到快速灭磁目的。非线性电阻灭磁原理如图 9-32 所示。

正常运行时，转子的端电压维持在正常水平，远没有达到非线性电阻 R_n 的导通电压值（也称为击穿电压），因此，R_n 的阻值非常大，该支路相当于开路。当收到灭磁指令，开关 K 跳开，由于转子励磁绕组大电感 L 的作用，R_n 的端电压迅速升高。当达到 R_n 的导通电压值时，R_n 的阻值迅速下降到很小值，电流 i_n 快速增大。当 i_n 等于励磁绕组回路中的励磁电流时，K 的电弧熄灭，整个回路完成"换流"。这样，所有能量将在 R_n 和励磁绕组内阻上消耗掉。

由于 R_n 的端电压对流过它的电流不敏感，电流的衰减将对端电压影响不大，所以电流衰减速度一直维持在较快的水平。因此，这种灭磁方式的灭磁速度基本恒定。

综上所述，线性电阻灭磁，其灭磁电阻两端的电压是电流的线性函数，灭磁速度随电流的减小而越来越缓慢，最终致使整个系统的灭磁时间比较长。但这种灭磁方式接线简单，动作可靠，造价也十分低廉，因此现在仍然在应用。

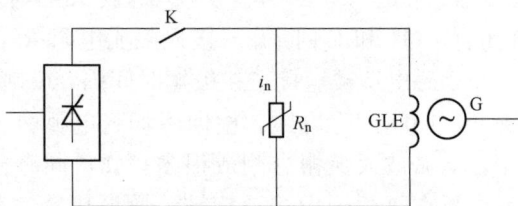

图 9-32　非线性电阻灭磁原理

灭弧栅灭磁在自并励励磁方式下，只能够在部分情况下获得比较快的灭磁速度，因为它完全依靠耗能型灭磁开关来实现灭磁，导致灭磁开关的负担比较重。随着励磁系统功率的日益增加，大容量的灭弧栅的制造越来越困难，再加上在励磁电流较小时由于开关横向磁场减弱导致容易断弧等原因，灭弧栅灭磁系统很难继续在大型机组广泛应用。

可控整流励磁系统中的逆变灭磁，在自并励励磁系统中，随着机端电压的衰减，其灭磁作用显著下降，因此更多的是用于正常停机时灭磁，而在故障时仍然需要专门的灭磁装置来实现快速灭磁。

非线性电阻灭磁系统，因为非线性电阻具有电阻电压受电流变化影响很小的特性，因此它具有较快的灭磁速度，灭磁曲线比较接近理想曲线，可应用在大容量机组上。

9.5　自动按频率减负荷装置

9.5.1　自动按频率减负荷装置的作用

1. 频率降低的危害

电力系统的频率是衡量电能质量的主要指标之一，它反映了发电机组发出的有功功率与负荷所需的有功功率之间的平衡情况。当系统发生较大事故时，如电网发生短路故障或大型发电机组突然被切除，均可造成系统出现严重的功率缺额。当其缺额值超出正常热备用可以调节的能力，即令系统中运行的所有发电机组都发出其设备可能胜任的最大功率，仍不能满足负荷功率的需要时，系统频率将会显著降低，降低幅度与功率缺额多少有关。

当系统频率降低较大时，将造成大量用电设备不能正常运行，甚至会产生严重的后果，主要表现在如下几个方面。

（1）由于频率降低，火电厂厂用机械的出力将显著降低，导致发电厂发出的有功功率进一步减少，功率缺额更加严重，系统频率进一步降低的恶性循环，严重时造成系统频率崩溃。

（2）频率降低时，励磁机、发电机等的转速相应降低，导致发电机的电动势下降，使系统电压水平下降，系统运行稳定性遭到破坏，严重时出现电压崩溃现象。

（3）系统频率若长时间运行在 $49.5\sim49\mathrm{Hz}$ 以下时，某些汽轮机的叶片容易产生裂纹；当频率降低到 $45\mathrm{Hz}$ 附近时，汽轮机个别级别的叶片可能发生共振而引起断裂事故。

2. 自动按频率减负荷装置的作用

鉴于频率降低所造成的严重后果，运行规程规定：电力系统运行的频率偏差不超过 $\pm0.2\mathrm{Hz}$；系统频率不能长时间运行在 $49.5\sim49\mathrm{Hz}$ 以下；事故情况下，不能较长时间停留在 $47\mathrm{Hz}$ 以下；系统频率的瞬时值绝对不能低于 $45\ \mathrm{Hz}$。因此，当系统出现较大的有功功率缺额时，必须迅速断开部分负荷，减小系统的有功缺额，使系统频率维持在正常水平或允许的范围内。自动按频率减负荷装置的作用就是根据频率下降的不同程度自动断开相应的非重要负荷，以阻止频率的下降，使系统频率恢复到可以安全运行的水平内。

9.5.2　电力系统的频率特性

电力系统的频率特性分为电力系统的静态频率特性和电力系统的动态频率特性。

1. 电力系统的静态频率特性

电力系统的静态频率特性是指电力系统的总有功负荷 $P_{\mathrm{L.\Sigma}}$ 与系统频率 f 的关系，也就是负荷的静态频率特性。负荷的静态频率特性与负荷的性质有关，不同性质的负荷消耗有功功率与频率的关系不一样。一般电力系统中的负荷可分为三大类。

（1）负荷消耗的有功功率与频率无关，如白炽灯、电热设备等。

（2）负荷消耗的有功功率与频率的一次方成正比，如碎煤机、卷扬机等。

（3）负荷消耗的有功功率与频率的二次方、三次方、高次方成正比，如通风机、水泵等。

电力系统的总有功负荷由以上三类负荷按比例组合而成。当电力系统频率变化时电力系统总有功负荷消耗的有功功率相应变化，定性画出负荷静态频率特性如图 9-33 所示。当系统频率下降时，总负荷消耗的有功功率随之减少；而频率上升时，总负荷消耗的有功功率随之增加。这种负荷消耗的有功功率随系统频率变化的现象，称为负荷调节效应。

由于负荷调节效应的存在，当电力系统因有功功率不平衡引起系统频率变化时，负荷自动改变消耗的有功功率，对电力系统频率有一定的补偿作用。当出现较少的有功功率缺额使系统频率降低时，负荷会自动减少消耗的有功功率，有利于缓解有功功率缺额，建立新的有功功率平衡，其结果是系统可以在一个较低的频率下运行。但如果有功功率缺额较大，仅靠负荷调节效应来补偿，会造成系统运行频率很低，破坏系统的安全运行，这是不允许的，此时必须再借助按频率自动减负荷装置自动切除一部分不重要的负荷，保证系统的安全运行。

2. 电力系统的动态频率特性

电力系统的动态频率特性是指当电力系统出现有功功率缺额造成系统频率下降时，系统频率由额定值 f_N 变化到另一个稳定频率 f_∞ 的过程。由于电力系统是一个惯性系统，所以频率随时间按指数规律变化，电力系统动态频率特性如图 9-34 所示。

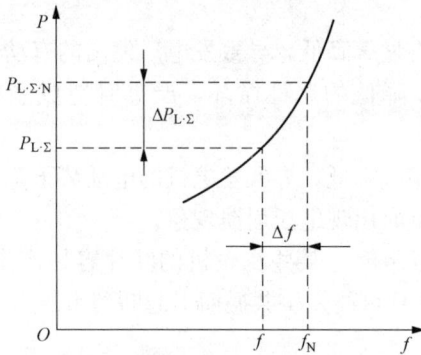

图 9-33　负荷静态频率特性　　　　　　图 9-34　电力系统动态频率特性

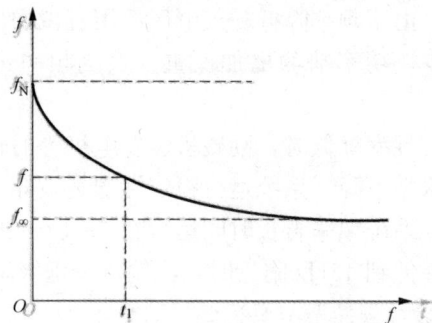

9.5.3　按频率自动减负荷装置的基本工作原理

按频率自动减负荷装置由 n 个基本级和 m 个附加级组成，每一级就有一套按频率自动减负荷装置，其原理如图 9-35 所示。它安装在系统内某一变电所中，属于同一级的用户共用一套装置。

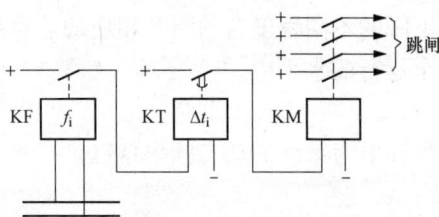

图 9-35　按频率自动减负荷装置的原理

图 9-35 中，低频率继电器取用母线电压互感器的二次电压，当系统频率降低到 KF 的动作频率时，KF 动作闭合其触点，启动时间继电器 KT，经整定时限后启动出口中间继电器 KM，断

开各自相应的负荷 P_{cuti}。

　　电力系统装设按频率自动减负荷装置，应根据电力系统的结构和负荷的分布情况，分散设在电力系统中相关的变电所中，图 9-36 为电力系统按频率自动减负荷装置的配置示意。图 9-37 为某一变电所的按频率自动减负荷装置原理框图。

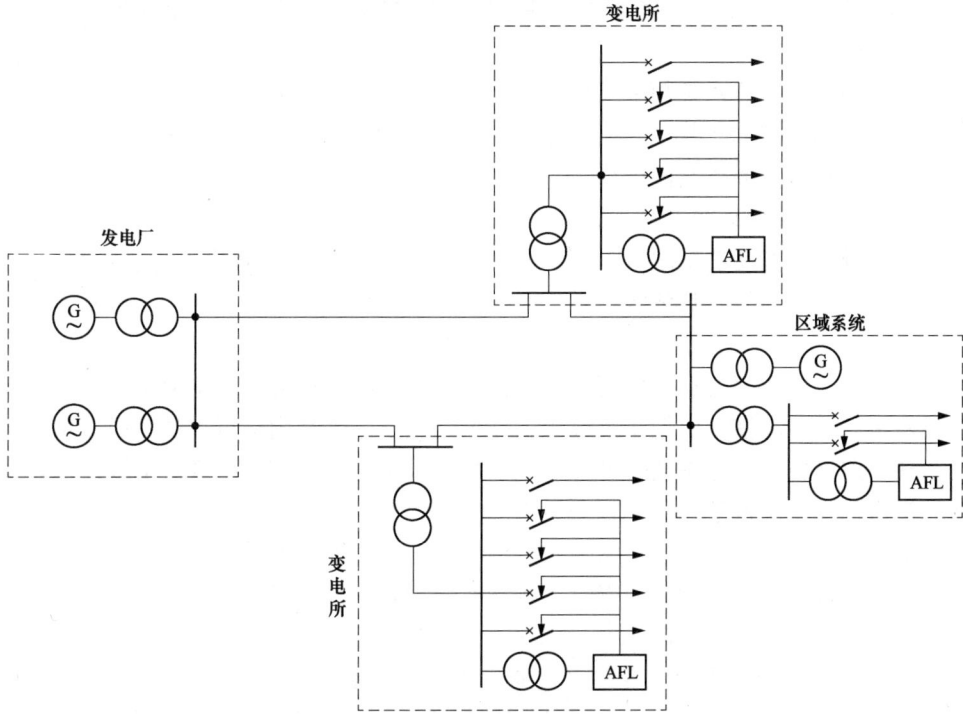

图 9-36　电力系统按频率自动减负荷装置的配置示意

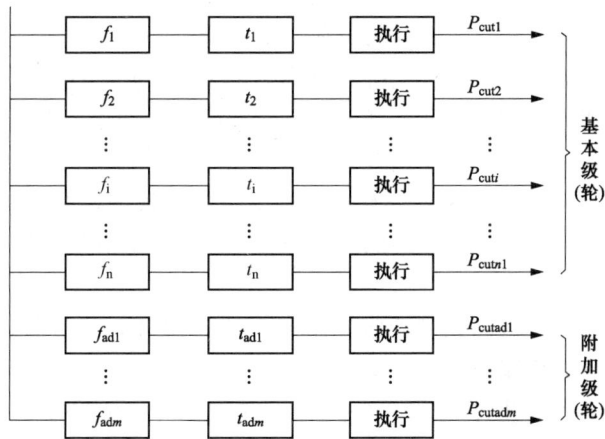

图 9-37　按频率自动减负荷装置的原理框图

　　由图 9-36 可见，该变电所馈电母线上有多条配电线路，按电力用户的重要性和系统稳定性的要求装设了 n 个基本级和 m 个附加级，每一级都相当于一套完整的按频率自动减负荷装置，由频率测量元件 f、延时元件 t 和执行元件三部分组成。

当电力系统发生故障，出现严重有功功率缺额，导致系统频率下降时，频率下降到 f_1，第 1 级频率测量元件启动，经延时 t_1 后执行元件动作，切除第 1 级负荷 P_{cut1}；如果系统频率继续下降到 f_2，第 2 级频率测量元件启动，经延时 t_2 后执行元件动作，切除第 2 级负荷 P_{cut2}，……，依次类推，系统频率继续下降，基本级的 n 级负荷有可能全部被切除，以确保系统的安全运行。

当基本级动作后，若系统频率仍长时间停留在较低水平（低于恢复频率的下限），则附加级的频率测量元件 f_{ad1} 动作，经延时 t_{ad1} 后执行元件动作，切除相应负荷 P_{cutad1}，……，直至系统频率回升到恢复频率范围内。

9.5.4 对按频率自动减负荷装置的基本要求

当电力系统出现有功功率缺额时，负荷调节效应和按频率自动减负荷装置共同起作用，可以保证系统的稳定运行，具体实施中，对按频率自动减负荷装置提出了一些基本要求。

1. 按频率自动减负荷装置动作后，系统频率应回升到恢复频率范围内

事故情况下，按频率自动减负荷装置动作后使系统频率恢复到一定值是为了防止事故扩大。一般要求系统频率恢复值低于系统额定频率，剩下的恢复由运行人员完成。由于系统事故时功率缺额差异较大，考虑装置本身误差，只要求系统频率恢复到规定范围即可，我国电力系统规定恢复频率不低于 49.5Hz。

2. 要使按频率自动减负荷装置充分发挥作用，应有足够负荷接于按频率自动减负荷装置上

当系统出现最严重有功功率缺额时，按频率自动减负荷装置配合负荷调节效应作用，应能使系统频率回升到恢复范围内。

3. 按频率自动减负荷装置应根据系统频率的下降程度切除负荷

实际电力系统中每次出现的有功功率缺额不同，频率下降的程度也不同，为了提高供电可靠性，同时又能使按频率自动减负荷装置动作后系统频率不超过恢复值，按频率自动减负荷装置切负荷采用分级切除、逐步逼近的方式。即当系统频率下降到一定值时，按频率自动减负荷装置的相应级动作切除一定数量的负荷，如果仍然不能阻止频率下降，则装置的下一级动作再切除一定数量的负荷，依次类推，直到频率不再下降为止。应当注意，在分级实现切负荷时，应该首先切除不重要负荷，必要时再切除部分较为重要的负荷，当按频率自动减负荷装置动作完毕后，系统频率一定回升到恢复值。

4. 按频率自动减负荷装置各级动作频率的确定应符合系统要求

按频率自动减负荷装置的动作频率的确定包括首、末级动作频率、动作频率级差和动作级数的确定。

（1）首级动作频率。从提高系统稳定性出发，按频率自动减负荷装置首级动作频率 f_1 应确定高一些，但过高又不能充分发挥旋转备用的作用，对用户供电可靠性不利。兼顾两方面因素，按频率自动减负荷装置的首级动作频率一般不超过 49.1Hz。

（2）末级动作频率。按频率自动减负荷装置的末级动作频率由系统允许的最低频率下限来确定，大于核电厂冷却介质泵低频保护的整定值，并留有不小于 $0.3 \sim 0.5$Hz 的裕量，以保证这些机组继续联网运行；同时为保证火电厂的继续安全运行，应限制频率低于 47.0Hz 的时间不超过 0.5s，以避免事故进一步恶化。

（3）动作频率级差。设 f_i 和 f_{i+1} 分别是 i 级和 $i+1$ 级动作频率，则动作频率级差 $\Delta f=$

$f_i - f_{i+1}$。

（4）动作级数。由首级动作频率 f_1 和末级动作频率 f_n 以及动作频率级差 Δf 可以计算出按频率自动减负荷装置的动作级数 N，$N = [(f_1 - f_n)/\Delta f] + 1$，$N$ 取整数。

5. 按频率自动减负荷装置各级的动作时间应符合要求

从按频率自动减负荷装置的动作效果看，装置应尽量不带延时。但不带延时使按频率自动减负荷装置在系统频率短时波动时可能误动作，一般要求按频率自动减负荷装置动作可带 $0.15 \sim 0.5s$ 延时。对于某些负荷，按频率自动减负荷装置的动作时间可稍长，前提是保证电力系统安全运行。

6. 按频率自动减负荷装置应设置附加级

规程规定，按频率自动减负荷装置动作后应使系统稳定运行频率恢复到不低于恢复频率（49.5Hz）水平。但在按频率自动减负荷装置分级动作过程中可能出现以下情况：第 i 级动作切除负荷后，系统频率稳定在恢复频率（49.5Hz）以下，但又不足以使第 $i+1$ 级动作，这样会使系统频率长时间低于恢复频率以下运行，这是不允许的。为了消除这一现象，按频率自动减负荷装置应设置较长延时的附加级，附加级动作频率通常取恢复频率下限，当附加级动作后，应使系统频率回升到恢复频率范围内。由于附加级动作时，系统频率已比较稳定，其动作时限一般为 $15 \sim 25s$（约为系统频率变化时间常数的 $2 \sim 3$ 倍），必要时，附加级也可以分成若干级，各级的动作频率相同，用延时区分各级的动作顺序。

9.5.5 按频率自动减负荷装置误动作的原因及防误动的措施

1. 按频率自动减负荷装置误动作的原因

按频率自动减负荷装置运行中，可能会因为以下几种情况发生误动作。

（1）由于水轮发电机调速机构动作较慢，若系统中旋转备用以水轮发电机为主，在旋转备用起作用前，按频率自动减负荷装置可能误动。

（2）供电电源中断，负荷反馈可能使按频率自动减负荷装置误动作。

2. 按频率自动减负荷装置防误动的措施

针对上述误动作的原因，防止按频率自动减负荷装置误动作的措施有以下几点。

（1）给按频率自动减负荷装置设置适当延时，防止频率短时波动和系统旋转备用起作用前装置误动。

（2）加快继电保护、备用电源自动投入装置、自动重合闸装置等的动作时间，缩短供电中断时间，防止负荷反馈使按频率自动减负荷装置误动作。

（3）增加低电压或低电流闭锁，在供电电源中断时闭锁按频率自动减负荷装置，防止其误动。

（4）采用频率变化率闭锁，即利用系统频率下降的速度区分是有功缺额造成的频率下降，还是负荷反馈时的频率下降。运行经验表明，当频率下降速度 $df/dt < 3.0Hz/s$ 时，可以认为是系统有功功率缺额引起的频率下降；$df/dt > 3.0Hz/s$ 时，可以认为是负荷反馈时的频率下降。所以用 $df/dt \geqslant 3Hz/s$ 作为频率变化率判据，当 $df/dt \geqslant 3.0Hz/s$ 时闭锁按频率自动减负荷装置，不允许切负荷；当 $df/dt < 3Hz/s$ 时解除闭锁。

（5）采用按频率自动重合闸来纠正按频率自动减负荷装置的误动作。由于非有功功率缺额引起的频率下降，在按频率自动减负荷装置动作后频率上升很快，即频率变化率 df/dt 大，而真正由有功功率缺额造成的频率下降，在按频率自动减负荷装置动作后频率回升较慢，所以根据频率变化率 df/dt 进行重合闸，将被误切的负荷重新投入。

9.5.6 微机型按频率自动减负荷装置

目前，我国广泛使用的是微机型按频率自动减负荷装置，其装置的基本功能、基本构成原理如下。

1. 微机型按频率自动减负荷装置的基本功能

（1）正常频率监视。监视测量频率是否在正常范围内，也可用于监视装置工作是否正常。

（2）频率闭锁。当系统频率 $f \geqslant 49.6\,Hz$ 时，闭锁跳闸出口中间继电器。

（3）频率变化闭锁。当 $df/dt \geqslant 3.0\,Hz/s$ 时，闭锁跳闸出口中间继电器。

（4）低频率动作。设有四级动作出口，各级动作频率和动作时间分别整定，动作后切除相应负荷。

（5）频率变化量动作。当 df/dt 大于整定值，动作切除相应负荷。频率变化量整定值和动作时间可整定。

（6）低电压和低电流闭锁。在电压和电流小于整定值时，闭锁跳闸出口中间继电器，并发信号。

（7）装置具有自检、自恢复功能。

2. 微机型按频率自动减负荷装置的基本构成原理

图 9-38 所示为微机型按频率自动减负荷装置的原理框图，主要由 MCS51 系列单片机及外围电路、检测电路、出口电路、整定值输入电路等组成。

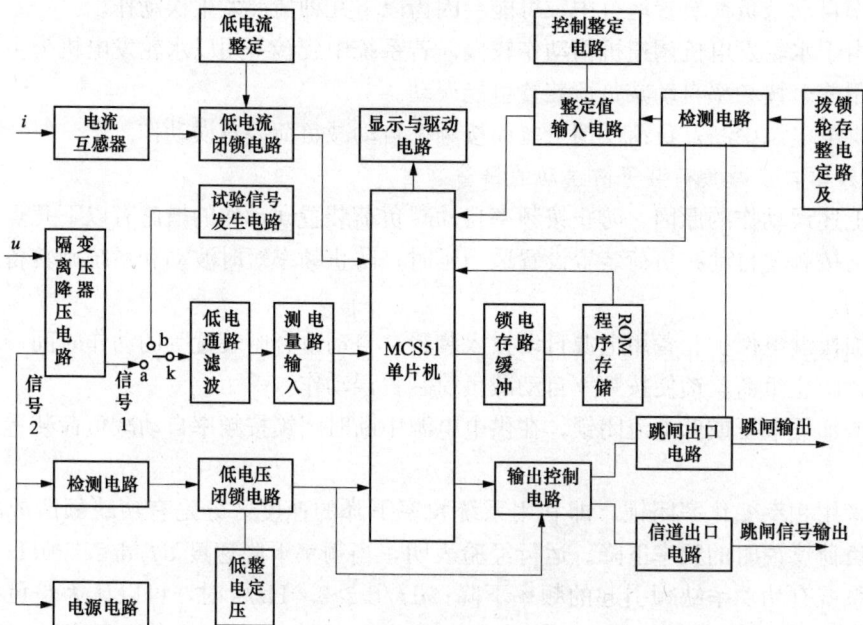

图 9-38 微机型按频率减负荷装置原理框图

输入交流电压 u 经变压器隔离降压后，其中一路经低通滤波电路、测量输入电路（包括方波形成和二分频电路）后到单片机中，该交流信号 u 经方波整形变成频率相同的方波信号，如图 9-39（a）、（b）所示。为防止过零干扰，采用了一定的门坎电压。整形后的方波信号经二分频电路形成单片机的外部中断信号，如图 9-39（c）所示。方波上升沿 t_0 时刻单片机内部计数器开始计数，方波下降沿 t_1 时刻结束计数并申请中断，从 t_0 到 t_1 时刻计数器所需时间即为输入交流电压信号的周期值 T，根据 $f=1/T$，单片机计算出频率 f 值。对 f 值进行中值滤波，再与正常监视频率、闭锁频率和整定跳闸输出频率进行比较；与此同时，由单片机计算出 $\mathrm{d}f/\mathrm{d}t$ 值，与 $\mathrm{d}f/\mathrm{d}t$ 闭锁整定值和 $\mathrm{d}f/\mathrm{d}t$ 跳闸输出整定值进行比较。以上比较结果由单片机通过输出控制电路发出控制信号和显示信号。

输入交流电压的另一路至低电压闭锁电路。当输入电压小于低电压整定值时，低电压闭锁电路输出"0"电平，使单片机 $P_{3.4}$ 口置"0"，同时使输出控制电路输出端呈高阻状态，自动闭锁出口跳闸继电器，并发出低电压闭锁信号。

输入交流电流 i 经电流互感器隔离，其二次侧接入低电流闭锁电路，该电路由运算放大器电路和门电路组成，根据需要可实现各跳闸输出级的分别闭锁。

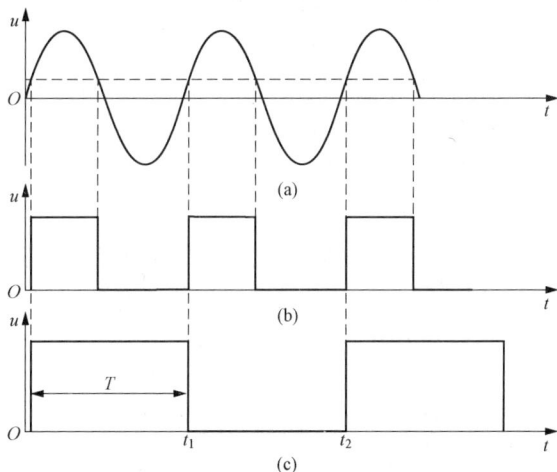

图 9-39　测量输入电路波形图
（a）交流信号正弦波形图；（b）交流信号方波波形图；
（c）中断信号方波波形图

习 题 9

一、填空题

1. AAT 应用在发电厂和变电所，备用方式为＿＿＿＿＿和＿＿＿＿＿。

2. 应保证在＿＿＿＿＿断开后，才投入＿＿＿＿＿。实现这一要求的措施是，AAT 的合闸部分应由供电元件受电侧断路器的＿＿＿＿＿启动。

3. 输电线路自动重合闸有几种分类方式，按重合闸作用于断路器的方式，可以分为＿＿＿＿＿、＿＿＿＿＿和＿＿＿＿＿。

4. 双侧电源线路上实现自动重合闸，在满足基本要求的基础上，还应该考虑＿＿＿＿和＿＿＿＿＿。

5. 如果发电机并列时满足理想准同步条件，即合闸瞬间，发电机电压与系统电压＿＿＿＿、＿＿＿＿＿、＿＿＿＿＿，则不会＿＿＿＿＿。

6. 自动励磁调节器在正常运行时，能按＿＿＿＿＿的变化自动改变＿＿＿＿维持机端或系统某点水平。

7. 同步发电机的励磁方式有＿＿＿＿＿＿＿、＿＿＿＿＿＿＿和＿＿＿＿＿＿＿三种。

8. 强励指标包括＿＿＿＿＿＿和＿＿＿＿＿。

9. 负荷的静态频率特性是指电力系统的＿＿＿＿＿与＿＿＿＿＿的关系。

10. 系统频率下降的程度和速度反映功率缺额的多少，系统频率下降的程度越严重、速度_____，说明功率缺额_____。

二、选择题

1. "AAT 装置应保证只动作一次"是为了（   ）。

A. 防止工作电源或设备无法断开

B. 防止备用电源或设备提前投入

C. 防止工作电源或设备多次遭受故障冲击

D. 防止备用电源或设备多次遭受故障冲击

2. AAT 装置的主要作用是（   ）。

A. 提高供电可靠性　　　　　　　　　B. 提高供电选择性

C. 改善电能质量　　　　　　　　　　D. 提高继电保护的灵敏度

3. 在（   ）情况下，自动重合闸装置不应动作。

A. 用控制开关或者通过遥控装置将断路器跳开

B. 主保护动作将断路器跳开

C. 后备保护动作将断路器跳开

D. 某种原因造成断路器误跳开

4. 双侧电源线路采用三相快速重合闸，要求（   ）。

A. 线路两侧装有全线瞬时动作的继电保护

B. 线路两侧具有快速断路器

C. 线路一侧具有全线瞬时动作的继电保护和快速断路器

D. 线路两侧具有全线瞬时动作的继电保护和快速断路器

5. 发电机并列合闸时，如果测到滑差周期是 10s，说明此时（   ）。

A. 发电机与系统之间的滑差是 10s　　　B. 发电机与系统之间的频差是 10Hz

C. 发电机与系统之间的滑差是 0.1rad　　D. 发电机与系统之间的频差是 0.1Hz

6. 发电机并列后立即从系统吸收有功功率，说明合闸瞬间发电机与系统之间存在（   ）。

A. 电压幅值差，且发电机电压高于系统电压

B. 电压幅值差，且发电机电压低于系统电压

C. 电压相位差，且发电机电压超前系统电压

D. 电压相位差，且发电机电压滞后系统电压

7. 对单独运行的同步发电机，励磁调节的作用是（   ）。

A. 保持机端电压恒定

B. 调节发电机发出的无功功率

C. 保持机端电压恒定和调节发电机发出的无功功率

D. 调节发电机发出的有功电流

8. 并列运行的发电机装上自动励磁调节器后，能稳定分配机组的是（   ）。

A. 无功负荷　　　　　B. 有功负荷　　　　　C. 负荷　　　　　D. 负荷的变化量

9. AFL 的作用是保证电力系统的安全稳定运行（   ）。

A. 保证所有负荷用电　　　　　　　　B. 保证城市负荷用电

C. 保证工业负荷用电　　　　　　　　D. 保证重要负荷用电

10. 高电力系统发生有功功率缺额时，系统频率会（   ）。

A. 升高   B. 不变   C. 降低   D. 无法判断

三、判断题

1. 应用 AAT 装置的明备用接线方式指正常时，有接通的备用电源或备用设备。（   ）

2. 应保证在工作电源或设备断开前，才投入备用电源或备用设备。（   ）

3. 自动重合闸可按控制开关位置与断路器位置不对应的原则启动，控制开关在跳闸位置而断路器实际在合闸位置时启动自动重合闸。（   ）

4. 自动重合闸的动作次数，在任何情况下应符合预先的规定。（   ）

5. 滑差是发电机电压角频率与系统电压角频率。（   ）

6. 自同步并列操作的合闸条件是发电机已加励磁、接近同步转速。（   ）

7. 电力系统发生短路故障时，自动励磁调节器能使短路电流减小。（   ）

8. 电力系统发生短路故障时，强行励磁装置不影响带时限继电保护装置的灵敏度。（   ）

9. 运行的电力系统，当所有发电机发出的有功功率不满足电力系统总有功负荷的需要时，将出现频率下降。（   ）

10. AFL 应该分级动作，确定被切除负荷时，应首先切除次要负荷，必要时切除重要负荷。（   ）

四、简答题

1. 对 AAT 装置有哪些基本要求？

2. 自动重合闸装置在什么情况下不应该动作？

3. 同步发电机励磁自动调节的作用是什么？

第10章 电气二次系统基础知识

10.1 电气二次系统的作用及基本组成

10.1.1 二次系统的作用

电力系统的电气设备按其作用的不同可分为一次设备和二次设备，其接线回路又可分为一次回路和二次回路。

一次设备（主设备）：构成电力系统主体，是指直接输送、分配电能的电气设备；包括电力变压器、电力母线、电力电缆和电力线路、断路器、隔离开关、重合器、自动开关等。

一次回路（主回路）：又称一次接线（主接线），是一次设备及其相互连接的回路。

二次设备：对一次设备进行监测、控制、调节和保护的电气设备；包括测量仪表、控制及信号器具、继电保护和自动装置等。由电力系统二次设备组成的整体称为电气二次部分。

二次回路：又称为二次接线，是二次设备及其相互连接的回路；包括电气设备的测量回路、控制操作回路、信号回路，保护回路等。

电力系统二次回路是发电厂、变配电所安全、经济、稳定运行的重要保障，是发电厂、变配电所的重要组成部分。随着电力系统电压等级的提高，用电设备对供电可靠性要求也不断提高，电气控制和保护正向着自动化、弱电化、微机化和综合型方面发展，使电力系统的二次部分显得越来越重要。

二次回路的作用是反映一次设备的工作状态及控制一次设备。即在一次设备发生故障时，能迅速反应故障，并使故障设备退出工作，保证电力系统处于安全的运行状态。

10.1.2 二次回路的组成

二次回路还是一个具有多功能的复杂网络，其主要内容包括以下各子系统。

（1）操作电源系统：为控制系统、信号回路、继电保护装置、自动装置和断路器操作等提供可靠的工作电源。由电源设备和供电网络构成，在变配电所中电源设备主要采用整流型直流电源或交流电源，在发电厂或大型变电所中常采用蓄电池组。

（2）控制系统：由各种控制开关、控制对象和控制网络构成。其主要作用是对电力系统的开关设备进行跳、合闸操作，以满足改变一次系统运行方式及处理故障的要求。

（3）信号系统：由信号发送机构、接收显示元件及其网络组成。其作用是准确、及时地显示出相应一次设备的工作状态，为运行人员提供操作、调节和处理故障的可靠依据。

（4）测量与监测系统：由各种电气测量仪表、监测装置、切换开关及其网络构成。其作用是指示或记录主要电气设备和输电线路的运行状态和参数，作为生产调度和值班人员掌握电力系统主设备的运行情况，进行经济分析和故障处理的主要依据。

（5）继电保护与自动装置系统：由互感器、变换器、各种继电保护及自动装置、选择开关及其网络构成。其作用是监视一次系统的运行状况，一旦出现故障或异常时便自动进行处理，并发出信号，保证电力系统运行的可靠性和稳定性。

（6）调节系统：由测量机构、传送设备、执行元件及其网络构成。其作用是调节某些主设备的工作参数，以保证主设备和电力系统的安全、经济、稳定运行。

（7）综合自动化系统：是利用先进的计算机技术、现代电子技术、通信技术和信息处理技术等实现对电力系统二次系统的功能进行重新组合、优化设计，对电力系统全部设备的运行情况进行监视、测量、控制和协调的一种综合性的自动化系统。

10.2　二次回路图分类

电气二次回路图按作用和绘制方法不同，一般分为三种：原理接线图、展开接线图、安装接线图。

1. 原理接线图

用来表示二次回路各元件的电气联系及工作原理的电气回路图，如图 10-1 所示。其特点如下。

（1）各元件以整体形式表示，直观。

（2）按动作顺序画出，便于动作分析。

（3）没有表明各元件内部接线，不便施工。

2. 展开接线图

将二次设备的线圈和触点的接线回路展开分别画出，如图 10-2 所示。其特点如下。

（1）按回路性质不同划分为多个独立回路。

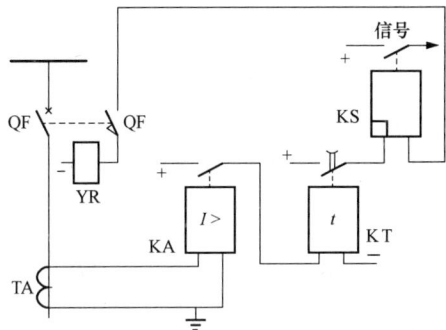

图 10-1　限时电流速断保护的单相原理接线图

（2）回路的动作顺序自上而下，自左至右。

（3）回路右边对功能有对应文字说明，便于分析和阅读。

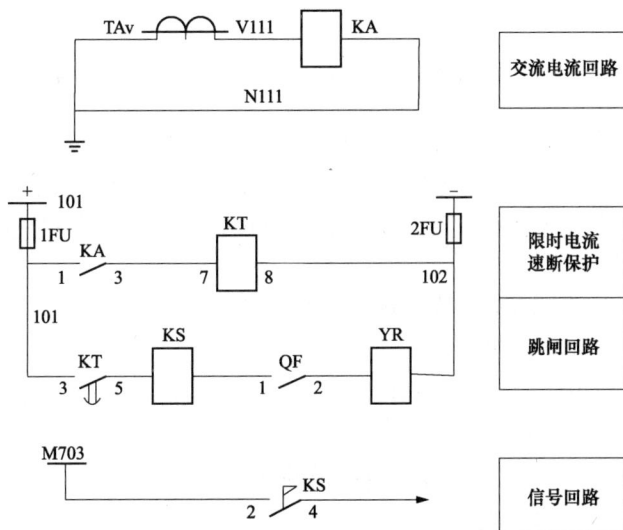

图 10-2　限时电流速断保护的展开接线图

3. 安装接线图

用于现场安装施工的图纸，包括屏面布置图、端子排图、屏背面接线图。

（1）屏面布置图（从屏正面看）。屏面布置图是为了屏面开孔及安装设备时用的安装图的一种，表明屏上设备的实际位置。因此屏面布置图中设备尺寸及间距要求按实际大小，并按一定比例准确地画出，如图 10 - 3 所示。

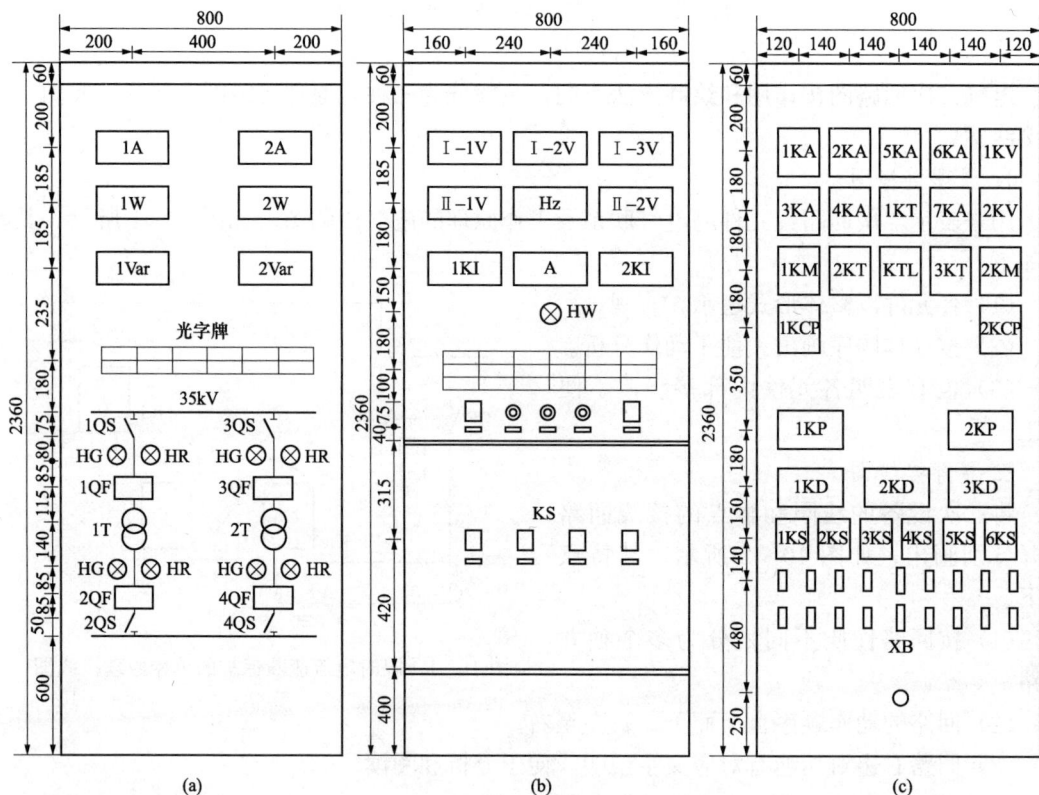

图 10 - 3　屏面布置图
（a）35kV 主变控制屏；（b）信息屏；（c）继电保护屏

（2）端子排图（从屏背后看）。在安装接线图上，表明屏内设备与屏外设备之间的连接情况。端子排一般采用三格的表示方法，除其中一格表示端子序号及表示端子形式以外，其余的表明设备的符号及回路编号。图 10 - 4 所示为屏右侧端子排的三格表示方法。从左至右每格的含义如下。

第一格：表示屏内设备的文字符号及设备的接线螺钉号。

第二格：表示端子的序号和型号。

第三格：表示安装单位的回路编号和屏外或屏顶引入设备的符号及螺钉号。

端子按用途分有以下几种。

1）一般端子：适用于屏内、外导线或电缆的连接。

2）连接端子：用于端子间连接。

3）试验端子：用于需要接入试验仪器的电流回路中。

4）特殊端子：用于需要方便地断开的回路中。

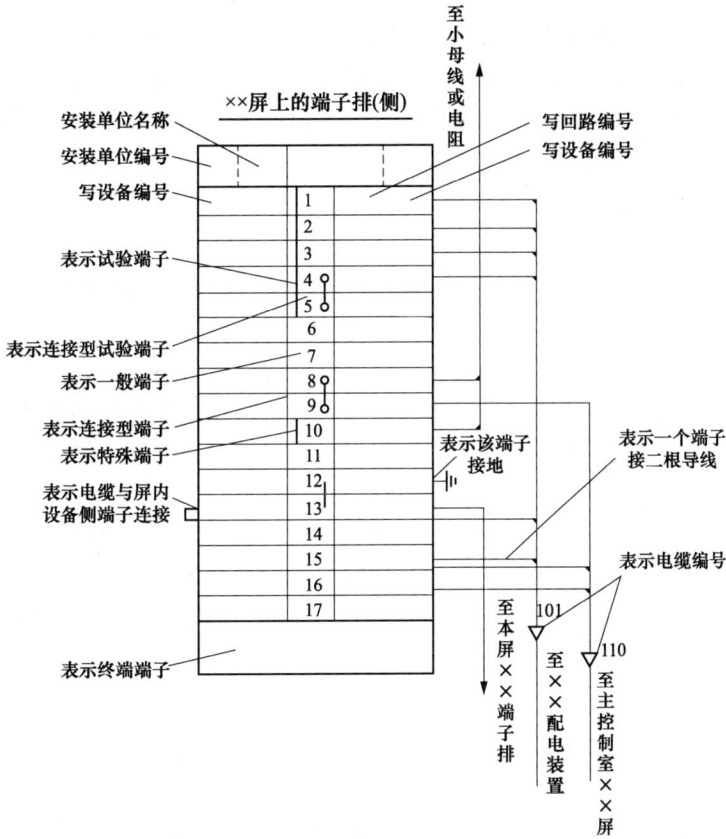

图 10 - 4　端子排图

5）其他端子：如连接型试验端子、终端端子、标准端子等。

根据图 10 - 2 限时电流速断保护的展开接线图作出对应端子排图，如图 10 - 5 所示。

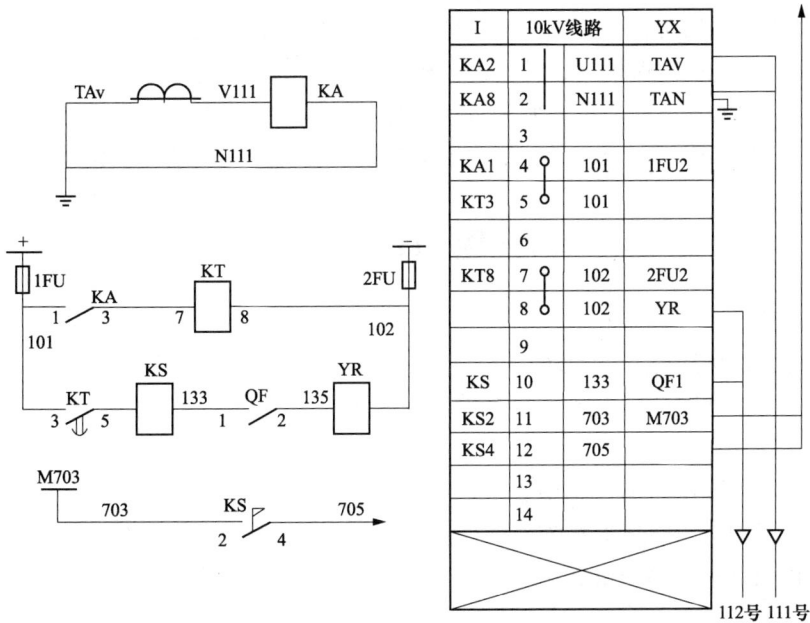

图 10 - 5　限时电流速断保护端子排图设计

（3）屏背面接线图（从屏背后看）。表明屏内设备在屏背面的引出端子之间的连接情况。

背面接线图，是制造厂生产过程中配线的依据，也是施工和运行时的重要参考图纸。它是以展开图、屏面布置图和端子排图为原始资料，由制造厂的设计部门绘制供给的。

背面接线图绘制原则如下。

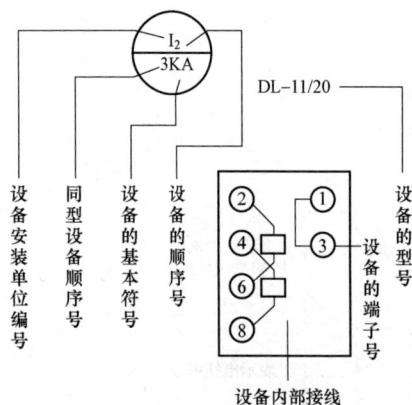

图 10 - 6　屏背面接线图

1）图上二次设备的相对位置应与实际的安装位置相对应。

2）由于二次设备都安装在屏的正面，其接线在屏背面，所以背面接线图为屏的背视图。在图中背视看得见的设备轮廓用实线表示，看不见的设备轮廓用虚线表示。对于内部接线复杂的晶体管继电器，可只画出与引出端子有关的线圈及触点，并标出正负电源的极性。

3）由于背面接线的依据是展开图和屏面布置图，背面接线图的设备符号及编号，必须和展开图及屏面布置图上的一致。图 10 - 6 所示为背面接线图上的设备符号示例。

10.3　二次设备的布置

电气二次设备集中装设在发电机、主变压器和线路等的控制屏和保护屏上，以及操作电源系统的直流屏上。而控制屏、保护屏和直流屏都安装在控制室里。大型直流电源（蓄电池组）需要设置专用的蓄电池组室。

发电厂、变配电所一般都设有控制室，控制室是整个发电厂、变配电所的控制中心，是运行值班人员工作的场所，又是发电厂、变配电所电缆汇集的中心，因而控制室的布置应便于运行维护和操作巡视。保护屏、计量屏、电容器屏和远动通信屏常安装在控制室的后排，直流系统屏和控制屏安装在前排，便于运行监视和操作。控制屏的排列次序与配电间隔次序尽可能对应，这样可便于值班人员记忆，缩短判别和处理时间，减少误操作。

习 题 10

一、填空题

1. 电气设备按作用分_____和_____。

2. 电气二次回路图按作用和绘制方法不同，分为_____、_____和_____。

3. 端子按用途分有_____、_____、_____、_____和_____。

4. 发电厂、变配电所的控制中心_____。

5. 二次系统的控制回路子系统由_____和_____组成。

6. 端子排设计中，第一格表示_____，第二格表示_____，第三格表示_____。

7. 在安装接线图端子排中，电流回路应该经过_____端子；预告信号及事故信号回路和其他需要断开的回路，一般经过_____端子和_____端子。

二、选择题

1. 继电器属于（　　）。

A. 次设备　　　　　　　B. 二次设备　　　　　　C. 独立设备

2. 设计端子排时，首先应考虑的是（　　）。

A. 直流电压　　　　　　B. 交流电压　　　　　　C. 交流电流

3. （　　）是反映一次设备的工作状态及控制一次设备。

A. 二次回路　　　　　　B. 信号回路　　　　　　C. 控制回路

4. 当线路发生故障时，（　　）传送跳闸命令。

A. 控制系统　　　　　　B. 信号系统　　　　　　C. 继电保护与自动装置系统

5. 当线路发生故障时，（　　）发出跳闸命令。

A. 控制系统　　　　　　B. 信号系统　　　　　　C. 继电保护与自动装置系统

6. （　　）不属于安装接线图。

A. 端子排图　　　　　　B. 屏面布置图　　　　　C. 展开接线图

7. （　　）是电流回路不能用的端子。

A. 一般端子　　　　　　B. 特殊端子　　　　　　C. 试验端子

三、判断题

1. 二次设备是对一次设备进行监测、控制、调节和保护的电气设备。（　　）

2. 电力系统一次回路是发电厂、变配电所安全、经济、稳定运行的重要保障。（　　）

3. 二次回路的工作任务是反映一次设备的工作状态及控制一次设备。（　　）

4. 控制系统的主要作用是对电力系统的所有一次设备进行跳、合闸操作。（　　）

5. 原理接线图用来表示二次回路各元件的电气联系及工作原理的电气回路图。（　　）

6. 展开接线图可将二次设备的线圈和触点的接线回路随意展开画出。（　　）

7. 设计端子排时，端子的排列顺序为交流电压、交流电流、信号回路、控制回路和其他控制回路。（　　）

8. 回路的动作顺序可根据功能任意地方开始结束。（　　）

9. 屏面布置图中设备尺寸及间距要求按实际大小，并按一定比例准确地画出，有时也可估算尺寸。（　　）

10. 背视图看图按照看图习惯从左至右。（　　）

四、简答题

1. 何谓二次回路？它包含哪些内容？其基本任务是什么？

2. 什么是电力系统的一次设备？什么是电力系统二次设备？发电厂、变配电所的哪些设备是一次设备？哪些设备是二次设备？举例说明。

3. 二次回路图主要有哪几种形式？它们各有什么作用？

附　录

实训项目1　电磁型电流继电器电气特性检验

1. 实训目标

（1）了解电磁型电流继电器的结构和工作原理。

（2）掌握电流继电器的动作值、返回值及返回系数的测试、调整方法。

（3）掌握电磁型电流继电器动作电流的整定方法。

（4）理解实际现场调试电流继电器的意义。

（5）观察接点工作可靠性。

2. 预习要点

（1）调整电流整定值的方法。

（2）返回系数的意义及调整。

3. 实训内容

（1）电流继电器外观及机械部分检查。转轴活动部分检查、舌片与电磁铁间隙的检查、弹簧的检查与调整、触点的检查与调整轴承与轴尖的检查。

（2）电流继电器的动作值、返回值及返回系数的测试、调整方法。

（3）电流继电器的可用性判断。

4. 实训步骤

（1）测试设备及接线图。

电磁式电流继电器特性测试接线如附图1-1所示。KA为电流继电器。

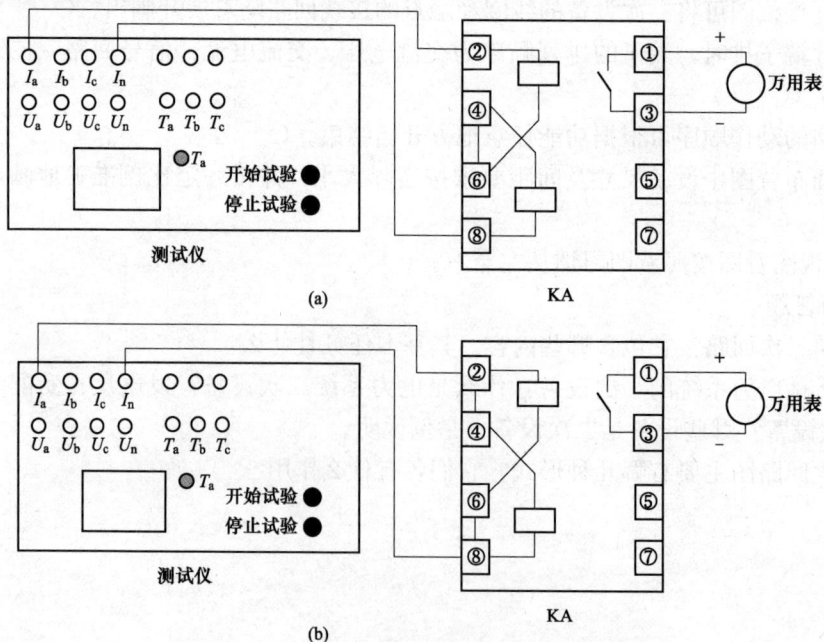

(a)

(b)

附图1-1　电磁式电流继电器特性测试接线图

（a）串联；（b）并联

（2）测试步骤。

1）按附图 1-1 接线，将继电器线圈串联，如附图 1-1（a），调整把手置于刻度盘的某一刻度（整定值）如 3A。

2）在测试仪上加相电流（此时最好接近整定值，如 2.8A），通过细调，增大电流，使电流继电器刚好动作（即万用表刚好欧姆挡读数为 0），停止试验，记下此时测试仪上电流的大小，即为电流继电器的动作电流。

3）按下开始试验按钮，通过细调，减小测试仪上电流，使电流继电器刚好返回（即万用表刚好欧姆挡读数为很大），停止试验，记下此时测试仪上电流的大小，即为电流继电器的返回电流。

4）以上步骤重复三次，取其平均值，以求返回系数 Kre。

5）改变整定值如为 4A，重复上述步骤，并记下读数。并重复三次，取其平均值以求返回系数 Kre。

6）继电器线圈改为并联接法，重复上述步骤。

7）要求：Kre 在 0.85～0.9 之间，误差不大于 ±3% 为合格。

8）接点可靠性检查。

（3）实训记录。

实训记录见附表 1-1。

附表 1-1　　　　　　　　　　　　　实训项目 1 实训记录

整定值（A）	线圈连接方式	动作电流（A）				返回电流（A）				返回系数
		一次	二次	三次	平均	一次	二次	三次	平均	
	串联									
	串联									
	并联									
	并联									

5. 实训反思

（1）为什么调整继电器整定把手的位置即可改变动作值？

（2）继电器刻度盘上为串联时的刻度，并联时整定值为何要乘以 2？

（3）调整活动舌片的两个止档螺丝。为什么会改变继电器的返回系数？要提高返回系数时应如何调整。要降低返回系数时又如何调整？

实训项目 2　微机继电保护装置动作分析及处理

1. 实训目标

（1）认识微机继电保护的外观、界面和接线。

（2）熟悉继电保护装置的基本操作。

（3）掌握继电保护装置的巡视要点。

（4）掌握继电保护装置动作的分析方法和处理过程。

2. 实训步骤与指导

（1）认识继电保护装置的外观，各部件功能。

（2）正确调阅继电保护装置内主要定值、运行参数。

（3）设置故障，正确记录各种现象、调阅继电保护装置动作报告。

（4）分析保护动作报告，根据报告查找动作原因。

（5）根据动作原因进行保护跳闸后的处理。

3. 实训条件

（1）实训场地：微机继电保护实验室或变电仿真系统。

（2）场地要求：具备线路继电保护或配电变压器继电保护功能。

4. 实训报告

按照实际实训内容如实记录，并参照说明书进行分析。

实训项目 3　微机保护装置调试

1. 调试前的准备工作

调试前的准备工作主要是三个方面：

（1）熟悉保护装置说明书。

（2）阅读保护屏安装图纸。

（3）熟悉调试工具。

1）保护测试仪，见附图 1-2。

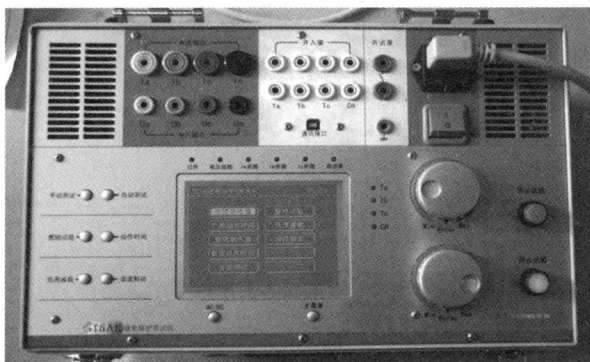

附图 1-2　保护测试仪

2）保护端子排，见附图 1-3。

附图 1-3　保护端子排

2. 调试原则与注意事项

整个调试过程应该遵循以下原则。

（1）尊重事实，尊重数据，不能回避任何在调试中出现的问题。

（2）调试过程中要随时做好记录，不能编造记录。

（3）对于调试过程中发现的问题，要提出处置意见。

3. 调试步骤

（1）上电前检查。

1）型号确认：确认要调试的装置的屏号、型号以及软件版本。

2）外观检查：检查装置外观有无破损污损等。

3）二次线连接检查：检查二次线有无错接、漏接、虚接等。

4）绝缘耐压试验。

（2）装置设置。

1）系统设置：变比、运行方式等。

2）时钟设置：对时方式（手动，网络，GPS）。

3）网络设置：网络站号，波特率等。

（3）I/O 测试。

1）模拟量校正：保证保护装置能准确获取外部模拟量输入。

零漂检查：不通入电流电压的情况下观测数值。

调整系数：按比例调整幅值大小。

补偿系数：补偿相位误差。

2）开关量测试：

开关量输入检查：检查外部各种变位信息能否准确送入保护装置。

开关量输出传动：检查保护装置能否正确发出各种指令。

（4）保护逻辑测试。

对照保护逻辑框图进行：

1）保护功能设置：确认要调试的保护功能，正确设置硬压板、软压板（控制字）、定值。

2）模拟故障试验：输出各种故障状态，观测并记录保护装置动作情况。

3）分析保护动作情况。

4. 调试报告

按照实际调试内容如实记录，并参照说明书进行分析。

实训项目 4　LG - 11 整流型功率方向继电器电气特性校验

1. 实训目的

(1) 熟悉 LG - 11 型功率方向继电器的结构。

(2) 掌握 LG - 11 型功率方向组电器电气特性的检验方法。

2. 预习要点

(1) 功率方向继电器内角整定值的方法。

(2) 极性实验。

3. 实训内容

(1) 继电器外观检查。

(2) 极性实验。

(3) 动作区和最大灵敏角测试。

(4) 最小动作电压检测。

(5) LG - 11 继电器的可用性判断。

4. 设备与接线

主要设备：LG - 11、微机保护测试仪，导线若干。实验接线图如附图 1 - 4 所示。

5. 实训步骤与方法

(1) 极性测试。电流端子通入额定电流 5A，电压端子加入额定电压 100V，且同相位。若继电器动作，则表明极性正确，若继电器未动作，则表明极性接反。极性接反应交换继电器 5 和 6 端子接线或交换 7 和 8 端子接线。

(2) 动作区和最大灵敏角检验。在继电器端子上通入电压 100V 和电流 5A，保持此两数值不变，用测试仪改变电压的相位由 $0\sim360°$。此时可读出继电器动作时电压超前电流的角度 θ_1 和电压滞后电流的角度 θ_2。以电流为基准画出此两角度，作 θ_1 和 θ_2 之和的二等分角线 OA，OA 与电流 i 之间的夹角 α 就是继电器的最大灵敏角，如附图 1 - 5 所示，动作区不小于 155°，最大灵敏角与制造厂规定相差不超过 $\pm10°$。

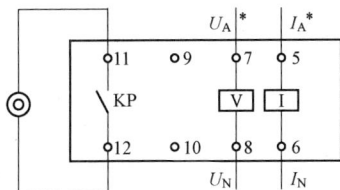

附图 1 - 4　实验接线图

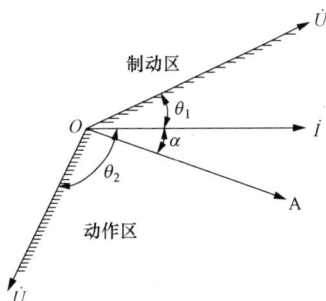

附图 1 - 5　LG - 11 型继电器的动作去与最大灵敏角

(3) 实训记录。

实训记录见附表 1 - 2。

附表 1 - 2　　　　　　　　　　　实训项目四实训记录

继电器灵敏角的选择	θ_1	θ_2	动作区实测 $\lvert\theta_1\rvert+\lvert\theta_2\rvert$	最大灵敏角 $\alpha=(\theta_1+\theta_2)/2$
$-30°$				
$-45°$				

（4）最小动作电压的检测。

在继电器工作在最灵敏的工作条件下，即在继电器的最大灵敏角（误差±20°）下，通入额定电流 5A，使电压减小到 0V，继电器应该可靠的不动作，再缓慢增大电压，继电器可以动作，使继电器动作的最小电压即为最小动作电压，记下读数 $U_{\text{op.min}}$，要求 $U_{\text{op.min}}$ 不大于 2V。

6. 注意事项

（1）极性测试非常重要，若在极性错误条件下实验，则不能得到正确的数据。

（2）测量的边界均为制动区进入动作区的电压相角。

（3）变量步长的选择。

（4）测量间隙，把继电保护测试仪置于停止输出状态。

7. 实训反思

（1）为什么要检验功率方向继电器的最小动作电压？

（2）你测得的最大灵敏角有没有误差？如果有，是怎样产生的？

（3）为什么要检查极性？如果极性错误会有什么现象？

参 考 文 献

[1] 尹项根，曾克娥．电力系统继电保护原理与应用［M］．武汉：华中科技大学出版社，2001.

[2] 王维俭．发电机变压器继电保护应用［M］．北京：中国电力出版社，2005.

[3] 许建安．电力系统微机保护［M］．北京：中国电力出版社，2001.

[4] 贺家李，宋从矩．电力系统继电保护原理［M］．北京：中国电力出版社，2004.

[5] 扬新民．电力系统微机保护培训教材［M］．北京：中国电力出版社，2000.

[6] 郭光荣，李斌．电力系统继电保护［M］．北京：高等教育出版社，2011.

[7] 李晓明．现代高压电网继电保护原理［M］．北京：中国电力出版社，2007.

[8] 丁书文．电力系统微机型自动装置［M］．北京：中国电力出版社，2006.

[9] 李火元．电力系统继电保护及自动装置［M］．北京：中国电力出版社，2006.

[10] 丁毓山，南俊星．微机保护与综合自动化系统［M］．北京：中国水利水电出版社，2007.

[11] 胡永红．供用电技术与应用［M］．北京：中国电力出版社，2011.

[12] 王显平．发电厂、变电站二次系统及继电保护测试技术［M］．北京：中国电力出版社，2006.

[13] 何永华．发电厂及变电站的二次回路［M］．北京：中国电力出版社，2007.

[14] 唐建辉．电力系统自动装置［M］．北京：中国电力出版社，2005.

[15] 杨冠城．电力系统自动装置原理［M］．北京：中国电力出版社，2007.

[16] 黄栋．发电厂及变电站的二次回路［M］．北京：中国水利水电出版社，2004.

[17] 徐志恒．变电站二次回路知识读本［M］．北京：中国电力出版社，2014.

[18] 许正亚．电力系统安全自动装置原理［M］．北京：中国电力出版社，2006.